KB043148

쿠바의 경관

쿠바의 경관: 전통유산과 기억, 그리고 장소

초판 1쇄 발행 2017년 6월 30일
초판 2쇄 발행 2019년 3월 14일

지은이 조지프 L. 스카파시 · 아르만도 H. 포르텔라
옮긴이 이영민 · 김수정 · 조영지

펴낸이 김선기
펴낸곳 (주)푸른길
출판등록 1996년 4월 12일 제16-1292호
주소 (08377) 서울특별시 구로구 디지털로 33길 48 대륭포스트타워 7차 1008호
전화 02-523-2907, 6942-9570~2
팩스 02-523-2951
이메일 purungilbook@naver.com
홈페이지 www.purungil.co.kr

ISBN 978-89-6291-413-9 93980

• 이 도서의 국립중앙도서관 출판예정도서목록(CIP)은 서지정보유통지원시스템 홈페이지(http://seoji.nl.go.kr)와 국가자료공동목록시스템(http://www.nl.go.kr/kolisnet)에서 이용하실 수 있습니다.(CIP제어번호: CIP2017014451)

* 이 저서는 2008년도 정부(교육부)의 재원으로 한국연구재단의 지원을 받아 번역되었음 (NRF-2008-362-B00015).
* 이 저서는 2014년 정부(교육부)의 재원으로 한국연구재단의 지원을 받아 수행된 연구임(NRF-2014S1A3A2043652).

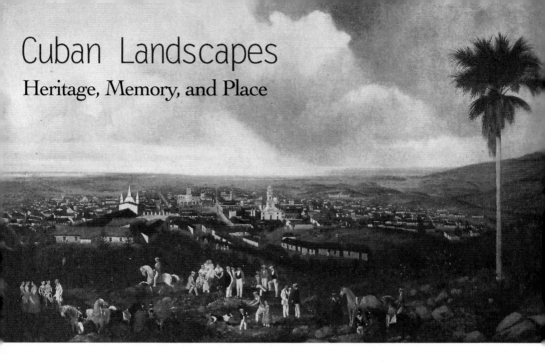

Cuban Landscapes
Heritage, Memory, and Place

쿠바의 경관
전통유산과 기억, 그리고 장소

조지프 L. 스카파시 · 아르만도 H. 포르텔라 지음 / 이영민 · 김수정 · 조영지 옮김

푸른길

■ 차 례

■ 서문

경관을 연구하는 것은 매우 골치 아픈 과정이다. 경관은 개인적인 해석을 요하는 다층적인 의미를 지닌다. 경관을 관찰하는 이들은 각자 자신의 삶의 경험과 주관성을 바탕으로 그 의미를 뽑아낸다. 이러한 점에서 경관은 읽히고, 해독되고, 암호화되고, 판독되는 일종의 텍스트로 간주(개념화)될 수 있다. 따라서 경관을 텍스트로 보는 접근방식을 통해 이 책은 저자들이 가지고 있는 배경과 쿠바 안팎에서의 경험을 반영해서 독자들에게 의미를 전달한다. 7개의 장으로 구성된 이 책은 인문지리학자(J. L. S.)와 자연지리학자(A. H. P.)인 저자들의 배경을 반영하는 인간-환경의 관계적 접근법을 취하며, 이를 바탕으로 쿠바의 경관에 접근한다. 또한 다양한 글들을 선별해 수록했는데, 독자들에게 도움이 되길 바란다. 쿠바의 학자 페르난도 오르티스는 쿠바의 문화를 훌륭한 아히아코(ajiaco, 스프)에 비유했는데, 이 책을 가장 잘 나타내 주는 말이 아닌가 생각한다.

우리는 과거에 일어난 일, 어떤 장소나 지역의 두드러지는 특성과 가시적인 결과들에 기여한 것, 한마디로 쿠바의 정수를 구성하는 것, 즉 쿠바성(cubanidad)을 이해하는 데 있어 경관이 유용한 거울이 되어 준다고 믿는다.

■ 감사의 글

　인내심을 갖고 우리를 격려하고 지지해 주신 길포드 출판사(Guilford Press)의 크리스탈 호킨스와 시모어 윈가튼에게 먼저 감사의 말씀을 드리고 싶다. 시러큐스 대학교 지리학과의 짐 뉴먼은 처음부터 이 프로젝트에 대한 열정을 보였으며, 조언해 주신 사항들은 책 전반에 반영되었다. 플로리다 대학교 라틴아메리카 학부의 리처드 필립스는 분에 넘칠 정도로 다양한 방식으로 도움을 주었다.

　조셉 L. 스카파시는 오레스테스 델 카스티요 Jr., 오레스테스 델 카스티요 Sr., 마리오 코욜라, 로베르토 세그레, 팀 브라더스, 안토닌 캅시아, 마벨 마타 모로스 투마, 파트리시오 데 레알, 코린 콜리브라스, 빅토르 마린, 다비드 로빈슨, 크리스티나 스카파시, 호르헤 페레스-로페스, 필 피터스, 니콜라스 킨타나와, 아바나 국립미술관(Museo Nacional de Bellas Artes)에 감사를 드리고자 한다.

　아르만도 H. 포르텔라는 대담하게 이 책의 저술을 시작했고, 마지막까지 끝없는 인내와 의지를 보여 준 조셉 L. 스카파시에게 감사드린다. 레비 마레로는 그의 삶 마지막 순간까지 신뢰와 자극을 주었다. **그리고 마술과 같은 섬의 또 다른 지리를 기다리고 있는 쿠바 친구들에게도 이들의 조용한 지지에 감사드리고 싶다.** 마지막으로 결코 그리 조용하지는 않았던 격려와 지지를 보내 준 엘레나에게도 감사드리고 싶다.

쿠바는 한국에서는 접할 수 없는 낯설고 이국적인 경관과 문화로 가득 찬, 참으로 묘한 매력을 지니고 있는 국가이다. 카리브 해의 열대 사바나 기후, 자본주의의 메카 미국의 바로 코앞에 위치한 사회주의의 마지막 보루, 가난한 경제적 조건 속에서도 즐겁게 살아가는 혼혈 인종의 사람들… 모든 것들이 한국과는 극명하게 대비되는, 하지만 그래서 더욱 끌리고 매력적이며 때로는 따라 하고 싶기까지 한 매혹의 땅이다.

한국에서 쿠바에 대한 관심이 증폭된 것은 21세기에 막 들어선 시기였던 것 같다. 역자의 기억으로는, 진보 진영이 정권을 잡으면서 그 세력이 한국 사회 전반에서 영향력을 넓혀 가고 있었던 그 당시, 체 게바라가 혁명의 화신으로 조명받기 시작하여 학계와 시민사회, 그리고 일반 대중들 사이에서 그의 사상과 활동이 문화적으로 코드화되었고, 널리 소비되기 시작했다. 비슷한 시기에 한국에서 확산되었고, 시작했던 유기농 산업 분야에서도 쿠바의 전통 유기농법에 주목하면서, 이를 적극적으로 참고해야 한다는 분위기가 자연스럽게 형성되었다. 아울러 강렬하고도 걸쭉한 카리브 해의 음악과 춤도 비슷한 시기에 한국에 상륙하여 마니아층을 확대시켜 나갔다. 이렇게 한국인들은 그 신선한 매력에 강하게 유혹당하면서, 하지만 사회주의 체제에 대해 여전히 조심스러운 마음을 가진 채, 쿠바에 대한 이중적인 인식을 이어오고 있다.

최근 잠잠하던 쿠바에 대한 관심은 2014년 12월, 당시 미국 대통령 오바마와 고(故) 피델 카스트로 전 쿠바 국가평의회 의장 간에 국교 정상화 합의 선언이 발표된 이후 다시 수면 위로 부상하고 있다. 비록 올해 미국의 새로운 대통령이 된 트럼프는, 후보 시절에 단교까지도 언급하면서 오바마의 합의를 뒤집어 과거의 냉전 관계로 회귀하려 하고 있지만, 자본주의 경제의 글로벌화의 물결은 결국 지리적으로 근접한 이웃인 양국의 관계를 우호적으로 개선하는 방향으로 진전되어 나아갈 것으로 전망된다. 사회주의 쿠바의 입장에서 보자면, 이미 유연한 개방정책을 통해 많은 외국인 관광객들을 받아들이고 있다. 2016년 입국관광객 수는 최초로 200만 명을 훌쩍 넘었고, 그중 미국인은 60만 명 이상이다. 미국-쿠바의 관계 개선은 연동적으로 한국-쿠바의 관계 개선으로도 이어질 것으로 예상된다. 한국과 쿠바의 관계에서도 최근 미국-쿠바 관계 개선에 힘입어 새로운 변화의 조짐이 나타나기 시작했다. 현재 한국과 쿠바는 공식적인 외교관계를 맺고 있지는 않지만, 민간 차원의 교류는 이미 점증하는 속도로 진행되고 있다. 특히 점점 더 많은 사람들이 쿠바 여행에 나서고 있고, 이에 따라 새로운 여행지로서의 관심이 확대되고 있다.

미국-쿠바 국교 정상화 합의 선언이 이루어지기 전인 2014년 1월, 본 역자도 그 강렬한 매력에 끌리어 조심스러운 마음으로 쿠바를 방문했었다. 아바나 공항에 도착했을 때, 깔끔한 모습으로 스페인어를 사용하던 이민국의 흑인 심사관과 짐 찾는 곳에서 왁자지껄 떠들던 중국 본토에서 온 양복 입은 남자들이 쿠바의 첫인상을 장식했다. 이후 여정 내내 눈을 뗄 수 없게 아름답고 신비롭지만 투박하고 낯선 경관들에 한껏 매료되었다. 선선한 건기의 바닷바람과 에메랄드 빛 바다, 넓게 쏟아지는 바삭바삭한 햇살과 푸른 하늘, 코코넛 팜트리(쿠바의 나무)와 사탕수수 밭, 그리고 벼농사를 위해 모내기 하는 장면… 모든 것들이 절묘하게 어우러져 쿠바의 자연을 이루고 있었다. 구(舊) 아바나의 현란하지만 빛바랜 색상의 유네스코 세계문화유산 건물들, 카피톨리아(쿠바 국회의사당 건물) 광장에서 관광객들을 과거로 이동시키는 삼각대 흑백사진 기사들, 교복을 입고 씩씩하게 등교하는 학생들, "사회주의를 위한 연합: 번영과 지속"이라고 적힌 거리의 간판, 숯불처럼 타오르는 석양빛의 말레콘에서 사랑을 나누는 연인들… 모든 것들이 낯설지만 정감 어린 모습으로 역자의 마음속을 가득 채웠다. "불편한 사람은 있어도 불쌍한 사람은 없는 곳"이 바로 쿠바라는 가이드의 말은 그들이 어찌하여 그렇게 여유 넘치고 친절했는지를 비로소 깨닫게 해 주었다. 가난한 사람들의 삶은 피폐하고 거칠며 상대적 박탈감으로 공격적이라는 공연한 편견이 사라져 버렸다.

쿠바 여행에서 돌아온 역자는 아련한 희망을 품고 다시 쿠바를 꿈꾸게 되었다. 부드러운 곡선으로 이어진, 육중한 무게와 투박한 질감의 쿠바 경관들이 던지는 오묘한 매력의 원동력이 과연 무엇인지 궁금증을 풀어 보고 싶은 욕망을 늘 품고 있었다. 그러던 중 쿠바의 경관에 대해 상세하면서도 정교하게 설명하면서 쿠바를 전체적으로 조망하고 있는 이 책을 알게 되었고, 내처 읽으면서 묵혀 두었던 호기심을 충족할 수 있었다. 일반 안내서와는 달리 이 책은 쿠바라는 매력의 땅에 대해 눈에 보이는 현상과 지식의 단순 나열의 수준을 뛰어넘어 "경관 읽기"라는 문화지리적 접근 방식을 통해 독특한 쿠바 문화의 원인과 과정, 그리고 향후 변화 전망을 체계적이고 심층적으로 분석하고 있다.

이 책은 제목 그대로 쿠바의 독특한 '경관'을 대상으로 하여, 그 전통유산, 기억, 장소를 풀어나가는 방식으로 이른바 '쿠바성(Cubanidad)'의 실체를 밝히고 있다. 쿠바의 독특한 경관이 지니고 있는 물질적 형태로서의 특성과 상상적 개념화, 즉 사회적 의미체로서의 특성에 대한 통찰적인 분석을 시도하면서, 쿠바인의 삶과 그 기반이 되는 쿠바 땅 간에 얽혀 있는 복잡한 상호작용을 실타래 풀어내듯 찬찬히 밝히고 있다. 저자들은 이를 위해 19세기 여행기, 바티스타 시대의 관광 포스터, 혁명을 찬양하는 정치 게시판, 영화, 음악, 지질학적 특성, 인구통계 등 쿠바의 심오한 내부를 잘 보여 줄 수 있는 광범위한 자료들을 수집하여 분석하고 있다. 이 모든 것들이 결합되어 탄생한 독특한 쿠바성의 이미지가 쿠바인들 스스로에게는 물론이고 외부 세계의 사람들에게도 깊이 각인되어 왔다. 이러한 분석의 핵심은 바로 경관과 정체성, 그리고 역사적 맥락들 간의 복잡한 관계이며, 그 같은 다양하고 이질적인 요소들이 상호 영향을 주고받으며 혼종화된 결과가 바로 쿠바성인 것이다.

이 책에서 또 하나 주목해야 하는 것은 바로 경관 개념 그 자체이다. 요컨대, 이 책에서 다루고 있는 쿠바의 독특한 '경관'은 연구의 대상이면서 동시에 연구의 방법이다. 소위 신(新)문화지리학에서는 경관을 어떤 권력이 구사하는, 혹은 권력에 조응하는 정보의 전달체, 즉 행위주체들의 격렬한 권력 투쟁과 상호 대립, 그리고 경제적·사회적 계층화의 매개체로 바라본다. 가령, 저자들은 쿠바의 역사적 전통유산들이 관광 수입을 벌어들이는 문화적 장치이면서 동시에 국가 정체성을 주조하는 데 일조하는 매개체라고 보고 그 시초에서부터 결과까지를 세세히 밝히고 있다. 전자에 대해서 우리는 쿠바의 독특한 경관이 낯선 것에 매료된 외부인들을 끌어들여 관광 수입을 올리는 장치가 되고 있음을 쉽게 이해할 수 있다. 저자들은 이에 더하여 쿠바의 경관이 사회주의 이념을 발전시키고, 이와 관련된 추상적인 역사 관념들을 적극적으로 쿠바인들의 삶 속에 뿌리내리게 하는 장치로서 활용되고 있음을 명쾌하게 밝히고 있다. 이러한 경관에 대한 이론적 소개와 쿠바에 대한 역사적·지리적 개요는 1장에서 상세히 다루고 있다.

이어서 본론을 구성하는 2장부터 6장까지는 쿠바의 경관 형성에 가장 뚜렷하게 그 의미와 흔적을 남긴 요소들을, 훔볼트의(훔볼트가 본) 경관, 설탕, 전통유산, 관광, 정보(공익 광고) 등 5개로 나누어 각각에 대해 기술하고 있다. 흥미로운 것은 본론의 가장 앞 장에서 지금으로부터 약 200년 전에 활동했던 알렉산더 폰 훔볼트(Alexander von Humboldt)의 업적을 소개하고 있다는 점이다. 훔볼트는 지리학계에서는 자연지리학의 아버지로, 보다 일반적으로는 박물학자(naturalist)로 널리 알려져 있는 인물이다. 최근 한국에서도 훔볼트의 일생과 업적에 관한 책들이 다수 번역되면서 관심이 커지고 있다. 그는 쿠바의 독특한 특성을 예리하게 관찰하고 분석하여 그 존재를 최초로 외부 제국주의 서구사회에 알렸던 인물이다. 장기간의 현지 조사를 통해 쿠바의 자연환경 특성을 속속들이 밝혔고, 특히 사탕수수 플랜테이션 개발에 의한 쿠바 자연환경의 변화에도 주목하였다. 훔볼트의 이러한 연구는 미국 팽창주의자들의 관심을 불러일으켰는데, 그들은 미국 국민국가가 완성되는 18세기 중후반부터 본격적으로 쿠바를 경제적 기회의 지역으로, 그리고 정치적 전략 지역으로 바라보기 시작했다. 훔볼트의 탁견 중 하나는 숲으로 우거졌던 천연의 섬이 설탕산업이라는 외래의 탐욕으로 인해 파괴되고 있음을 지적하면서, 이와 더불어 시작된 노예제도의 잔인함을 폭로하며 그 폐지를 주장한 것이다. 후대의 쿠바 사회주의 정권에서 훔볼트를 쿠바를 빛낸 인물로 존중하고 있는 이유가 바로 여기에 있다.

　3장은 쿠바 경관의 변화에 가장 큰 영향을 끼친 요인 중 하나인 설탕에 대해 기술하고 있다. 18세기에 도입된 설탕은 당대 쿠바에서 단일작물로 특화되어 가면서 경작 가능한 모든 농경지를 점유해 갔고, 더 나아가 숲의 개간으로 이어졌다. 사회구조와 경제도 이에 맞게 재편되어 후대에까지 지속되다가 1959년 쿠바혁명에 이르러서야 새로운 변화를 맞게 된다. 4장의 전통유산에서는 전통유산이 정치적·사회적 의미 형성 및 재구성 과정과 어떻게 연관되었는지에 주목하면서 단순한 과거의 기억으로 그치는 것이 아니라 과거와 현재의 상호작용의 매개체임을 다양한 증거들을 통해 밝히고 있다. 5장 관광 부분에서는 최근 세계 관광산업의 성장과 더불어 주목받게 된 쿠바가 전통유산을 새롭게 정의하고 보존하려는 노력을 기울이고 있음을 보여 주고 있다. 요컨대, 쿠바 정부가 정치적 이데올로기를 수용하여 사회주의적인 이상을 계속 추구하면서도 동시에 외부 세계로부터 소득을 끌어올 수 있도록 관광자원의 시장성을 높이는 작업을 병행하고 있음을 보여 주고 있다. 6장의 정보 부분에서는 쿠바의 경관에 광범위하게 흔적을 남기고 있는 미디어의 영향, 특히 혁명에 대한 애정과 자부심, 사회정의의 실천, 미국의 팽창주의에 대한 반감 등을 주요 내용으로 하는 정치적 선전과 구호를 담은 게시판에 대해 심도 있게 다루고 있다.

쿠바 경관의 형성 및 재구성의 역동적이면서도 다채로운 과정을 탐색하려는 저자들의 야망 찬 기획은 경관 읽기의 방법을 적용한 이 책을 통해 상당 부분 성취되었다. 쿠바를 쿠바만의 독특한 무언가로 만든 원동력이자 결과인 쿠바성이라는 것은 다름 아닌 도서성(insularity)으로 요약될 수 있을 것이다. 쿠바 섬의 내·외부의 요소들과 그 영향력으로 인해 쿠바의 인간–경관의 복잡한 관계는 늘 모호성과 유동성을 내재한 채 변형되어 왔으며, 이는 전이성(liminality), 사잇성(in–betweenity), 혼종성(hybridity)이라는 개념을 통해 설명될 수 있을 것이다. 이 책이 쿠바의 이러한 특성을 이해하는 데 큰 도움을 줄 수 있으리라 생각된다. 아울러 경관 연구의 방법, 즉 경관이 무엇인지, 경관을 독해하는 방법이 무엇인지를 공부하는 데에도 도움을 줄 수 있으리라 생각된다.

이 책이 한국어로 순조롭게 번역되어 출간될 수 있었던 것은 서울대학교 라틴아메리카연구소의 지원에 힘입은 바가 크다. 특히 우석균 선생님의 관심과 배려에 커다란 고마움을 전하고 싶다. 역자들의 조야한 초벌 번역문에서부터 최종 출간작업에 이르기까지 전체 내용을 꼼꼼히 읽고 편집해 준 푸른길의 최지은씨에게도 큰 신세를 졌다. 그저 감사드릴 따름이다. 이 책의 번역을 함께

해 준 김수정, 조영지 씨에게도 감사의 마음을 전하고 싶다. 두 후학들이 보여 준 뛰어난 열정과 감각은 큰 자극이 되었으며, 함께 번역하는 과정 그 자체가 큰 보람이었다. 역자들에게 이 책의 번역 과정은 쿠바의 경관이 지닌 아름답고도 고통스러운 문화적 혼종화에 공감하는 의미 있고 즐거운 시간이었다. 그럼에도 불구하고 이 번역서가 독자들에게 저자들의 의도와 표현을 오롯이 잘 전달해 주지 못한다면 그것은 전적으로 역자들의 책임이다. 이 번역서가 부디 관련 학계는 물론이고, 쿠바를 심층적으로 이해하고 쿠바 여행을 실행하고자 하는 일반인들에게도 큰 도움이 될 수 있기를 진심으로 희망한다.

2017년 6월

역자들을 대신하여 이영민 씀

On Cuban Landscapes

제1장

쿠바의 경관에 대하여

[섬은] 상상, 욕망, 희망, 두려움, 몽상가의 꿈, 신비로움, 어색함이 넘실대고, 소멸하고, 다시 생겨나는 곳이다. 또한 박물학자와 지도학자가 예술과 과학을 담아 빚어내는 틀이자, 장사꾼, 해적, 식민가, 통치자가 헤집고 들어와 착취하는 물질 공간이다.
                                        – Dennis Cosgrove(2005, 302)

쿠바는 역사와 문화가 깊이 스며들어 있는 시적 공간이며, 인근 대륙들과 달리 오래된 땅의 흔적들이 남겨져 있는 곳이다. 바람이 일렁이는 에메랄드 빛 바다 위로 섬의 서쪽에는 오르가노스 산맥(Sierra de los Organos), 남쪽에는 에스캄브라이 산(Escambray Mountains), 동쪽에는 마에스트라 산맥(Sierra Meastras)의 푸른 산등성이가 솟아 있다. 헨리 다나(Henry Dana, 1815–1882)는 1859년 쿠바에 다가가며, "비옥하고 일렁이는 땅이 바다를 향해 뻗어 있고, 해안에서 점차 멀어질수록 높은 언덕들로 솟아오른다."라고 기록했다(Dana 1996, ix). 대(大)앤틸리스 제도의 다른 섬들(아이티, 도미니카공화국, 푸에르토리코, 자메이카, 케이맨 제도)에서와 마찬가지로 쿠바의 들판이나 평원에 서면 거

쿠바의 경관

의 어디에서나 주변을 둘러싼 산과 언덕이 눈에 들어온다(Richardson 2002, 15).

하지만 어떻게 해야 쿠바의 경관이라는 유형적이면서도 개념적인 장소를 탐구할 수 있을까? "쿠바의 경관"이라는 용어는 여러 의미를 가진다. 이 단어는 지난 한 세기 동안 건축, 예술, 예술사, 문화지리학, 문학, 시, 도시 디자인 등의 분야에서 다양하게 사용되었다. 초창기 탐험가들과 정복자들은 초승달 모양의 섬을 보며 받은 첫 인상을 풍부한 기록으로 남겨 두었다. 쿠바에 처음 발을 디딘 유럽인 크리스토퍼 콜럼버스(Christoper Columbus)는 "두 눈으로 보았던 곳 중에서 가장 아름다운 땅"이라 표현했다고 한다. 물론 바하마, 아이티, 도미니카, 푸에르토리코 사람들 역시 이 이탈리아 출신 뱃사람이 자기네 섬에 대해서도 같은 말을 남겼다고 주장하긴 하지만 말이다. 바론 폰 훔볼트(Baron von Humboldt)는 쿠바의 생태와 사회조직에 대해 체계적으로 연구하여 쿠바의 "두 번째 발견자"로 알려져 있는데, 그는 쿠바를 "설탕과 노예의 섬"이라고 특징지었다. 한편 "세 번째 발견자"로 알려진 20세기 쿠바의 인류학자이자 민속음악학자인 페르난도 오르티스(Fernando Ortíz)는 원주민과 아프리카적 요소가 쿠바의 다채로운 문화를 형성하는 데 기여한 바를 복원시키고자 노력했다. 그는 아프리카계 쿠바인들의 문화 덕에 쿠바 문화가 풍성해졌으며, 외부인들이 나서서 이 섬을 구원할 필요가 없었다는 점을 지적했다. 쿠바의 아프리카화(化)를 이해하기 위해서는 물질 문화(식물 이름, 지명, 농사법)와 비물질 문화[혼합주의, 언어, 음악, 거리의 농담 혹은 초테오(choteo), 민속문화, 식물학] 모두가 쿠바의 전통유산에 어떤 기여를 했는지 두루 파악해야 한다(Mañach 1969)[참고로 오르티스는 "아프로-쿠바(Afro-Cuban)"라는 용어를 만들어 냈다]. 그는 쿠바에 끼친 아프리카의 영향력이 그 땅에서 대물림된 고유의 지식과 유구한 생존의 역사로부터 유래했다고 주장한다.

이 세 명의 발견자들이 했던 이야기는 다른 곳에서도 등장한다. 쿠바의 변호사 곤살로 데 케사다(Gonzalo de Quesada, 1868-1915)는 컬럼비아 대학교를 졸업하고 뉴욕에 살며 쿠바의 독립을 위해 일했는데, 다음과 같은 유려한 문장을 남겼다.

> 쿠바! 아름다운 "앤틸리스 제도의 여왕," 코코아와 황금색 바나나와 달콤한 오렌지 나무의 땅이여, 그대 아들의 심장은 어둠 속에서 고동치며, 그대 처녀들의 검고 반짝이는 눈동자가 햇빛 찬란한 섬나라를 찬양할 때 자부심으로 빛을 발할 수밖에 없구나! "열대의 삶"을 제대로 이해할 수 있는 미국인이 과연 얼마나 되겠는가! 대다수의 사람들은 쿠바 하면 무더위, 황열병, 독을 품은 파충류, 벌레, 노예, 설탕, 오렌지, 연중 만발한 꽃을 떠올리지만, 이러한 생각은 오류 투성이다(Hazard 1871, 18).

앞서 언급했던 세 명의 발견자들과 마찬가지로 해저드(Hazard)는 쿠바와 카리브 해의 대략적인 특징을 포착해 낸다. 쿠바를 구원해야 한다는 역사적 사명감을 지녔던 외지인들, 즉 북미 및 유럽 인은 노예제도라는 인류 역사의 비극적 장을 에덴동산과 같은 수사와 병치시켜 가며 쿠바를 바라봤다. 쿠바 경관의 분석가들은 카리브 해가 무수히 다양한 문화적 모자이크로 이루어져 있음에도 불구하고, 식민지의 과거로 한정되어 그 복잡성이 충분히 이루어지지 못했다는 점을 오랫동안 지적해 왔다(Lowenthal 1985; 2007).

북미 및 유럽과 같은 대륙에 사는 사람에게 있어 일반적으로 섬, 특히 쿠바는 끝없이 붐비는 교통으로부터 벗어나 파도만이 내내 일렁이는 휴식처 같은 곳일 것이다. 니컬슨(Nicholson 2007, 153)은 섬이 한줄기의 가능성처럼 의식 속에서 시작되어 빛나고 확장하는 아이디어와 같다고 말한다.

섬이라는 곳은 무거움과 하찮음의 혼합물이 어떻게든 증발해 버려 모든 삶을 순수하고 풍요롭게 만드는 장소처럼 보인다. 다시 말해 섬에는 언제나 문명을 짓밟아 버리는 아르카디아(Arcadia)에 대한 꿈이 녹아 있다. 이는 곧 본토로부터 동떨어지고 차별화되어야만 빛을 발하는, 타자성으로 정의되는 공간이다.

이것이야말로 쿠바의 모습이다. 혹자는 쿠바가 미국으로부터 겨우 145km 정도밖에 떨어져 있지 않다고 생각할지도 모른다. 그러나 사실 그렇게 가깝지만도 않은 게, 플로리다 남단에 위치한 키웨스트(Key West)로부터의 거리가 145km이다. 실제로 이 열도는 후덥지근한 플로리다 "본토"에서 193km나 떨어져 있다.

발다키노(Baldacchino 2007)는 섬을 신선함의 공간이라고 개념화한다. 섬은 인문, 자연, 사회과학에서 실험을 위한 전형적인 장소로 빛을 발한다(Gillis 2007; Gillis and Lowenthal 2007). 혹자는 섬의 신비한 지리적 환경 덕에 피델 카스트로(Fidel Castro)가 거의 50년간 혁명을 이어 나갈 수 있었으며, "자본주의의 바다"에 둘러싸인 "공산주의의 섬" 나라를 세울 수 있었다고 말하기도 한다. 공산주의의 실험이 성공하자, 모든 것이 가능한 공백의 칠판(tabulae rasae)과 같은 섬은 한층 더 매력을 더한다. 어쩌면 섬은 기본적으로 대륙보다 공간 규모가 작아서 보다 쉽게 거창한 계획을 성취할 수 있는 곳인지도 모른다. 1992년 소련은 해체되었지만, 쿠바의 실험은 계속되었다. 쿠바식 사회주의는 소규모에, 동떨어져 있으며, 고립되어 있고, 주변적이라고 할 수 있다. 그러나 쿠바가 국제적, 대륙적 주요 사건들의 "변방(edge)"에 위치해 있었기에 소비에트식 사회주의와 같은 주류 정설의 약점을 드러내었고, 오늘날까지 나름의 대안을 찾아갈 수 있었다. 발다키노(Baldacchino 2007, 167)는 "섬은 천리안과 같다. 섬은 미래에 일어날 일을 미리 보여 주며, 다른 곳에서 비교적 이례적이지 않은 것들을 극단적인 형태로 각색해서 보여 준다."라고 말했다.

쿠바는 1962년 금수(禁輸) 조치로 인해 미국으로부터 들어오는 상품들을 더 이상 수입할 수 없게 되었고, 미국 플로리다의 마이애미나 포트 로더데일(Fort Lauderdale)을 거쳐 오는 상품들을 구하기 힘들게 되었지만, 어려운 상황을 잘 헤쳐 나갔다. "실험의 장"의 시민들인 쿠바인들은 혁신하는 방법을 익혔으며, 이상적이진 못해도 주어진 조건들을 활용할 줄 알게 되었다. 조립된 소비에트산 세탁기 모터는 숫돌바퀴로 바꾸어 사용했고, 구두 수선공은 타이어 접지면을 구두 밑창으로 만들거나 선풍기로 사용했다. 디트로이트에서 만들어진 낡은 미국산 자동차들은 소비에트산 라다스(Ladas) 모터를 부착하고 도로를 달린다. 비공식적인 공구 및 염색 산업이 대규모로 성장한 모습을 보고 있자면, 섬은 혁신에 불을 지핀다는 발다키노의 통찰이 옳았음을 알 수 있다.

경관으로서 쿠바

경관 연구는 다방면에 걸쳐 있는 학문으로, 쿠바와 쿠바성(*Cubanidad*, "*Cubanness*")이 가지는 다양한 뉘앙스를 포착하기 위해 폭넓은 사고를 요한다. 초창기 쿠바의 재현은 지도 외에 풍경화의 형태로도 이루어졌다. 풍경화 장르는 유화 인물화나 실내, 정물(꽃, 화병 및 여타 일상적인 정물), 정원, 여타 작은 공간들을 표현한 18세기 유럽의 회화 기법에서 출발했다. 유럽 풍경화가들은 쿠바의 아름다움으로부터 많은 영감을 받았는데, 초창기에는 여행자들의 일기, 기사, 편지를 통해 그 소재를 전달받았다. 독일의 박물학자 바론 알렉산더 폰 훔볼트(Baron Alexander von Humboldt)는 쿠바를 짧게 다녀와 1801–1802년에 섬세한 글을 남긴다. 이는 1835년 프랑스어로, 1856년 영어로 출판되면서 유럽에서 상당한 인기를 끌었다(Humboldt 2001). 19세기 가장 위대한 탐험가이자 과학자였던 그는 1800년 12월 18일 아바나 항구에 처음 도착하며, "아메리카 대륙의 적도상에서 손에 꼽을 수 있을 만큼 그림같이 아름다운 바닷가"(Humboldt 2001, 4)라고 찬사를 아끼지 않는다. 이 글은 35년 가까이 출간되지 못했으나, 지대한 영향력을 발휘해 미국의 쿠바 합병을 부채질했으며, 1890년대 미국의 제국주의를 정당화하는 근거로 사용된다. 훔볼트의 글이 미국이 먼로 독트린(Monroe Doctrine 1823)을 정당화하는 데 악용된 것이다. 쿠바는 독일인의 예리한 눈을 통해서도 "매력적인" 곳으로 비춰졌다. 그의 날카로움과 유려한 문체는 떠오르는 대서양 연구 분야의 초석을 놓았고, 존 길리스(John Gillis 2004)의 말을 빌리자면 "마음의 섬"을 창조했다. 스페인과 다른 경쟁국들에게 쿠바의 경관은 카리브 해에서 은 조각 이상의 가치를 가지는 땅이었다.

쿠바는 산업화와 국제무역의 증가로 야기된 변화를 분명하게 보여 준다. 19세기 초반 산업혁명이 시작되면서, 이전까지 동물과 노예를 동원해 운영되었던 사탕수수 분쇄시설(트라피체, trapiches)은 증기 작동 분쇄시설(센트랄레스, centrales)로 바뀌었다. 상업적 농업은 19세기 초반에 급속도로 가속화되었다. 이러한 확장은 1791년 아이티 혁명으로 불붙었고, 설탕 농장주들은 새로운 경작지를 찾아 쿠바와 뉴올리언스로 향했다(Marrero 1972). 쿠바의 커피 생산은 설탕에 비해 상대적으로 "완만"하게 증가했는데, 1804년 125만 파운드였던 생산량은 20년 후 4,400만 파운드로 뛰었다. 아이티 노예반란 시기에 500여 개였던 제당공장은 1827년에는 1,000개로 늘었다(Martínez-Fernández 2001, 7). 이에 풍경화 역시 항상 낭만적으로 표현되지만은 않았으며, 대지의 변화와 죽어 가는 삶의 파편이 풍경화에 포착되기 시작했다.

1800년에서 1850년 사이 쿠바는 세계적인 설탕 생산지로서 빠르게 성장했지만, 독립전쟁(Independence Wars, 1868-1898), 특히 10년 전쟁(Ten Year's Wars, 1868-1878)으로 큰 타격을 받았다(Marrero 1950, 341). 이 시기를 전후해서 설탕 생산에 두 가지 큰 변화가 있었다. 첫째는 19세기 철도 및 증기 기관이 가져온 발전이고, 둘째는 10년 전쟁 이후 유럽과 미국에서 사탕무 생산이 확장된 것이다. "농기업(agribusiness)"이 쿠바에 들어서면서, 소농의 농지와 계약농 체계가 라티푼디아(latifundia, 플랜테이션)로부터 분리되었다. 기업적 농업은 전통적인 인헤니오스(ingenios, 소규모 제당공장)를 플랜테이션으로부터 떼어 놓고, 기존의 설탕 생산 체계를 산업화된 단일 산업적 중앙시스템(스페인어로는 센트랄레스, centrales)으로 바꿔 버렸다. 플랜테이션 시스템은 임차농(콜로노, colonos)들이 현대화된 제당공장과 계약을 맺는 형태로 계속 이어졌다. 이렇듯 경제적, 기술적 재구조화가 진행되었지만, 전쟁은 경제적 궁핍을 야기했다. 이때 대지는 자연의 산물을 제공해 주었고, 인간들은 그에 감사했다. 호세 마르티(José Martí)가 1893년 11월에 쓴 에세이 "전쟁의 기억: 어느 병사와의 대화(Memories of the War: Conversations with a Soldier)"에서는 이러한 감상을 잘 포착하고 있다. 마르티는 누더기 차림을 한 식민지의 군사들, 특히 그중에서도 말단 병사들(맘비세스, mambises)의 이야기를 그렸다. 대부분 소농이었던 이들은 배만 채울 수 있다면 무엇이든 채집해 연명해 나갔다.

다가오는 병사들은 대부분 헐벗고 있었다. 한 사람은 무화과 나뭇잎으로 만든 모자를 쓰고, 또 한 사람은 다람쥐 가죽을 뒤집어쓰고 각각 남북으로 서 있었다. 그들은 맨발이거나, 소가죽 샌들을 신고 있었다. 이들은 제법 부드러운 야레이(yarey) 혹은 유루이-과나/유라과노(yuruy-guana/ yuraguano) 모자나, 카타우레/카타우로(cataure/ catauro) 모자를 손수 만들기도 했다. 이들의 마체테(*machete*, 벌채용 칼 벨트)는 포도나무 넝쿨을 비틀거나, 소가죽을 한 줄 둘러 만든 것이었다. … 훈련 중에 허기를 이겨 내기는 무척 힘들었는데, 일부 병사들은 굶주려 제대로 서 있지도 못하다가 내 쪽으로 쓰러지기도 했다. 끼니? 때론 썩 괜찮았고, 어떨 땐 매우 열악했다. … 오랜 행군이나 접전 뒤, 혹은 사바나로 퇴각을 한 후에는 신선한 사탕수수나 잘 익은 망고만 한 것이 없었다. 망고는 훌륭한 벗이었다. 제철에는 갖은 상상력을 동원해 망고를 먹었다. 생으로, 구워서, 삶아서, 튀겨서. … [그러던] 어느 날 한 친구가 피냐(*piña*, 파인애플)를 너무 많이 먹고서는 복통을 호소하며 드러누웠다. "앞으로 파인애플 근처에도 안 갈 거야." "에이 아닐걸, 또 먹을걸?" 나는 그에게 말했다. "파인애플은 여인과 같으니까." 빙 둘러앉아 후티아(*jutia*, 쥐고기)를 구울 때는 만찬을 갖는 것만 같았다. … 커피를 대신해 오렌지 잎을 우려낸 차, "멍키 테일(monkey tail)"이나 꿀물 쿠바리브레(*cuba-libre*)를 마셨다. 토종벌은 쿠바 사람들을 닮아 시끄럽긴 해도 마음씨가 착해 공격을 하지 않는 반면, 스페인 벌들은 쏜다. 여기의 벌들만은 토착종일 것이다. 스페인 벌들은 침을 쏘면서 동시에 죽어 버리고, 침과 함께 내장이 쏟아져 나온다(Martí 1968, 304-305).

마르티의 묘사는 전쟁을 희화화함과 동시에 생존을 위한 지혜와 수만 명의 병사들이 인식하지 못했던 대지에 대한 깊은 애착을 보여 준다.

쿠바의 19세기는 독립을 위해 싸웠던 시기였을 뿐만 아니라 인간과 자연의 관계를 중심으로 민족주의가 대두되던 시기이기도 하였다. 루이스 A. 페레스 주니어(Louis A. Perez Jr. 2001b)는 허리케인이 오고 가는 동안 쿠바인들이 서로서로 도와 나가는 모습을 그리며 쿠바의 민족주의가 부상하는 과정을 설명한다. 특히 그는, "19세기 중반 허리케인이라는 자연현상을 국가 형성의 중요한 변수로 보고, 이를 보다 넓은 쿠바 사회 속에서 이해하기 위해" 이 글을 썼다. 그는 환경사적 관점을 통해 1840년대 재앙적인 폭풍우가 19세기 쿠바의 사회경제적 발전을 형성하는 데 어떤 영향을 미쳤는지를 연구했다. 힘없는 평범한 사람들(농민, 노예, 민중)과 권력자들(스페인 식민 당국) 모두가 열대 폭풍우에 대비하고, 이를 극복하며, 사회를 재건하여 타협점을 찾아 갔다. 쿠바인들은 이러한 과정을 통해, 독립(1898)과 사회주의 정부 수립(1959-)에 훨씬 앞서서 계급마저 가로질러 가며 자연에 대한 경의와 숭배의 정서를 심화시켰다.

허리케인[카리브 해 원주민들은 이를 우라칸(*huracán*), 운라칸(*hunrakán*), 유라칸(*yuracan*), 요로칸(*yorocán*) 등으로 다양하게 부른다[1]과 사이클론(시클론, *ciclón*)이 카리브 해 전역에 지리, 경제, 정치, 사회, 윤리적 흔적을 남겼지만, 쿠바인들은 자연재해가 닥칠 때마다 늘 자신과 정부의 대처법을 판단했다. 페레스는 다음과 같이 말한다.

경제적 조건, 사회적 관계, 문화적 형성의 많은 특징들이 허리케인의 흔적을 지니고 있다. 국가에 대한 관념과 국가성이라는 개념은 허리케인의 습격과 경험으로부터 발전되었으며, 쿠바인들이 오늘날의 정체성을 가지는 데 결정적인 영향을 미쳤다(2001b, 155).

허리케인은 자연적 경관 또한 바꾸어 놓았다. 허리케인이 섬 전역을 훑고 지나가면 해안선, 1,600개의 산호초와 섬, 강의 유로, 사면 경사 등이 크게 바뀌었다(Iñiguez-Rojas 1989). 이렇듯 쿠바의 자연적, 정치적, 사회적 특징은 섬이 주는 고립성과 허리케인에 대한 취약성으로부터 결정적인 영향을 받았다.

쿠바의 경관

19세기 쿠바의 풍경화

19세기 미국의 근대화와 산업화에 대한 반발로 발전한 허드슨 리버 학파 (the Hudson River School)는 미국 초기 정착지인 대서양 연안의 해안선을 낭만적으로 그렸다. 미국에서 변경(frontier)은 늘 서쪽으로 향했지만, 허드슨 리버 학파 화가들은 미국 대중들이 초기 정착지들을 점차 더 그리워한다는 점을 간파했다. 이들 그림은 극적인 요소가 다분하며, 때로는 도덕적이거나 문학적인 주제를 담았다. 이 신생 화파는 일정 부분 미국과 유럽에서 급격한 산업화에 대한 반발로 등장했으며, 기계화가 예상치도 못한 방식으로 자연을 바꿔버릴 수 있다는 점을 인식했다. 산업적인 생산은 공장과 기차가 내뿜는 시커먼 연기 속에서 이루어졌으며, 거무튀튀한 연기 기둥이 도시와 전원의 풍경을 가로지르며 퍼져 나갔다(Burtner 2002). 쿠바 역시 이러한 미술 장르의 영향을 받았고, 초기 유럽인들이 쿠바 문화에 미친 영향도 바뀌게 되었다.

19세기 쿠바에서도 몇몇 풍경화가들이 두각을 보였다. 에스테반 차트란드 (Esteban Chartrand)의 1877년작 〈바다풍경(*Paisaje Marino*)〉과 발렌틴 산스 카르타(Valentín Sanz Carta)의 〈라스 말랑가스(*Las Malangas*)〉는 식민지 시기 쿠바의 때 묻지 않은 전원의 풍경을 포착하고 있다. 차트란드(1824-1889)는 프랑스 이민자의 후손으로 아바나에서 동쪽으로 100km 떨어진 마탄사스(Matanzas)에 살았으며, 설탕 생산과 대규모 도시화에 물들지 않은 풍경을 세심하고도 정확하게 그렸다. 그는 황혼에 젖어 향수를 일으키는, 낭만적이고 이상화된 풍경을 그렸다. 또한 유럽화가들과 달리, 아메리카 대륙의 눈으로 섬을 응시하면서도 평범한 촌부(*guajíro*)의 모습을 그려 넣는 소탈함을 보였다(그림 1.1). 그는 자신의 작품에서 로 쿠바노(*lo cubano*, 쿠바적인 것)를 강조했으며, 보이오스(*bohíos*, 작고 소박한 농가), 인헤니오스(*ingenios*, 소규모 제당공장), 팔마

그림 1.1. 에스테반 차트런드(1840~1883)의 작품 〈경관(Landscape)〉(1880)에서는 쿠바의 주요한 자연경관 요소들에 주목하고 있다. 오른쪽 그림에는 쿠바의 농가인 보히오스, bohios)와 말을 타고 있는 촌부(과히로, guajiro)가 보인다.

출처: 쿠바국립박물관(Museo Nacional de Cuba).

스[palmas, 스페인어로 팔마레알(palma real), 또는 토착종인 대왕야자(Roystonea regia)]와 같은 문화적 요소들을 부각시켰다. 그림 속에 등장하는 거대한 세이바(ceiba) 나무는 장엄한 자태를 자랑하며, 야자수는 늘 호리호리한 자태를 보인다. 한편 카나리아 섬에서 태어난[쿠바에서는 이를 이슬레뇨(isleño)*라고 부른다] 산스 카르타는 쿠바 시골의 모습을 보다 실감나게 그렸는데, 강렬한 열대의 햇볕으로 작품을 물들이곤 했다(Museo de Bellas Artes 2001).

여기서는 쿠바 미술사를 자세하게 다루지는 못하지만, 이러한 풍경화 속 이미지는 호기심 많은 각국의 여행자들을 사로잡으며 장소의 재현물로서 중요한 역할을 했다. 지역의 독립전쟁 이후, 엘리트적이고 스페인 중심적인 시각으로부터 벗어나 전원의 미학과 그 아름다움을 높이 평가하기 시작했는데, 차트란드와 산스 카르타는 이 시기에 유명세를 얻었다. 오두막에서부터 야생 과일, 야자수, 성채, 요새, 각종 자연적·문화적 요소에 이르기까지, 한때는 서민적이라고 무시되었던 요소들이 쿠바성의 상징으로 자리잡게 되었다.

여행 문학과 그 상징물들은 지리적 지식의 근원이 되었고, 신문화지리에서 중요한 역할을 했다(Duncan and Gregory 1999). 각종 볼거리들과 쿠바를 묘사하는 표현들[전원적인 열대의 풍경, 모래 해안과 푸른 바다, 시가 연기로 들어찬 룸살롱, 스페인식 성채, "화끈한(fiery)" 물라타(mulatts)**]은 시간이 지나며 변해 왔지만, 불행인지 다행인지는 몰라도, 한 세기동안 쿠바 관광의 상징으로 자리 잡았다(Schwartz 1997). 호기심 많고 부유한 미국인, 유럽인은 이러한 경관 요소들을 찾아 이 섬나라에 오곤 했다. 펜과 연필로 그린 스케치는 저렴하게 전기판으로 떠서 미국과 유럽의 신문, 잡지에 실었다. 쿠바의 일상을 다룬 사무엘

---

* 역자주: 섬사람.
** 역자주: 라틴아메리카에서 백인과 흑인 사이에서 태어난 혼혈을 남성의 경우 물라토, 여성의 경우 물라타라고 일컫는다.

그림 1.2. 1860년대 후반 사무엘 해저드(Samuel Hazard)가 그린 로사리오 폭포[The Falls of the Rosario, 소로아 폭포(Soroa Falls)로도 알려져 있다]. "로사리오(Rosario)"는 피나르 델 리오 (Pinar del Río) 지역에 있는 로사리오 산맥을 의미함.
출처: Hazard(1871, 권두삽화).

그림 1.3. 1900년 카르멘 플로르 피나(Carmen Flor Fina) 시가의 라벨이다. 각각의 시가와 25보루짜리 상자에는 이국적이고, 전원적이며, 열대적인 주제를 담은 그림이 그려져 있다. 이렇게 상품에 그려진 예술작품은 1822년 아바나에 석판인쇄술이 도입된 이후 확산된다. 세계 각지에 흩어져 있던 소비자들은 이렇게 재현된 쿠바의 이미지를 널리 퍼뜨렸다. 19세기와 20세기에 판매된 시가링, 상자, 포장에도 유사한 이미지들이 담겨져 있다.
출처: Levi and Heller(2002, 92).

해저드(Samuel Hazard)의 그림은 쿠바 밖에서도 인기를 끌었다. 그는 10년전쟁(1868-1878)이 시작할 무렵, 때 묻지 않은 쿠바 아열대 삼림의 모습을 낭만적으로 그려 냈다(그림 1.2).

5센트짜리 쿠바 시가처럼 19세, 20세기 미국에서 팔린 소비재는 "서반구 사람들이 가장 많이 찾는 상품이었으며", "목가적인 풍경, 여성의 모습, 바람에 나부끼는 깃발 등[과 같은 주제를 중심으로] … 클래식한 회화 기법을 통해 실재하거나 신화 속에 나오는 전통유산을 담아냈다"(Levi and Heller 2002, 86). 시선을 사로잡는 양각 다색석판인쇄 회화는 애호가들의 수집품이기도 했다(그림 1.3). 이 모든 것들은 여가 생활과 여행을 즐기는 유럽, 북미 중산층들의 상상력과 미학적 사고에 불을 지폈다.

전반적인 경관

경관은 지리학, 생물학, 조경, 도시 계획, 예술 등과 같이 장소를 다루는 다양한 학문 분야와 밀접하게 연관된 개념이다. "경관"은 땅이 어떻게 배치되어 있고, 인간이 이를 어떻게 바꿔 나가는지에 관한 것이다. 경관이라는 개념은 시각적으로 재현되는 다양한 요소를 아우르며, 그 본질은 고상한 학문의 영역에만 국한되지 않는다. 원래 경관은 15세기 르네상스와 상업자본주의 시기 플랑드르와 베니스에서 장소를 묘사하기 위한 수단으로 생겨났다(Aubu-Lughod 1984; Morris 1981). 당시 화가들은 머나먼 곳에 있는 나라를 낭만화하거나 왜곡시켰고, 유럽 엘리트들이 흥미로워할 심상을 그리기도 했다. 이러한 이미지는 다시 재생산되거나 대중매체를 통해 일반인들에게도 확산되었다.

18세기 쿠바의 설탕 산업이 성장하면서 잠재적인 이윤을 노리거나(Scarpaci and Portela 2005) 이국적인 것을 동경하는 유럽 엘리트들이 증가했다. 쿠바는 아메리카의 혼성물(criollo)이었으나, 그 이전에 300년 넘게 스페인의 지배를 받기도 했다. 멕시코와 페루에는 화려하게 치장된 종교 건축물이 가득하다면, 쿠바에서는 이러한 건축물을 찾아보기 힘들다. 식민 시기의 위용을 뽐내는 건축물들은 요새, 성, 보루, 성벽 등과 같은 군사시설들로 19세기 중엽에는 이미 무용지물이 되어 버렸다. 19세기 초 아바나는 분주한 항구 도시이자, 숨가쁘게 발전 중인 섬으로 들어가는 관문이었다(그림 1.4).

사진이 등장하기 전에는 풍경화와 석판인쇄술을 통해 장소와 영역(territo-ries)의 특징을 포착할 수 있었다(Burtner 2002). 쿠바의 풍경화에는 땅, 예술, 자연에 대한 서구적인 관념들이 담겨 있었다(그림 1.5). 어떤 예술사학자들은 19세기의 풍경화가 문화와 자연, 혹은 오염된 세속과 때 묻지 않음이라는 이분법적 시각으로 구성되었다고 주장한다. 그러나 나르시소 G. 메노칼(Narciso

그림 1.4. 1856년 작 〈아바나의 일반 풍경(General View of Havana)〉. 에두아르도 바라냐노(Eduardo Barañano)가 그린 후, 에두아르도 라플란테(Eduardo Laplante)가 판화로 제작했다. 북쪽 상공에서 항구를 내려다볼 때 시야에 들어오는 로스 트레스 레예스 델 모로 성(Castillo de Los Tres Reyes del Morro)과 등대(왼쪽 앞), 라 카바냐(La Cabaña) 요새(왼쪽 중간), 라 푼타(La Punta) 성(오른쪽 앞쪽), 장벽으로 둘러싸인 도시 아바나(오른쪽 중간)를 포착했다.

G. Menocal 1996)은 식민지 독립에 있어서 풍경과 서민에 대한 묘사가 매우 중요한 역할을 한다는 점에 주목한다. 쿠바의 예술은 유럽의 화풍과 주제를 단순히 확장한 것이 아니라, "국가 정체성에 대한 탐색과 특성 찾기를 통해 민족의 표상(imagery)을 정립했다. … 민족주의는 그 자체로 쿠바 미술의 형식과 형상에 고유한 특성을 새겨 넣었지만, 이보다 흥미로운 점은 쿠바 예술이 읽히고 해석되는 방식이다"(Menocal 1996, 187).

영어로 "경관(Landscape)"이라는 단어는 네덜란드어 *landschap*, 독일어 *landschaft*에서 파생되었다. 지난 500년간 이 단어는 주로 예술의 영역에 국한되어 사용되다가, 이후 권력, 정치, 소유권 등의 의미를 포함하는 개념으로

그림 1.5. 에두아르도 라플란테(Eduardo Laplante)의 1852년 작 〈비히아 산에서 바라본 트리니다드의 풍경(View of Trinidad from Mount Vigia)〉. 라플란테는 카리브 해로부터 11km 떨어진 중남부의 마을에서 설탕 산업이 성장하는 모습을 담았으며, 모레노 프라히날(Moreno Fraginals)의 명을 받리자면 상류층 지역으로 변하고 있는 (gentrifying) "설탕 통치(sugarocracy)"의 모습을 그려 냈다. 그림의 서쪽(왼쪽)편에는 20개가 넘는 소규모 제당공장들(ingenios, 인헤니오스)이 줄지어 들어서서 제당 공장 집중지구(El Valle de los Ingenios, 엘 바예 데 로스 인헤니오스)를 형성하고 있다. 오른쪽이 확대된 그림에는 중앙 광장과 부유한 노예 무역상들이 사용했던 건물 의 부속탑이 그려져 있다.

출처: 쿠바국립박물관(Museo Nacional de Cuba).

확장되었다(Creswell 2004).

문화지리학자 칼 오트윈 사우어(Carl Ortwin Sauer)는 1925년 논문 「경관의 형태학(The Morphology of Landscape)」을 통해 경관이라는 용어를 처음 북미 학계에 도입했다. 당시 널리 퍼져 있던 환경결정론에서는 환경이 인간과 지역의 물질적 발전에 미치는 역할을 강조했다. 사우어는 환경결정론의 철학에 맞서는 대안으로 경관 연구를 제안했다. 그에 따르면, 경관은 과학적으로 연구할 수 있으며, 경관을 변화시키는 데 인간이 어떤 역할을 하는지도 설명할 수 있다. 이는 환경결정주의의 관점과 대조된다(Sauer 1963). 사우어는 문화사(cultural history)와 인공물 분석(artifactual analysis)을 통해 자연경관이 오늘날의 모습(문화경관)으로 변화되는 과정을 연구했다. 여기서 어려운 것은 태초의 자연경관을 재구성하는 작업과, 경관을 점유한 어떤 집단의 흔적이 끝나고 새로운 집단의 흔적이 시작되는 경계에 선을 긋는 작업이다. 마이니그(D. W. Meinig 1979)와 윌버 젤린스키(Wilbur Zenlinsky 1973)와 같은 후대 문화지리학자들은 사우어 학파의 주제를 바탕으로 인간이 땅 위에 남긴 흔적을 연구했다. 이들의 연구는 장소와 지역에 관한 방대한 정보를 종합해서 풍부한 내용들을 담아냈으며, 학계를 넘어 일반 독자층에게까지 영향을 미쳤다. 그러나 이러한 경관 접근법은 이론이 결핍된 기술(description)일 뿐, 기초 연구에 실질적 기여를 하지 못한다는 비판을 받았다(Soja 1996 참조).

경관 분석에 기반을 두고 있는 신문화지리학은 1980년대와 1990년대에 등장했다. "신문화지리학"은 경관 변화를 해석하면서 사회 및 문화 이론을 접목시켰다(Back, Kunze, and Pickles 1989). 또한 신문화지리학은 정치적이고 사회문화적인 과정을 강조했는데, 특정한 지역에서 (동인으로서) 경관이 정치적, 사회문화적 과정을 어떤 방식으로 만들어 나가는지를 탐구했다(Schein 1997). 이러한 새로운 경관 연구는 일관적인 이론 틀을 갖추고 있지는 않다. 가령 마르크스주의 시각에서 장소와 경관을 연구한 코스그로브(Cosgrove 1998)는 이데올로기에 주목해, 사회계급이 이데올로기에 따라 특정한 방식으로 재산과 토지를 이해한다는 점을 강조했다. 일부 학자들(Duncan and Duncan 1988; Price and Lewis 1993)은 이러한 연구에서 더 나아가 경관이 문화, 경제, 사회 시스템의 핵심적인 요소를 구성하는 과정에 주목한다. 그레이엄, 애쉬워스, 툼브리지(Graham, Ashworth, and Tumbridge 2000, 31)는 "경관을 삶의 경험이 녹아 있는 장소라기보다는 상징적 실체로 간주한다."

독특한 정치경제를 배경으로 쿠바만의 독특한 역사적 국면들이 탄생했는데, 이 점으로 인해 쿠바 연구에 있어 신문화지리학의 분석 틀이 매우 유용한 듯하다. 쿠바의 역사는 크게 1) 천연자원 채굴과 노예제도에 기반한 식민 시대(1514-1898), 2) 설탕, 통신, 인프라 전반에서 미국 중심의 투자, 정치적 지원, 수출용 설탕 가격 고정 정책 등이 이뤄졌던 공화국시대(1898-1958), 3) 사회주의 시대(1959년부터 오늘날까지)로 나눠 볼 수 있다. 이 책에서는 토속 경관(vernacular landscape) 혹은 일상경관(ordinary landscape)의 다양한 사례들을 다루고 있다. 학교에서부터 거리경관, 사탕수수밭, 촌락, 거대 도시의 그늘진 교외 지역, 그리고 늘어나는 관광객과 지역 사람들의 뒤섞임에 이르기까지, 토속경관의 요소들은 쿠바의 일상적 환경을 구성한다. 토속경관은 "삶 속에 녹아 있으며(lived in)", 그 속에서 살아가는 쿠바인들의 인식, 가치, 행동을 형성한다. 가령 쿠바의 마을과 도시에는 1950년대, 혹은 이전에 만들어진 미국산 자동차는 물론이고 낡은 소비에트산 라다스(Ladas)와 모스크비치(Moskvich) 등 독특한 자동차들이 토속경관을 구성하고 있다(그림 1.6).

이러한 자동차들의 존재로 오늘날 쿠바는 자동차 박물관을 방불케 한다(Baker 2004; Schweid 2004). 동네 풍경은 국영 식료품점(보데가, bodegas), 1차 진료소(폴리클리니카, policlínicas), 학교 등으로 채워져 있으며, 1959년 혁명 승

그림 1.6. 오늘날 쿠바 토속경관의 가장 두드러진 특징 중 하나로 1950년대에 제조된 미국산 자동차들을 꼽을 수 있다. 유물이나 다름없는 자동차를 유지하기 위해서 쿠바 사람들은 조선소에서 페인트를 훔쳐 오거나 남은 가정용 라텍스 도료로 도색을 한다. 때문에 쿠바의 차들은 강렬한 색채를 띤다. 아바나(Habana), 2006년.

리 이후에 지어진 공공주택(비비엔다 소시알, vivienda social)들이 우뚝 솟아 주 거지의 상당한 부분을 이루고 있다. 농촌의 경우 콜럼버스 이전의 건축 양식 인 농가(보이오스, bohíos)구조에 바탕을 둔 전통 촌락 가옥들이 주를 이룬다. 많은 문학작품, 노래, 시에서 그 매력을 예찬하기도 했다(그림 1.7). 호세 페르 난데스 디아스(José Fernández Díaz)는 호세 마르티(José Martí)의 시에서 가사 를 따와 "관타네메라(Guantanemera)"를 지었는데, 이 곡도 토속경관과 일상 경관을 담고 있다. 피트 시거(Pete Seeger)가 이 곡을 다시 영어로 옮기면서, 청 중들에게 때 묻지 않은 전원의 풍경, 그리고 그곳에 사는 선한 남녀의 모습을 불러일으켰다.

이 책에서는 신문화지리학적 맥락에서 상징적 경관(symbolic landscape)

그림 1.7. 야자수 잎 지붕, 야자나무(벽), 개조된 함석지붕(현관)으로 이루어진 농촌의 전형적인 가옥. 시에고 데 아빌라 지역(Ciego de Avila Province), 2003년.

에 대해서도 다룬다. 토속경관과 달리, 상징적 경관은 이를 이용하고 변화시키는 행위주체들(agents)의 중요성과 권력에 관한 개념이다. 1898년-1902년의 독립이 달성될 때까지 쿠바는 경제적 이익, 정치적 지배, 혹은 "자비로운 문명화 과정"을 구실로 많은 자본가들이 제국주의를 정당화시킬 수 있는 장소로 간주되었다. 미국의 작가 젱크스(Leland K. Jenks)는 *American*

쿠바의 경관

*Imperialism:American Fund for Public Service Studies in American Investments Abroad*에서 이에 관한 세 가지 측면을 다음과 같이 정리한다.

1. 상인들과 은행가들은 정치·경제 분야의 후방에서 금전적 이익을 얻을 수 있는 기회를 인식하고 있었다.
2. 이들은 각각의 국가에 있는 해외 공관에 요청을 한 이후 해당 지역으로 들어오게 된다.
3. 이러한 요청은 해당 지역에서의 즉각적인 군사적 개입과 정치적 행정부서의 설립으로 이어진다.(1928, x)

쿠바에는 페루 고지대나 멕시코처럼 금과 은이 없었기 때문에, 유럽에서는 (노예, 철도, 사탕수수를 대규모로 도입하기 이전의) 쿠바를 일컬어 "즙을 짤 가치가 없는 레몬"이라고 부르곤 했다. 그러나 젱크스가 묘사하는 20세기 초반의 상황을 비춰 봤을 때, 이러한 인식에 많은 변화가 생겼음을 알 수 있다. 미국 의회에서는 미국과 가깝다는 이유로 쿠바를 합병해야 한다는 목소리가 커졌으며, 먼로 독트린에 힘입어 쿠바도 미국의 일부가 되어야 한다는 주장이 생겨났다. 미국 정치인들은 미국 대서양 권역을 확장시켜 "미국의 지중해(American Mediterranean)"를 완성하고, 서반구에서 영원히 스페인을 쫓아낼 수 있는 기회로 쿠바를 인식하였다(Herring 1960).

공화국 시기 아바나와 일부 도시에서는 강력한 시장경제적 요소와 소비자 사회가 확장되었고, 인쇄물, 라디오 광고, 광고 게시판, 옷 가게, 자동차 대리점 등에서도 미국에 대한 친밀감이 드러났다. 20세기 초반, 쿠바가 안전하고도 이국적인 관광지라는 광고가 나오면서(그림 1.8, 그림 1.9), 증기선 산업은 성장했고, 미국의 항구와 아바나, 마탄사스, 산티아고를 연결하는 교통편이 증가했다(Schwartz 1997).

비쿠바인에 의한, 혹은 비쿠바인들을 위한 재현은 20세기 전자 미디어에서 매우 두드러졌다. 5장에서 현대의 관광경관에 대해서 보다 깊게 다루겠지만, 독자들의 이해를 돕기 위해 역사적인 맥락에 대해 간략하게 설명하고자 한다. 할리우드 영화 산업, 브로드웨이 뮤지컬, 음악 등 미국 대중문화는, 비록 왜곡된 형태이긴 하지만 쿠바의 이미지를 세계 대중들에게 전파시키는 데 중요한 역할을 했다(표 1.1). 이러한 재현은 쿠바라는 섬나라의 의미가 구성되고 전달되는 여러 실천을 포함한다. 비록 사회주의 정부에서 이러한 이미지에 저항하며 쿠바의 새로운 사회주의 정체성을 세우고자 각고의 노력을 기울였으나, 전 세계적 "쿠바 열풍"은 강력했고 지속되었다. 쿠바는 뭔가 달랐다. 생기와 활력이 넘쳤으며, 도발적이고 매혹적이었다.

미국에서 금주법이 적용되던 시기에, 쿠바는 금지되어 있지만 접근할 수 있는 장소로 묘사되었는데, 어빙 벌린(Irving Berlin)의 노래 "쿠—바에서 만나요(I'll See You in C—U—B—A)"(ⓒ Copyright 1920 by Irving Berlin; ⓒ Copyright Renewed. International Copyright Secured; All Rights Reserved; Reprinted by permission)는 다음과 같은 내용을 담고 있다.

이곳에서 그리 멀지 않은 곳
생기 가득한 곳이 있어
올해는 모두 그리로 간다네
여기엔 다 이유가 있지, 바로 새로운 계절이
지난 칠월에 시작되었어
미국은 점점 메말라 가고
모두들 그곳으로 간다네

쿠바의 경관

그림 1.8. 1953년에 만들어진 가이드북 표지에는 쿠바를 안전하지만 이국적인 여행지로 그리고 있다. 남성은 중위도 지역 특유의 검정색 정장을 입고 모자를 착용하고 있다. 1930년대 완공된 카피톨리오(Capitolio, 1930년에 완공된 과거 쿠바의 국회의사당 건물)는 미국 워싱턴 D.C.의 국회의사당을 따와 낯익은 모습으로 지어졌다. 두 도시의 유일한 차이라면 쿠바의 경우 야자수가 서 있고, 열대 꽃으로 만든 부케가 등장한다는 점이다.
출처: Levi and Heller(2002, 39).

나도 그곳으로 간다네

지금 가고 있다네

[후렴구]

쿠바 – 바로 그곳으로 나는 간다네

쿠바 – 바로 그곳에서 나는 머물고 싶다네

그림 1.9. 1940년대 만들어진 이 엽서에는 안전하지만 이국적이라는 주제가 부각되어 있다. "흥겨운(gay)" 아바나를 "서반구의 파리"라 홍보하고, 성채, 대성당, 유럽식 산책로(프라도)와 함께 카지노와 승마 같은 낯익은 레저 활동이 그려져 있다.
출처: Levi and Heller(2002, 31).

표 1.1. 쿠바에 관한 미국의 대중음악과 영화(20세기 전반, 1959년 혁명 전까지)

매체	제목	연도	작가/배우
음악	〈저 멀리 아바나 해안에서(On the Shores of Havana, Far Away)〉	1898	폴 드레서(Paul Dresser)
음악	〈쿠바놀라 글라이드(The Cubanola Glide)〉	1909	빈센트 브라이언(Vincent Bryan), 해리 폰 틸저(Harry von Tilzer)
음악	〈아바나의 소녀(There's a Girl in Havana)〉	1911	레이 고츠(E. Ray Goetz), 볼드윈(A. Baldwin Solane)
음악	〈쿠바에서 만나요(I'll See You in Cuba)〉	1919	어빙 벌린(Irving Berlin)
음악	〈쿠바의 달(Cuban Moon)〉	1920	조 매키어넌(Joe McKiernan), 노먼 스펜서(Norman Spencer)
음악	〈시보니(Siboney)〉	1929	에르네스토 레쿠오나(Ernesto Lecuona) 돌리 모스(Dolly Morse)가 영어 가사 제작
음악	〈쿠바의 사랑 노래(The Cuban Love Song)〉	1931	허버트 소사트(Herbert Sothart), 지미 맥휴(Jimmy McHugh), 도로시 필드(Dorothy Fields)
음악	〈오 나의 마리아[Maria My Own(Maria la O)]〉	1931	에르네스토 레쿠오나(Ernesto Lecuona)
음악	〈과일 장수(El Frutero)〉	1932	에르네스토 레쿠오나(Ernesto Lecuona)
음악	〈쿠바 카바레(Cuba Cabaret)〉	1933	에두아르드 허프만(Eduard Herpman), 버트 캐플런(Bert Kaplan), 레지 차일드(Reggie Childs)
영화	〈아바나 과부(Havana Widows)〉	1933	글렌달 패렐(Glendal Farrell), 가이 키비(Guy Kibbee), 존 블론델(Joan Blondell) 라일 탤벗(Lyle Talbot) 앨런 젱킨스(Allen Jenkins), 프랭크 맥휴(Frank McHugh)
음악	〈쿠바의 거리(Street in Havana)〉	1935	돈 마르세도(Don Marzedo)
음악	〈쿠바니타: 마미네스의 딸, 룸바(Cubanita: The Daughter of Maminez, Rhumba)〉	1939	루 아브로시오(Lew Abrosio), 루와 돌프 암브로시오(Lew and Dolph Ambrosio), 줄리엣 플로레스(Juliet Flores)
음악	〈작은 아바나 소녀(Little Havana Girl)〉	1942	루이스 브라운(Lewis Brown)

영화	〈아바나의 달빛(Moonlight in Havana)〉	1942	앨런 존스(Allan Jones), 제인 프라지(Jane Frazee), 마조리 로드(Marjorie Lord), 돈 테리(Don Terry), 윌리엄 프롤리(William Frawley), 그레이스와 니코[Grace and Nicco(댄스팀)]
영화	〈아바나의 휴일(Holiday in Havana)〉	1949	데시 아르나스(Desi Arnaz) 메리 해처(Mary Hatcher)
음악	〈쿠바 사람 피트(Cuban Pete)〉	1952	데시 아르나스(Desi Arnaz)
음악 (앨범)	〈마탄세라의 선율(La Sonora Matancera)〉	1955	라 소노라 마탄세라(La Sonora Matancera), 셀리오 곤살레스Celio González)와 함께
음악 (앨범)	〈차차차(Cha Cha Cha)〉	1955	몬치토(Monchito) 맘보 로얄(the Mambo Royals)
영화	〈올레 쿠바!(Ole Cuba!)〉	1957	훌리토 디아스(Julito Díaz), 테테 마차도(Tete Machado), 알리시아 리쿠(Alicia Ricú)
음악 (앨범)	〈리듬의 왕(El Bárbaro del Ritmo)〉	1958	베니 모레(Beny Moré)
음악 (앨범)	〈레쿠오나 쿠바 소년들(Lecuona Cuban Boys)〉	1958	레쿠오나 쿠바 소년들(Lecuona Cuban Boys)

출처: Levi and Heller(2002)

쿠바의 음악가 에르네스토 레쿠오나(Ernesto Lecuona, 1895–1963)는 작곡가, 공연 기획자, 밴드 리더를 겸한 만능 예술가로 알려져 있다. 이국적 취향을 가진 이들은 그의 음악을 들으며 리듬, 흥취, 낭만, 신비감에 젖어 들었다. 에르네스토는 2차 세계대전 이전의 라틴 음악과 빅밴드 음악을 넘나드는 크로스오버 예술가였다. 그의 음악은 자신만의 세계를 가지고 있으나, 혹자는 그를 "라틴의 거슈윈(Latin Gershwin)"이라고 부르기도 했다. 850여 개의 작품들은 파소도블레(*pasodoble*), 왈츠, 하바네라(*habanera*), 볼레로(*bolero*), 손(*son*)과 같은 다양한 음악 장르를 망라하고 있다(de León 1995). 혼종적인 그의 음악세계는 자신의 고향을 반영했고, 다양한 장르의 음악을 차용하고 통합시켰다.

에르네스토의 작품을 포함하여 쿠바 음악을 미국 가정으로 확산시키는 데 가장 많은 기여를 한 사람은 할리우드 배우나 경영진이 아니라, 바로 데시 아르나스(Desi Arnaz)였을 것이다. 원래 본명은 데시데리오 알베르토 아르나스 이 데 아차 3세(Desiderio Alberto Arnaz y de Acha III)로, 1917년 쿠바의 산티아고에서 출생했다. 데시의 아버지는 유복한 목장주이자 정치인으로, 여러 개의 농장을 소유하고 있었으며, 산티아고의 시장을 역임했다. 그러나 1933년 풀헨시오 바티스타(Fulgencio Batista)의 반란으로 마차도(Machado) 독재 정권이 무너지면서 어린 데시의 가족 재산은 몰수되었고 아버지는 수감되었다. 데시는 어머니 돌로레스(Dolores)와 함께 마이애미로 망명했고, 고등학교를 졸업할 때까지 여러 직업을 전전하다가 사비에르 쿠가트(Xavier Cugat) 밴드에서 일하게 된다. 가장 대표적 작품의 한 장면은 콩가 라인인데, 〈무수한 소녀들(Too Many Girls)〉이란 이 작품은 1939년에 연극으로, 1940년에는 뮤지컬로 상연되었다. 아르나스는 자신의 자서전 *A Book*에서 미국 음악가들이 쿠바 리듬에 익숙해질 때까지 고생했던 일을 회상하고 있다.

그 사람들이랑 룸바 몇 곡 가지고 끙끙거리던 게 기억난다. 음악 같지도 않고 한심한 소리만 났다. 그렇다고 그 아이들이 엉터리 연주자도 아니었는데, 당최 맞아 떨어지는 구석이 없었던 것이다. 그들은 라틴음악을 연주해 본 적이 없었고, 연주는 엉망진창이었다. … 그러다 갑자기 매년 산티아고에서 열리던 카니발이 떠올랐다. 수천 명의 사람들이 거리로 흘러나와 콩가 라인을 만들고, 마을을 돌아다니며 아프리카 콩가 드럼에 맞춰 삼일 밤낮을 지새우고 춤추며 노래한다. 프라이팬도 사용하고, 판자에다 거꾸로 못을 박아 막대기로 두들기며 날카로운 딩딩딩 잇딩 잇딩 잇딩딩 소리를 낸다. 그리고 콩고 드럼으로는 붐―붐―붐―붐 템포를 맞춘다. 아주 단순한 비트인데도, 열 블록이나 떨어진 곳에서부터 이들이 다가오는 소리는 점점 커지고, 분위기는 점점 더 흥겨워지는 걸 느낄 수 있다(1976, 59).

1945년 영화 〈아바나에서의 휴일(Holiday in Havana)〉을 통해 처음 미국에 알려진 콩가 라인은 아메리카 대륙(The Americas)에서 카니발이 열릴 때마다 사용되었다. 사슬에 함께 묶여 있던 아프리카 노예들로부터 유래된 세 박자 셔플 스텝(three-shuffle step)은 1998년 3월 13일 12만 명의 댄서들을 마이애미의 리틀하바나(Little Havana)로 불러들였다(Longest List 2006). 아르나스와 루실 볼(Lucille Ball)의 성공적인 파트너십으로 쿠바 문화의 단편들이 그려질 수 있었다. 가령 1951년 10월에 시작된 쇼 〈사랑해 루시(I Love Lucy)〉에서의 콩가 라인은 1953년에 4,400만 미국 가구가 시청하는 기록적인 시청률을 남긴다. 당시 텔레비전이 보급된 지 얼마 되지 않았다는 점을 고려했을 때 이는 정말 놀라운 수치이다. 또한 이 시리즈는 특히 케이블 방송 티비랜드(TV Land)를 통해 여러 차례 재상영되었다. 아르나스는 전파를 통해 수백만 시청자들에게 라틴 대중음악과 가상의 트로피카나(Tropicana) 나이트클럽을 알렸으며, 미래의 관광객들에게 아바나 마리아나오(Marianao) 지구에 있는 진짜 트로피카나를 찾아가는 꿈을 심어 주었다(이곳은 1939년 이래로 줄곧 운영되고 있다; Pérez 1999 참조).

아르나스가 남긴 음악과 기억에 더하여, 〈쿠바놀라 글라이드(The Cubanola Glide)〉와 같은 노래에서도 쿠바의 경쾌한 이미지를 엿볼 수 있다. "저 먼 나라 쿠바에는 하늘이 맑고/ 사시사철 여름날이네." 카리브 해 안팎에서 만들어진 이러한 작품들은 관광객들의 상상력과 쿠바의 표상을 자극시켰다.

오늘날 사회주의 쿠바에서는 오직 국가만이 민족문화와 연관된 상징적 가치를 생산할 수 있으며, 따라서 대다수가 정치적인 목적을 가지고 쿠바 지도

부와 공산당의 이념을 대변한다. 상업적 광고가 흔치 않고, 민간 기업들은 제한을 받기 때문에(Peters and Scarpaci 1998) 공장, 학교, 정부 관청, 드문드문 보이는 게시판에는 정치적 슬로건과 선언들이 들어찼다(그림 1.10). 이와 관련해서는 6장에서 보다 자세하게 살펴보고자 한다.

시장을 대신해 국가가 이데올로기를 확산시켰기 때문에 쿠바에서는 상징적 경관이 지배적이다. 정부의 제도가 사기업, 쇼핑센터, 민간 상점을 대신해 공공의 영역을 지배한다. 여기에는 정치 게시판, 슬로건으로 채색된 벽들, 근린 자경단(혁명수호위원회, Committees for the Defense of the Revolution), 병원, 학교, 호세 마르티(19세기 쿠바 독립전쟁의 사도) 흉상, 제복을 입은 경찰 등이 포함된다. 이러한 상징적 경관에는 두 가지 권력의 징표가 반영되어 있다. 한 축에는 군사, 안보(경찰) 병력, 시설 등을 포함하는 권력의 경관이 자리 잡고 있다. 그리고 반대 축에는 절망의 경관, 즉 도시와 농촌의 빈민가에 거주하

그림 1.10. 어느 시골에 설치된 정치 게시판으로, "이들은 우리의 미래를 보여 주었다."라고 적혀 있다. 식민지 시기의 인물들[왼쪽에서부터 안토니오 마세오(Antonio Maceo), 막시모 고메스(Máximo Gómez), 이그나시오 아그라몬테(Ignacio Agramonte), 호세 마르티(José Martí)], 공화국 시기(혹은 신식민지 시기)를 대표하는 호세 안토니오 에체베리아(José Antonio Echeverría, 오른쪽에서 세 번째, 바티스타에 저항했던 학생 지도자로, 1957년 경비부대에 의해 살해당함), 사회주의 정치의 상징[카밀로 시엔푸에고스(Camilo Cienfuegos)와 에르네스토 "체" 게바라(Ernesto "Che" Guevara), 오른쪽에서 두 번째와 첫 번째]으로 구성되어 있다. 대량생산과 마케팅이 전지구적으로 확산되고 있는 오늘날에도 쿠바의 풍경에서는 상품과 서비스 광고를 찾아보기가 어렵다.

며, 사회주의 정부가 성취한 사회적 평등과는 거리가 먼 쿠바의 빈민들이 놓여 있다. 양 축 사이, 일상 속에는 유니폼을 입은 사람들, 즉 하얀 셔츠에 빨간 스카프를 한 학생들(피오네로스, *pioneros*)(그림 1.11)과 남녀 군인들(밀리시아노스, *milicianos*), 그리고 그 외에도 국가적 상징을 드러내는 다양한 사람들이 자리 잡고 있다.

그림 1.11. 아바나 비에하(Habana Vieja)에서 2006년 촬영. 초등학교에 다니는 어린이들이 등교를 하고 있다. 이들 중 대다수는 7살에 호세 마르티 개척단(José Martí Union of Pioneers)에 가입하여 피오네로스(pioneros, 개척자)가 된다. 쿠바에서는 보통 버스로 등교하지 않고, 부모님들이 아이들을 학교까지 데려다준다. 빨간색 점퍼드레스, 하얀 블라우스(남자 아이들의 경우 짧은 바지와 셔츠), 색색의 손수건 등은 일시적으로 볼 수 있는 모습이지만, 사회주의 쿠바의 토착경관을 구성하는 주요 요소이다. 이는 이 나라에는 사교육이 존재하지 않으며 국가가 전 국민 공통 무상 교육에 헌신을 하고 있다는 것을 상징한다. 그러나 여기에는 애국주의가 혹은 "세뇌"가 뒤따른다. 학생들이 외치는, "¡Pioneros por el comunismo!(사회주의의 개척자들[어린이들]!), "¡Seremos como el Che!"(체 게바라 같은 사람이 됩시다!)와 같은 구호에서 이를 살펴볼 수 있다.

쿠바의 경관

쿠바라고 불리는 곳

　지리학자들은 전통적으로 장소와 영역에 대해서 많은 연구를 해 왔다. 역사적으로 지도학자, 군주, 군사건축가, 공식적 포고문을 통해 지표상에 경계가 그어졌다. 이는 다시 분쟁의 씨앗이 되거나, 자연스러운 넘나들기의 대상이 되고, 협상과 재협상의 대상이 되기도 한다. 멕시코와 미국 사이, 또는 에콰도르와 페루 사이의 경계와 같이 국경은 "공식적 지역(formal regions)"이다. 그러나 국경은 어디까지나 인위적으로 그어진 선이기 때문에 그 물리적 실체는 섬의 경계선과 달리 교섭, 분쟁, 변화의 대상이 된다. 이러한 공식적 지역은 "기능 지역"과는 다르다. 기능 지역은 독특한 활동이나 특성을 바탕으로 구분할 수 있는 삶의 공간이며, 정치적 경계선과는 무관하다.

　쿠바의 정치 지리는 도서성(insularity)이 뚜렷한 특성으로 자리 잡고 있다. 초창기 지도에서는 항구와 만(bay)이 강조되어 있었고, 이에 따라 상인들과 항해사들은 설탕과 값진 목재를 전 세계로 수송하는 적환 지점(transshipment points)에 쉽게 접근할 수 있었다(그림 1.12). 많은 작가들은 이를 "어딜 가도 물이 보이는 저주받은 환경"이라고 부정적 어조로 서술했다(Mosquera 1999, 23). 스페인은 19세기에도 미온적 태도를 취하는 쿠바를 보며 쿠바가 스페인 왕정에 대한 식민지의 충성을 이어나가고 있다고 착각했다. 그러나 마르티네스-페르난데스(Martínez-Fernández 2004)는 스페인계 아메리카 독립 운동가들의 해군력이 빈약했기에 쿠바와 푸에르토리코가 스페인의 지배에 저항하기 어려웠던 것이라고 지적한다. 크리오요(criollo) 엘리트들은 흑인 폭동이 일어난 경우 스페인의 비호를 받을 수 있고, 노예무역을 지속할 수 있을 것이라는 판단으로 식민지 상태가 지속되기를 바랐다. 또한 독립을 해서 영국과 미국을 직접 상대하는 것보다 스페인 치하에 있는 것을 선호했던 것으로 보이는

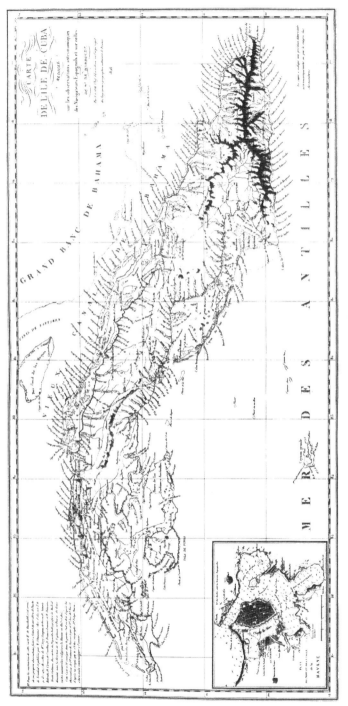

그림 1.12. 1814년 쿠바의 지도. 해양 지도가 아닌데도 대부분의 지명들에서 항구, 만, 모래톱, 작은 만, 해안, 곶, 반도, 하구, 여타 연안 지형들을 찾아볼 수 있다.

출처: Geographique et Physique des Regions Equinoxiales de Noveau Continent 지도집 23장. Librairie Grecque–Latine–Allemande, Paris, 1814. Humboldt (2001, 2).

데, 이 문제에 관해서는 쿠바와 스페인 사이에 암묵적 합의가 있었던 것 같다. 그러나 1820년경, 시몬 볼리바르(Simón Bolívar)와 호세 산 마르틴(José de San Martín)의 노력으로 멕시코, 중앙아메리카, 남아메리카 전역에서 스페인 식민지 아메리카의 독립 운동이 일어났을 때 쿠바의 고립성은 중요한 변수가 되었다. 유타 주 그레이트 솔트레이크(Great Salt Lake)에서부터 아르헨티나의 티에라 델 푸에고(Tierra del Fuego)에 이르기까지 방대한 영토가 스페인 식민통치에서 벗어나게 되었지만, 푸에르토리코와 쿠바는 1898년 스페인-미국-쿠바 전쟁으로 독립이 달성될 때까지 기다려야 했다. 사실 이때조차도 진정한 독립과 주권에 대해서는 논쟁이 있었다. 푸에르토리코는 미국의 소유가 되었다가, 1952년 자유연합주(Estado Libre Asociado)가 되었고, 쿠바는 1898년부터 1902년까지 미국에게 점령당했다. 1959년 쿠바 혁명에서는 1902-1958년 사이의 시기를 "신식민주의" 시기라고 부르는데, 이는 전통적으로 사용되었던 "공화국" 시기라는 명칭과 대조를 이룬다. 루이스 A. 페레스(Louis A. Pérez 1999)는 아메리카가 급속한 근대화를 이루는 동안 쿠바는 한 발자국도 나아가지 못했다는 불만이 쿠바 혁명을 야기했다고 지적한다. 섬이 지리적으로 분리되고 고립된 채로, 도서성은 거스를 수 없는 방식으로 쿠바의 지정학적인 운명에 영향을 미쳐 왔다.

도서성(insularity)은 쿠바가 섬의 환경에 대해, 그리고 지리학자들이 말하는 "상대적인 위치(relative location)"에 대해 어떻게 대처해 왔는지를 규정한다. 섬이라는 여건으로 인해 관광산업이 발달하긴 했으나, 식민지, 공화국, 사회주의 시기를 망라해도 도서성을 달갑게 받아들인 적은 없었다. 해적(Pirates, corsairs, buccaneers**2**)과 유럽 해군은 식민지 시기 내내 해변에 도사리고 있었다. 공화국 시기, 미국과의 인접성으로 인해서 관광객과 투자가 꾸준히 흘러 들어오기는 했으나, 쿠바의 일부 지역이 마이애미, 라스베가스와 더불어

도박과 매춘의 중심지로 거듭나게 된다(Scarpaci, Segre and Coyula 2002, 77; Schwartz 1997). 1917년 미국헌법수정조항 제18조에 의해 발표된 금주령 시기 동안 미국의 동남부 주들과 쿠바의 여러 지역에는 당밀 생산과 럼주에 대한 투자와 교육이 활성화되었다. 이러한 흐름은 1933년 미국헌법수정조항 제21조가 발표되어 금주령이 중단될 때까지 지속되었다. 1961년 4월 미국중앙정보부(CIA)에 의해 훈련받은 1,500여 명의 쿠바인들이 피그만(Bay of Pigs)을 침공한 사건 역시 일정 부분은 미국과의 인접성에서 그 원인을 찾을 수 있다. 이듬해 1962년 10월에는 니키타 후루시초프(Nikita Khrushchev)와 존 F. 케네디(John F. Kennedy)가 쿠바에서의 핵무기 배치 및 제거를 두고 결전을 벌이면서 핵전쟁의 위기가 닥치기도 했다. 쿠바 미사일 위기는 워싱턴이 소비에트가 지원하는 쿠바 미사일 체계에 반대하면서 시작되었다. 미사일이 미국의 여러 지역을 공격할 수 있다는 사실은 쿠바의 상대적 위치와 지리적 특성이 가지는 중요성을 다시 한 번 보여 주었다. 쿠바의 도서성은 외국 군대의 침입을 막는 데 기여했으나, 대륙 간 탄도 미사일로 미국과 쿠바 사이의 145km 거리가 무색해지면서 쿠바는 냉전 시대의 변혁에 취약해졌다.

자연 및 환경적 특성

쿠바의 형태와 지표의 특성은 대부분 다양한 기반암의 형성과 관련이 있다. 쿠바의 지형은 석회암, 대리석, 결정편암, 응회암, 사문암, 화강암, 각섬암 등의 습곡대와 충상단층대(overthrusted belt)로 구성되어 있다. 퇴적층은 피나르 델 리오(Pinar del Río), 아바나(Havana), 마탄사스(Matanzas)의 평원과 시에고 데 아빌라(Ciego de Avila), 카우토 하곡(Cauto River valley) 등 비교적 넓은 평야를 형성하고 있다. 골짜기는 전반적으로 부드러운 석회암과 이회토로 구성되어 있으며, 부분적으로 단층이나 지각의 균열로 형성된 수직 지루(horst)와 지구(graben) 균열이 분포한다. 총 면적이 109,886m^{2}인 쿠바는 작지만 좁고 길게 뻗어 있으며, 그 규모가 테네시 주나 유럽의 불가리아와 비슷하다[그림 1.13 참조. 쿠바 일반도(general map)로, 이후 장들에서도 참고 바람].

　관광객뿐만 아니라 전문가도 쿠바 경관의 다양성에 감탄한다. 해안에서 내륙으로 이동하면서 지형은 석회석을 기반으로 한 건조한(건생) 해안단구와 동굴, 맹그로브 습지, 황량한 언덕으로 이어진다. 조금 더 깊은 내륙지역에는 낮은 카르스트 산지들도 드문드문 보인다. 이러한 다양성은 쿠바의 지질학적 여건과 고립성으로 인해 형성되었다. 쿠바는 북아메리카 판과 카리브 판이 충돌하여 만들어진 복합 습곡 지층(intricate folded belt)에 놓여 있는데, 이는 에오세 중기부터 신생대 제4기까지(대략 1500만 년 전에서부터 180만 년 전까지) 진행된 조산운동(산지 형성)에 의해 형성되었다.

　지질학적으로 보았을 때 쿠바는 크게 두 가지 부류로 나눌 수 있다. 첫 번째는 복합 습곡 퇴적지대(complexly folded sedimentary) 및 화산 지대로, 초-중기 쥐라기부터 후기 에오세(2억 년 전에서부터 3000만 년 전까지)에 만들어진 암석과 초고철질암(ultramafic) 및 화강암(granitic rocks)을 일부 포함한다. 이와 같은 고대 습곡 지대는 동쪽에서 서쪽으로 섬 전역에 펼쳐져 있으며, 그 위 일부를 변형된(deformed) 얇은 퇴적암층이 덮고 있다. 이 층의 대부분은 탄산의 성질을 띠고 있으며, 올리고세(3300만 년 전에서부터 2400만 년 전까지)에서부터 오늘날까지 형성되었다(Iturralde-Vinent 1998). 이렇게 다양한 지질학적 기반으로 인해 쿠바 경관의 자연지리적 요소들은 다채롭게 구성되어 있다. 지질학적 기반은 경사, 토양, 유출, 자연 식생의 직접적인 바탕이 되고 있으며, 동시에 문화적 경관 형태를 형성하는 데도 중요한 역할을 하고 있다.

쿠바의 넓은 평원은 해발고도가 0-200m 정도이며, 일부는 260m 정도까지 이른다. 단구의 경우 높이에 따라 해저 평원이나 삼각주 평야로 나눠지며, 표면에는 보통 카르스트 용식 작용의 흔적이 남아 있다. 쿠바의 지형은 매우 편평하기 때문에 주변 지역보다 어느 정도만 솟아 있어도 산지로 분류가 된다 (그림 1.13). 쿠바에는 크게 네 개의 산지가 형성되어 있다. 동쪽에는 시에라 마에스트라(Sierra Maestra), 니페-바라코아 산(Nipe-Baracoa mountains)이, 중부에는 과무아아야 산[Guamuahaya mountains, 에스캄브라이(Escambray)라고도 불림]이, 서쪽 끝에는 과니과니코 산맥(Guaniguanico range)이 있다. 위의 산지들은 주변 평원이나 해변으로부터 급격히 솟아 있는데, 시에라 마에스트라의 정상인 피코 투르키노(Pico Turquino)는 1,974m, 니페-바라코아의 정상 피코 크리스탈(Pico Cristal)은 1,231m, 과무아아야산의 정상 피코 산후안(Pico San Juan)은 1,140m, 과니과니코의 정상 판데과하이본(Pan de Guajaibón)은 692m에 이른다.

쿠바는 기후적으로 열수 평형(hydrothermal balance)이 높은 지역에 속한다. 연중 평균 기온은 25.2℃이며, 연간 평균 강수량은 1,375mm이다. 우기는 5월에서 10월까지로, 강수량의 80%가 이 시기에 집중되며, 11월에서 4월까지 건기 동안에는 나머지 20%의 비가 내린다. 이따금씩 발생하는 가뭄은 작물과 경제에 큰 타격을 입힌다. 허리케인 시기(6월 1일에서 11월 30일)를 중심으로 어떤 해에는 극도로 습도가 높아지며, 허리케인이 몰고 온 폭우가 참사를 가져오기도 한다. 가령 1963년 10월 허리케인 플로라 폭우로 인해 3일 만에 1,500mm의 강우가 내렸고, 이로 인해 강의 유로와 동쪽 해안선이 변형되었다.

쿠바에는 7,000여 가지 식물들이 존재한다. 이 중 절반은 섬의 토착종인데, 북·중앙·남 아메리카와의 인접성으로 인해 그리고 연결되어 있던 과거로부

쿠바의 경관

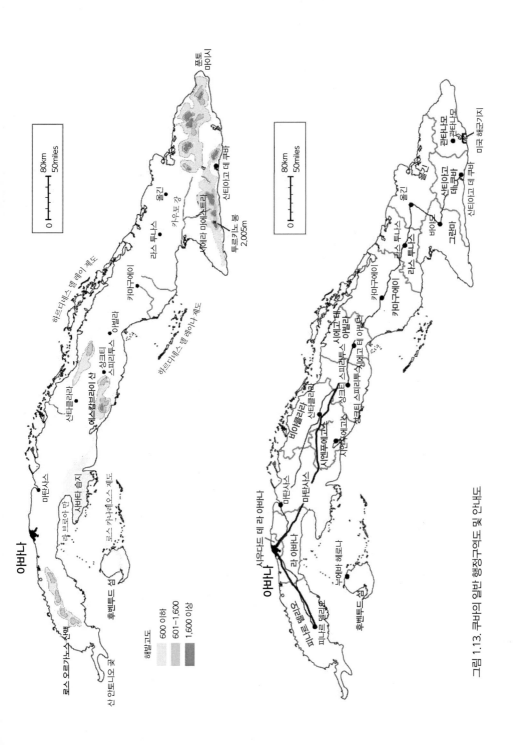

그림 1.13. 쿠바의 일반 행정구역도 및 안내도

터 이 같은 풍부함이 형성되었다. 따라서 쿠바에서 자라는 몇몇 소나무, 야자수, 활엽수는 플로리다, 히스파니올라, 멕시코, 중앙아메리카 등지에서도 찾아볼 수 있다. 추정치에 따르면 1492년에만 해도 섬의 90%는 숲으로 이루어져 있었다. 그러나 사탕수수 및 감귤류 재배, 목축, 조선, 도시화를 위한 벌목 등으로 오늘날 산림 면적은 섬 전체의 1/5 이하로 감소했다. 전체 섬의 75%는 벌채된 평원이나 사바나의 형태로 남아 있으며, 2% 정도는 산지, 4% 정도는 습지로 구성되어 있다. 이 밖의 식생으로는 다양한 종류의 관목들(고지대, 우림, 해안지역에 분포), 서쪽 피나르 델 리오(Pinar del Río) 지역의 담배 생산지인 비냘레스(Viñales)의 석회암 노두 기반암에서 볼 수 있는 특이 식생 등이 있다 (그림 1.14).

이 밖에도 척박한 석영질 토양에서 살아남을 수 있는 식생도 존재하며, 쿠

그림 1.14. 비냘레스 골짜기의 모고테(*mogotes*, 건초더미)라고 불리는 석회 형성물에서는 독특한 식생이 헐벗은 수직 절벽과 지표를 뒤덮으며 자란다. 이곳에서는 세계 최상급의 담배 잎이 생산된다.

바 남쪽과 남동쪽의 "비 그늘(rain shadow)" 지역에서는 가뭄에도 잘 견디는 삼림 및 관목지도 찾아볼 수 있다(그림 1.15). 30종 이상의 야자수는 쿠바에서만 2,000만 개가 넘는 야자열매를 맺는다. 대왕 야자[스페인어로 팔마 레알(*palma real*), 혹은 라틴어 식물 분류에 따라 로이스토네아 레지아(Roystonea regia)라고 부른다]는 쿠바 문장(紋章)에도 새겨져 있다(Barredo 2003, 21–22).

쿠바의 동물상(fauna) 경관 역시 두드러지는 풍토성(endemism)을 띠며, 다양한 생물종이 존재한다. 쿠바의 먹거리, 물, 휴식처는 철새들이 대서양 해안을 따라 북아메리카에서 남아메리카로 건너가는 데 중요한 역할을 한다. 특히 쿠바 북부 해안을 따라 분포하는 비옥한 습지는 텃새와 철새 모두에게 이상적인 서식처가 되어 준다(그림 1.16). 쿠바는 13,000종이 넘는 조류, 파충류, 양서류, 곤충, 어류, 연체동물의 보금자리를 제공해 주고 있다. 바레도(Barredo 2003)는 이 섬나라에 서식하는 자그마한 동물들이야말로 쿠바의 자연적

그림 1.15. 관타나모(Guántanamo) 지역의 카리브 해안을 따라 펼쳐진 비 그늘(rain shadow) 지역과 니페–바라코아 산의 바람 의지(lee side) 지역에서는 선인장류와 가뭄 저항성 식물들(건생 식물)이 자란다.

그림 1.16. 2004년 시에고 데 아빌라 지역의 카요 코코(Cayo CoCo)에서 볼 수 있는 핑크 플라밍고 혹은 카리브 플라밍고(학명 P.ruber ruber). 쿠바의 다양한 염호와 진흙질의 호수들은 많은 새들에게 훌륭한 서식처가 되어 준다.

경관을 독특한 모습으로 만들어 준다고 지적한다. 그는 쿠바의 대표적인 작은 동물로 작은 개구리(Eleutheraodactylus limbatus), 난쟁이 박쥐(Nyctiellus Lepidus), 벌새(Calypte helenae, 메뚜기보다 2g 정도 더 무거움) 등을 꼽는다. 쿠바는 어류 순수입 국가이지만, 쿠바 연안수에는 대략 900여 종의 물고기들이 서식하며, 그 대다수는 먹거리로 활용할 수 있다(Silva 1997). 린든(Linden 2003, 2)에 따르면, 쿠바 자연유산을 구성하는 방대한 생물종은 "인위적이든 자연적이든" 카리브 해에서 가장 잘 보존된 습지를 구성하고 있다. 이렇게 습지가 잘 지켜진 이유로 쿠바의 인구밀도가 매우 낮다는 점도 꼽을 수 있다. 20세기에 인구폭증이 있었지만(추후 논의됨), 인구밀도는 km^{2}당 97명에 불과하다. 카리브 해 지역에서 이보다 더 낮은 수준의 인구밀도를 가진 나라는 5개 밖에 없다 (표 1.2).

쿠바의 경관

표 1.2. 내림차순으로 보는 카리브 해 인구밀도

국가	순위	인구밀도(명/km²)
앵귈라(Anguilla)	24	20.9
바하마(Bahamas)	23	27.8
터크스 케이커스 제도(Turks and Caicos Islands)	22	34.9
도미니카(Dominica)	21	88
영국령 버진 아일랜드(Virgin Islands, British)	20	93.3
쿠바(Cuba)	19	99.6
몬세라트(Montserrat)	18	130
안티과 바부다(Antigua and Barbuda)	17	145.5
케이맨 제도(Cayman Islands)	16	146.2
세인트키츠네비스(Saint Kitts and Nevis)	15	156.1
도미니카 공화국(Dominican Republic)	14	165.3
트리니다드토바고(Trinidad and Tobago)	13	217.7
네덜란드령 안틸레스 제도(Netherlands Antilles)	12	221.9
자메이카(Jamaica)	11	243.2
과들루프(Guadeloupe)	10	243.8
아이티(Haiti)	9	246
세인트 루시아(Saint Lucia)	8	249.2
그레나다(Grenada)	7	282.4
미국령 버진 아일랜드(U.S. Virgin Islands)	6	338.1
아루바(Aruba)	5	352.3
세인트빈센트 그레나딘 제도(St. Vincent and the Grenadines)	4	352.9
마르티니크(Martinique)	3	384
푸에르토리코(Puerto Rico)	2	430.5
바베이도스(Barbados)	1	602.3

출처: 국제열대농업센터 자료(2003).

1959년 혁명 이후 쿠바 정부는 자연과 사회의 관계를 재개념화하기 시작했다. 갑작스러운 사유재산의 폐지, 경제의 중앙 집권화, 강압적이며 변덕스러웠던 대규모 농촌 전환 사업의 실행으로 쿠바의 경관에는 오랫동안 지워지지 않을 흔적이 남게 되었다. 수백 년 동안 농업이 이뤄지던 터전에 새로운 관계가 생겨나면서 극심하고도 방대한 손상을 가져왔다. 빗물의 유출이 5-10ℓ/

s/m²라는 점을 고려하면(Lebedeva 1970), 토양의 상층부, 특히 경사도 3도 이상의 토양층이 유실된 것은 놀랍지도 않다. 에라라와 세코(Herrara and Seco 1986)는 담배 밭의 경우 매년 헥타르당 21톤의 토양이 유실된다고 추산한다. 카라시크(Karasik 1989)는 평지의 경우 km²당 20-100톤의 토양 침식이 발생하며, 산지의 경우 이 수치가 두 배에서 세 배까지도 이를 수 있다고 추정한다. 섬의 1/4이 심각하게 침식되었으며, 이는 곧 A, B 토층 종단면(불특정지점에서 30cm에서 90cm까지 깊이의 단면)이 사라졌음을 의미한다. 사탕수수가 재배되는 토양의 68% 이상에서 침식이 발생하고 있으며, 담배의 경우 이 수치는 97%에 이른다(Karasik 1989).

삼림 파괴, 대규모 댐 공사, 토양 침식으로 쿠바의 경관은 영구적으로 변화했다. 16세기 정복자들이 처음 발을 디뎠을 당시 쿠바는 대부분이 숲으로 이뤄져 있었지만, 오늘날 쿠바의 삼림은 전체 면적의 18%에 불과하다(당국은 21-23%라고 주장하지만 논란의 여지가 있다). 쿠바 수자원은 1/4 이상이 통제되고 있다. 약 90억m³의 물이 댐에 저장되어 있으며, 지하 대수층은 한계 수준까지 사용되고 있다. 쿠바 농토의 15%에서는 토양의 염류화로 자연적 생산성이 저하되고 있다(Arcia Rodriguez 1989).

쿠바에서는 인간이 환경에 오랫동안 큰 영향을 미쳐 왔기 때문에 천연의 생태계는 이제 더 이상 남아 있지 않다. 모든 것들이 인간 활동에 의해 변화되었으며, 부정적인 결과가 뒤따르기도 했다. 20세기 설탕 산업의 확장으로 환경파괴는 보다 가속화되었다. 지난 세기 인구폭증(1899년 150만이었던 인구는 2000년 1,100만으로 치솟았다)과 농업 및 산업의 성장으로 평원과 산지 생태계에 큰 변화가 생겼으며, 천연의 자연은 이제 깊은 산속, 인적이 없는 모래톱, 습지 정도에만 남아 있을 뿐이다(Iñiguez-Rojas 1989).

결론

경관은 우리 일상의 존재를 규정하는 폭넓은 요소들로 이루어져 있으며, 다양한 방법을 통해 접근해 볼 수 있다. 첫 장에서는 여행 기록, 일기, 풍경화, 현지조사노트, 음악, 영화, 시가 상표, 포스터, 재난 대응, 야생 생태계, 지질학, 인구데이터 등을 바탕으로 쿠바의 대표적인 특징들을 문화지리학적으로 해석해 보았다. 폭넓은 접근을 통해 독자들이 토속경관 및 상징적 경관을 다각적으로 살펴볼 수 있도록 도왔다. 앞서 언급했듯이 토속경관은 삶과 일상의 공간이며, 상징적 경관은 이데올로기의 공간이다. 쿠바의 이념적 기반은 1959년 이후 건설된 사회주의 정부에만 국한되지 않는다. 식민지 시대, 공화국 시대, 사회주의 시대 등 모든 시대에 걸쳐, 이념을 이용하거나 변화시키는 이들의 가치와 권력이 반영되었다. 노예제도, 자본주의자들이 설탕을 통해 취했던 이윤과 이로 인한 급격한 삼림의 파괴, 사회주의에서 소비주의의 소멸과 같은 역사가 쿠바의 경관에 아로새겨졌다. 이러한 힘들이 모여 쿠바의 토속경관과 상징적 경관이 구현된 쿠바성(cubanidad)이 탄생되었고, 보다 폭넓은 쿠바의 사회 지리가 형성되었다. 다음의 장들에서는 이 부분에 주목해 보고자 한다.

✳ **주석**

1. 랜드시(Landsea 2008)는 심지어 더 많은 이름이 있다고 말한다. "허리케인은 카리브에서 악의 신인 'Hurican'에서 파생되었다. … 이는 달리 표기되어 foracan, foracane, furacana, furacane, furicane, furicano, haracana, harauncana, haraucane, haroucana, harrycain, hauracane, haurachana, herican, hericane, hericano, herocane, herricao, herycano, heuricane, hiracano, hirecano, hurac[s]n, huracano, hurican, hurleblast, hurlecan, hurlecano, hurlicano, hurrican, hurricano, hyrracano, hyrricano, jimmycane, oraucan, uracan, uracano, and urycan 등으로 불리기도 한다."

2. 이 세 가지 용어들은 교차되어 사용되지만, 각각 역사적인 맥락이 다르다. "Pirates"는 해변이나 바다에서 폭력을 일삼는 도적들을 일컫는다. "Corsairs"는 "pirates"와 동의어로 사용되는 경우가 많지만, 그 어원은 바르바리 해안(모로코, 튀니지, 알제리의 사회 문화적 용어인 "베르베르"에서 기원)에서 왔다. "buccaneer"은 프랑스어 boucanier에서 왔는데(이는 말 그대로 바비큐 굽는 사람을 의미한다), 특히 17세기 후반을 중심으로 대서양과 카리브 해에 나타났던 해적들과 연관되어 있다. 버커니어(Buccaneer)는 용병 해군으로 알려져 있었으며, 부칸(bucans)이라고 부르는 목재 바비큐 틀로 고기를 구웠던 카리브 해의 아라와크(Arawak) 사람들로부터 고기 굽는 기술을 배웠다. 이러한 구분에 대한 보다 자세한 설명은 Rogozinski(1999, 34-44)를 참고하기 바란다.

Humboldt's Landscape
Connecting Then and Now

★

제2장

훔볼트의 경관:
과거와 현재 연결하기

알렉산더 폰 훔볼트(Alexander von Humboldt)의 경관을 해석하고 종합하는 비범한 능력은 참여적 계몽주의 학자로서 그의 업적을 더욱 빛나게 해 주었다. 1800년과 1804년, 상대적으로 짧은 기간 동안 훔볼트가 쿠바 지역을 답사하며 관찰하고 쓴 *The Island of Cuba*보다 명쾌한 책은 없을 것이다. 이 책에서 훔볼트는 노예제도와 아바나의 사회정치적 구조에 대해 전통적인 외부적 시선(external gaze)을 던졌다. 이 책은 1826년까지 출간이 미뤄졌으며 논란의 여지가 많은 1856년 영문 번역본과 프랑스 원문의 두 번째 판본이 출간되기까지는 널리 알려지지는 않았으나(Martínez-Fernández 2001, 4), 이 장에서 규명하고자 하는 네 가지 목표를 제공해 주었다. 첫째, 이 책은 서인도 제도 전역에 걸쳐져 있는 노예제도를 고발하는 강력한 노예폐지론 책이다. 노예는 식민지 도시들에 영구적인 흔적을 남겨 놓았다. 둘째, 이 책은 쿠바 섬의 부를 갈망한 미국 영토확대론자들에게 먹이를 주었으며, 쿠바를 카리브 해 지역의 노예반란과 미국 사이의 완충지역으로 개념화하였다. 셋째, 이 책은 19세기 초반 설탕 생산의 경제지리학에 대한 식견을 제공하였다. 마지막으로, 이 책은 무수히 많은 담론들을 통해 고유의 어젠다를 제창하고, 국가주의를 고취시키고자 했던 사회주의 혁명이 훔볼트의 저작들에 의지하게 했다.

The Island of Cuba는 식민지 쿠바의 자연경관과 인문경관 모두를 기록했다. 이 책은 노예제도의 잔인성과 생활 실태를 고발하여 폭로함으로써 스페인 당국이 쿠바에서 같은 일을 반복하는 것을 막고자 했다. 영어 번역본은 프랑스어 책이 출간된 지 20여 년이 지나서야 출간되었다(1856). 원문을 번역한 것은 미국인 영토확대론자이자 아바나에 거주하고 있던 상인 제임스 스래셔(James Thrasher)였다. 당시의 대중들과 학자들에게는 안타깝게도, 스래셔는 훔볼트가 상당 부분을 할애해 제도의 비인간적인 측면을 격렬하게 비난한 노예제도 부분을 삭제해 버렸다. 그런 편집에서의 왜곡은 쿠바를 아메리카 지중해(American Mediterranean, 멕시코 만과 카리브 해)에서 끌어내고 남부 연합의 영향하에 두도록 포크(Polk) 대통령과 미국 의회를 설득하기 위한 계획의 일환이었다. 그럼에도 불구하고, The Island of Cuba는 19세기 초반의 쿠바의 특성과 서인도제도 노예들의 상황을 구체적으로 포착한다. 훔볼트는 오늘날 학자들이 현대 쿠바학, 미국-쿠바 관계를 추적할 수 있도록 하는 다양한 분야들을 그려 내기도 했다.

피델 카스트로(Fidel Castro)는 2002년에 훔볼트 원작의 200주년 기념본을 발행했다. 이 책은 미국 헤게모니에 지속적으로 저항하는 강령 역할을 수행했다. 박물관은 아바나 구시가지(Old Havana)에서 수행된 훔볼트의 연구를 기념하였으며, 19세기 초반 식민지 경제와 현대 카스트로 체제에서의 쿠바의 상황을 흥미롭게 병치시켰다.

이 장에서는 아바나, 노예, 인종주의, 사탕 생산에 대한 훔볼트의 기술을 되짚어 봄으로써 관련된 문제들을 가늠해 보고자 한다. 마지막 부분에서는 쿠바의 혁명이 참여적 계몽주의 학자의 모델인 이 책의 저자와 그 출판물을 얼마나 중요하게 여기고 있는지에 대해 언급할 것이다. 우리는 훔볼트의 담론이 쿠바의 현대 지도자들에게 지난 2세기 동안의 쿠바 혁명을 바라보는 데 있어 다른 시각(렌즈)을 활용할 기회를 제공한다고 주장한다.

훔볼트: 엘리트 르네상스 독일인이자 노예폐지론자

포스트모더니즘이 앵글로 아메리카 인문 지리학계를 주름잡기 전인 1980년대에, 알렉산더 폰 훔볼트(Alexander von Humboldt)는 젊은 지리학자들과 경관을 연구하는 학생들의 롤모델이었다. 그는 탐험가, 지리학자, 자연과학자, 고고학자이자 지질학자로 광범위하게 훈련받았다. 게다가 그는 영어, 프랑스어, 러시아어, 스페인어, 포르투갈어를 사용했다. 그는 "최후의 위대한 **보편인**(*Universal* man)이자 자유민주주의적 인도주의자(humanitarian liberal)" 이었을 것이다(Aber 2003, 2; 원문 강조). 알렉산더 폰 훔볼트는 1769년 베를린의 귀족 가문에서 태어났다. 어린 시절 상당 기간을 테겔 성(Schloss Tegel)에서 보냈으며, 가문의 영지는 베를린에서 북쪽으로 약 19km 떨어진 곳에 위치하고 있었다. 그의 아버지인 알렉산더 게오르게(Alexander George)는 프로이센의 귀족 계급이었으며, 어머니인 마리 엘리자베스(Marie Elisabeth)는 프랑스와 스코틀랜드계 프로테스탄트 망명 가족 출신이었다(Ramos 2003). 훔볼트는 1789년 괴팅겐 대학(Göttingen University)에서 형과 함께 공부했다. 그곳에서 훔볼트는 쿡(Cook) 선장과 두 번째 세계일주 항해를 함께 했던 게오르그 포스터(Georg Forster)를 만났다(1772). 이후 두 사람은 영국을 여행했는데, 이 여행은 "훔볼트에게 (신의) 계시와도 같았으며, 일 년 후 그는 혁명기의 프랑스에서 자유주의자가 되었다"(Aber 2003, 2).

학술 여행을 하기로 결심한 1796년까지, 그는 프라이부르크(Freiberg)에서 정식으로 광물학을 공부한 덕에 여러 정부 기관에서 근무할 수 있었다(Aber 2003; Martínez-Fernández 2001, 4). 넓게는 중남미의 스페인 점령지, 좁게는 쿠바에서의 훔볼트의 여행은 몇 가지 이유에서 특별했다. 첫째, 스페인 왕은 그가 제국을 아무런 제약 없이 여행할 수 있는 포괄적 출입허가증을 승인하였다. 이런 흔치 않은 영예는 독일인 과학자가 어떤 상단이나 유럽 정부와 연관되지 않았음을 의미했다. 쿠바에서 훔볼트는 부유한 농장주의 손님으로 있었는데, 이 농장주는 그가 유럽으로 귀환할 때 가져갔던 많은 자원과 정보에 쉽게 접근할 수 있도록 도와주었다. 이런 환대는 그에게 부담으로 작용해 답사 노트, 원고 초안이 최종적으로 출간되기까지의 시간이 지연되었다.

훔볼트가 지질학, 천문학, 해군학, 식물학, 생물학에 기여한 것으로 알려져 있지만, 아메리카 대륙의 사회 상황을 구체화하는 데 있어서도 예리한 시각을 가지고 있었다. 그의 작업 중 상당수는 오리노코(Orinoco) 분수계의 식물군, 동물상, 지질에 대해 다룬 것이었다. 훔볼트와 에메 봉플랑(Aimé Bonpland)은 신세계에서 알려져 있는 종을 다시 한 번 식별하였다(Raby 1996, 13). 쿠바에서의 짧지만 중요했던 체류 기간에 대해서는 덜 논의되는 편이지만, 특히 아바나, 쿠바의 노예제도와 인종주의, 설탕 생산의 경제지리학 논의에 대한 그의 기여는 상당했다. 광범위하게 훈련된 과학자이자 최고의 지리학자, 그리고 르네상스인(Renaissance man)*으로서 훔볼트는 지적 공동체나 과학계보다 수십 년 앞서 노예제도를 비판하였다. 그는 1791년 쿠바와 인접한 생 도밍그(Saint-Domingue, 과거 프랑스 식민지, 현 아이티)에서 발발한 노예혁명과 신정부 수립

---

* 역자주: 폭넓은 지식과 교양의 소유자 혹은 다방면에 두각을 나타내는 인물을 일컬어 르네상스인이라 부른다.

에 대해 서술하곤 했는데, 그중에서도 특히 생 도밍그가 근대에 이르러 전례 없는 최초의 흑인 공화국이라는 점을 강조하였다. 앤틸리스(Antilles) 제도의 백인들에게 아이티의 사례는 노예해방의 가속(노예가 자유를 획득하는 과정)과 노예들이 처한 상황의 개선이 이제는 심각하고 긴요한 일이라는 사실을 함축하고 있었다. 비록 훔볼트의 저작이 카리브 해와 아프리카 간의 노예 인신매매를 막지는 못했으나(1790년부터 1820년 사이, 30만 명의 노예가 쿠바로 수입되었다), 1820년 그의 저작이 스페인 왕정과 쿠바 총독의 관심을 끌게 되면서 노예 관련 주제가 주목받는 데 기여했다(Murray 1980). 안타깝게도, 쿠바의 노예제도는 1886년까지 지속되었다. 훔볼트의 저작은 강의와 여행을 하며 안락한 삶에 만족할 수도 있었을 유럽인 학자에게 계몽주의적 어젠다였다(Pratt 2003). 가장 자주 인용되는 훔볼트의 문장은 쿠바가 "설탕과 노예의 섬이었다"는 문장이며, 이는 쓰여진 지 한참이 지나서야 19세기 독립전쟁 기간에 유럽 언론에서 사회 정의와 관련된 주제를 밝히는 등불 역할을 하였다.

아바나의 식민경관

훔볼트와 그의 여행 동지이자 동료 식물학자인 에메 봉플랑(Aimé Bonpland)은 1800년 12월 19일 쿠바에 처음 도착했다. 표면상 훔볼트의 쿠바 방문 목적은 베네수엘라에서 채집한 시료들을 저장[1]하는 것이었다(Aber 2003). 훔볼트는 쿠바 지식인과 당대의 지도층이었던 로메이(Romay), 에스파다(Espada), 오렐리(O'Reilly)와 모임을 가지면서 *Who's who of Cuban history* 같은 것들을 함께 읽었다. 훔볼트와 봉플랑의 일정 대부분은 아바나, 레글라(Regla)와 과나바코아(Guanabacoa) 근처에 국한되어 있었다. 그들은 구이네스 계곡

(Güines Valley), 마나과(Managua), 산 안토니오 데 라스 베가스(San Antonio de las Vegas), 와하이(Wajay), 베후칼(Bejucal) 등지의 제당소를 방문하기 위해 단 9일 동안 수도를 떠나 여행했다(4장에서 언급하겠지만, 현대 쿠바 동부지역에 있는 국립공원들에는 그가 여행한 곳에서 수백 km 떨어져 있는 곳에도 훔볼트의 이름이 붙여졌다). 훔볼트는 아바나 외곽의 주변부에서 카리브 해의 바타바노(Batabanó) 항으로 여행했는데, 바타바노 항에서 카이만(*caimán*, 앨리게이터)과 악어(*cocordilo*) 표본을 구할 수 없자 투덜대기도 했다. 그는 쿠바 섬 답사의 마지막 일정인 트리니다드(Trinidad)에 도착하기 전, 바타바노 항에서 피네스 섬(Isle of Pines, 오늘날의 Isle of youth), 카요 보니토(Cayo Bonito)까지 항해했다. 1801년 3월 15일, 그는 콜롬비아의 카르타헤나(Cartagena)로 출항했는데, 그곳에서 남아메리카 연구와 관련된 전문적 저술과 연구 대다수를 집필했다.

훔볼트는 당대 일반적인 인구조사 방식으로 백인과 흑인을 구분한 뒤, 흑인들을 다시 자유인과 노예로 구분했다. 그는 쿠바 수도에 9만 6,000명이 거주하고 있으며, 그중 2만 9,000명은 노예였고 2만 6,000명은 자유 유색인(비노예 유색인종, free colored)이었다고 기록했다(2001, 82). 19세기 초반 아바나 인구 규모는 당시 미국에서 가장 큰 도시였던 뉴욕과 같은 수준이었다(2001, 83). 그러나 1825년, 뉴욕 시의 인구는 14만 명으로 크게 증가하였다.[2]

독일인이 처음 본 아바나는 아름다운 자연과 활기찬 산업이 매력적인 곳이었다. 과야킬(Guayaquil) 항 주변의 울창한 초목이나 리우데자네이루(Rio de Janeiro)의 암석 지대 같은 웅장함은 부족했지만, 그는 아바나 만을 "적도 주변 열대 해안(equinoctial shore) 중에서 가장 그림같이 아름답고 만족감을 주는 곳"으로 묘사하였다(Humboldt 2001, 78). 다른 번역서에서는 훔볼트의 표현을 "적도 주변의 아메리카(equinoctial America) 해안 중에서 가장 그림같이 아름답고 생기 넘치는 곳"으로 묘사했다(Humboldt and Bonpland 1849, 156).

그는 고무 산업과 조선술, 건축, 도로 포장의 조화로운 모습에 깊은 인상을 받았다. 쿠바 섬의 부유층 덕에 비교적 쉽게 자료를 제공받을 수 있었던 훔볼트는 1724년부터 1796년 사이에 아바나 조선소에서 4,902개의 대포로 무장한 114척의 배를 건조했다고 추정했다. 훔볼트는 쿠바의 견목(마호가니와 삼나무)이 유럽의 목재보다 훨씬 단단했다는 점을 강조하였다(2001, 85~90). 산업혁명이 가져온 기술의 진보를 반영하는 혁신과 더불어 증기선, 기계공장들은 카디스(Cadiz)에 보존되어 있다(2001, 89). 아이티의 경제가 노예반란으로 무너지기 시작하면서 "아바나 항은 상업 세계에서 최고의 시장으로 부상했다"(2001, 77).

쿠바의 활발한 항만 활동에도 불구하고 훼손되지 않은 자연경관이 관찰되었다. 이는 아타레스(Atarés) 근처 내만(back bay)에 대한 다음의 묘사에서 확인할 수 있다: "아타레스는 … 깨끗한 담수원(springs of fresh water)을 보유하고 있다"(Humboldt 2001, 79). 오늘날에는 이곳에서 쓰레기 처리장의 잔여물들이 발견되는데, 이 지역이 배수(背水) 구역(backwater section)이기 때문이다. 아타레스 지역 주변 수역은 근처 정제공장으로부터 흘러나온 고농도의 석유화학 물질과 미처리 하수를 함유하고 있다(Scarpaci et al. 2002, 181). 아바나만의 물이 순환하는 데에는 9일이 소요되므로, 산업 폐기물은 느리지만 "자연스럽게" 정화되었다(Díaz-Briquets and Pérez-López 2000).

훔볼트가 관찰한 바에 따르면, 아바나의 공공 가로는 아메리카 대륙에서 흔치 않은 것이었다. 건물의 석재는 멕시코 베라크루스(Veracruz)에서 운반되어 왔기 때문에 값비싼 도로 건축 자재였다.[3] 훔볼트는 독일이나 러시아와 마찬가지로 바퀴가 지나가는 곳에 마호가니 나무통을 깔라는 총독의 명령에 깊은 인상을 받았다. 도로에 딸린 마호가니 나무의 흔적들은 아직까지 아바나 거리에 남아 있다. 그러나 이 방법 또한 비용이 들기는 마찬가지였기 때문에 얼마

지나지 않아 폐기되었다(Humboldt 2001, 79)(오늘날 쿠바에 원시 상태의 마호가니가 남아 있지 않다는 점은 주목할 만하다). 삼림 파괴는 2세기 전부터 빠르게 진행되었다: "문명의 발전이 빠른 속도로 이루어진 데 반비례해서, 대왕야자나 대나무 같은 야생식물은 거의 남아 있지 않다"(2001, 81).

마차(volantes)가 도로를 가득 메웠고, 독일인인 훔볼트의 묘사에 따르면 운전수들은 "무례"했다. 이는 아바나를 걸어 다니는 것을 "짜증나고 당혹스럽게" 만들었으며(Humboldt 2001, 79), 통풍이 잘 되지 않는 집들과 험한 도로 사정은 상황을 더 악화시켰다(2001, 79-80). 그는 거리에 경찰이 있어야 한다고 생각했으며, 거리를 걷는 사람들의 무릎까지 진흙이 차 있는 것을 통탄스럽게 생각했다. 구 아바나는 특히 혼잡했다. 그는 대략 가로 2.7km(3,000yd), 세로 0.9km(1,000yd) 정도의 성채 도시에 4만 4,000명의 사람들이 빽빽이 들어찼다고 묘사했다(2001, 81). 이는 오늘날 도시 계획가들이 구 아바나의 적정인구라고 주장하는 인구규모라는 점에서 의미심장하다(Scarpaci et al. 2002, 328-331). 4만 4,000명 중 절반 이상(2만 6,000명)이 흑인이거나 물라토(mulatto)였으며, 이들 대부분은 노예였다.

19세기 후반의 교외화가 공중 보건과 군사 문제에서 비롯된 것이기는 하지만, 훔볼트는 19세기 후반의 교외화를 예상했다. 황열병이 발발했을 때, 여유가 있는 사람들은 레글라와 과나바코아 사이의 산지에 있는 별장으로 은거했다(2001, 81). 스페인 기술자들은 요새도시 바깥의 교외지역(extramuros)이 요새와 너무 가깝기 때문에, 적들이 주민들을 인질로 잡을 위험이 있으므로 교외지역을 없애야 한다고 주장했다. 이 외국인 관찰자는 그 누구도 거주지를 없애 버리는 결단을 보여 주지 못한 것을 안타까워했다(Humboldt 2001, 81).

영토확대론자 논의에서 인종과 노예

노예해방에 관한 훔볼트의 단호한 태도는 당시의 계몽주의적 가치들, 독일에서의 수학(受學), 바르톨로메 데 라스 카사스(Bartolomé de las casas)의 사례*가 복합적으로 작용하여 기인한 것이었다. 훔볼트의 책 6장 '노예제도'에서는 흑인에 대한 처우에 관해 보다 깊이 다루고 있다. 인구 추정치와 관련하여, 훔볼트는 그가 방문할 당시 280만 명의 노예가 카리브 해 지역, 주로 쿠바, 히스파니올라, 자메이카에서 노역했다고 가정했다(2001, 76). 그는 소위 "자유 노예"의 낮은 임금 수준에 충격을 받았다. 아바나의 아프리카인 노예들은 하루에 52–60센트 정도만 벌어들였다(2001, 189).[4]

훔볼트는 쿠바에서의 노예해방이 프랑스령이나 영국령 도서지역에 비하면 훨씬 더 일반적이라고 확신하고 있었다(2001, 121). (따라서) 그는 쿠바가 아래와 같이 묘사한 노예제도에서 해방될 때까지 86년이나 더 걸릴 줄은 꿈에도 생각하지 못 했다:

> 지난 3세기 동안 참으로 비극적인 광경은 기독교도와 영국(자메이카), 스페인(쿠바)을 가리지 않고 이런 문명화된 국가에서 아프리카인들을 노예로 보냄으로써 그들을 파괴해 왔다는 것이다! (2001, 142)

알렉산더 폰 훔볼트는 노예를 수년 동안 가능한 많이 부려 먹고 내쫓는 것

---

* 역자주: 바르톨로메 데 라스 카사스는 스페인의 가톨릭 사제로서, 아메리카 대륙에 최초로 건너간 선교사이자, 역사학자이다. 신대륙 식민지에서 학대당하는 원주민들을 보호하는 데 힘썼다. 당대에는 이렇다 할 성과를 내지 못했지만, 이후 식민주의에 반대하는 각종 운동에 많은 영향을 끼쳤다.

쿠바의 경관

과 유하게 다뤄 노예의 삶을 연장시키는 것 중 어느 쪽이 나을지에 대해 (노예의) 주인이 "엄청나게 냉정한 태도"로 말하는 것을 듣고 충격을 받았다. 오랜 기간 동안 여성 노예들로 하여금 남성 노예들을 돌보게 하는 것과 일을 많이 시키지 않는 것 중 어느 것이 가치 있는 것인지에 관한 논의들 또한 충격적이었다(2001, 143).

훔볼트는 노예의 경제지리학에 대한 관찰에서 아바나의 노예 마부와 커피 플랜테이션 노예의 확연한 차이를 강조하였다(그림 2.1). 그는 "교활한 저술가들이 기만적인 언어를 통해 야만적 상황을 가리려고 애쓴다. 그들은 앤틸리스의 **검둥이 소작농이라든가, 흑인 신하, 가부장적 보호**(*Negro peasants of the Antilles, black vassalage, and patriarchal protection*) 등과 같은 표현을 만들어 냈다."라고 비난했다(2001, 255; 원문 강조). 그는 다른 학자들이 거의 포착하지 못했던 역사지리학적 측면을 포착하였다:

인간적 박탈감의 척도는 불복종 흑인들에 대한 위협의 수준에서 확인할 수 있다. 마부(*calesero*)는 커피 플랜테이션에서 일하는 것을 두려워하며, 커피 플랜테이션(*cafetal*)에서 일하는 노예는 설탕 플랜테이션으로 보내지는 것을 두려워한다. 후자의 상황에서, 아프리카인들의 모든 특징을 지니고, 결혼하여 별개의 오두막에서 살며 일이 끝나면 가족의 품에서 편안함을 얻는 흑인은 무리에서 떨어져 홀로 고립되어 있는 흑인에 비하면 말할 수 없이 좋은 상황에 처해 있다고 할 수 있다. 이런 불균형한 상황은 앤틸리스 제도를 직접 본 적이 없는 사람에게는 익숙하지 않은 것이다. 쿠바 섬의 노예제도 계급과 관련된 상황이 점진적으로 개선되면, 노예 주인의 부, 생활비를 벌 수 있는 기회가 도시에 어떻게 8만 명 이상의 노예들을 유인할 수 있는지, 그리고 훌륭한 법 제도에 의해 이루어진 해방이 얼마나 효과적인지 이해할 수 있게 된다. 현

그림 2.1. 흑인 노예들(*Los negros esclavos*).
출처: 1916년 쿠바 격월 잡지(*Revista Bimestre de Cuba*).

시대에만, 13만 명이 넘는 자유 유색인종이 그곳에 살고 있다. … 복지는 "말
린 대구를 좀 더 할당하고 매질을 덜" 하는 문제가 아니다. 하인 계급에 대한
진정한 처우 개선이 물리적으로나 도덕적으로 모든 사람들에게 확산되어야
한다(2001, 256–257).

The Island of Cuba의 6장 '쿠바의 정치에 관한 시론'의 상당 부분은 노예제도의 실태에 대해 묘사하는 것을 목표로 객관적으로 작성되었다: "지난 15년간 … 쿠바 흑인의 치사율이 급격하게 감소해 왔다는 것을 부정하는 것은 부당하다고 할 수 있을 것이다"(2001, 143). 또한 그는 노예 간에도 생활 여건이 다양하다는 점을 인지하였다. "오두막과 가족이 있는 노예는 마치 양 떼처럼 구겨져서 지내는 노예에 비하면 행복할 것이다"(2001, 143). 끝으로, "1802년의 사례처럼, 무더운 여름 (노예) **판매 기간**의 치사율은 4%에 달하기도 했다" (2001, 143; 원문강조).

스래셔(Thrasher)는 미국의 대중들이 쿠바 내 아프리카인들의 비인도적인 생활 여건에 대한 기록을 읽지 않길 바랐다. 스래셔는 그의 인종차별주의와 자민족중심적 관점을 이용해 중국인들을 악마로 묘사했으며, 그들을 "천민들 (lowest of the low)"이라고 불렀다. 스래셔의 글에는 **혼혈**(*mestizaje*)의 위험성과 함께 1791년 아이티의 노예반란의 사례에서 증명된 바와 같이 쿠바의 아프리카화(Africanization)에 대한 공포가 스며들어 있다. 남부 연합(훔볼트는 남부 제주諸州, 태평양 연안 제주諸州라고 불렀다)은 중국인과 흑인 노예의 혼혈은 "원칙에 어긋날 뿐더러 도덕적으로도 옳지 않다."라고 주장하였다(Humboldt 2001, 145). 스래셔가 주장하기를, 뉴잉글랜드인들은 남부의 흑인 밀집 주와 플로리다 키스 제도 바로 아래 위치한 카리브 해 지역이 남부 연합의 나머지 지역들을 위협할 것을 두려워했다. "따라서, [뉴잉글랜드인들은] 자유무역을 위한 목적이 아니라면, 위대한 남부 연합의 경계인 플로리다 해협을 건너지 않길 바란다"(Humboldt 2001, 76).

카리브 해 지역의 "아프리카화"에 대한 주장은 공포감을 부채질했다. 당시의 지배 담론은 노예제도의 지속을 정당화하는 것이었다. 그러나 이는 사회정의를 향한 훔볼트의 호소와 배치되는 것이었다. 10장의 마지막 부분에서,

훔볼트는 쿠바의 인구가 50년 내에 100만 명에 달할 수 있으며, 따라서 커피와 설탕 생산에 더 이상 노예 인구가 필요하지 않게 될 것이라고 주장하였다. 덧붙여, 노예제도 폐지로 "지식인과 자유농민 인구가 근면성(industry)이 없는 노예인구를 추월할 것"이라고 보았다(2001, 187). 사회구조에 대한 훔볼트의 세심한 서술 덕에 사학자 루이스 마르티네스-페르난데스(Luís Martínez-Fernández)는 계급, 인종, 노예 상태에 따른 19세기의 권력과 지배의 사회계급(그림 2.2)을 재창조해 냈다.

그러나 스래셔는 프랑스어로 써진 훔볼트의 책을 번역하면서 자메이카의 "슬픈 경험"에 비추어 보았을 때, 훔볼트가 예측했던 일이 일어나지 않았다는 점을 고려하면 박물학자의 "사회 이론"은 오류가 있다고 덧붙였다(Thrasher, noted in Humboldt 2001, 187). 스래셔는 노예해방 후 자메이카의 구 노예인구가 증가했으며, "똑똑한 축에 속했던(semi-intelligent)" 흑인 노예집단은 "야만주의로 퇴보"했다고 주장했다(Thrasher, noted in Humboldt 2001, 180). 노예해방 후 자메이카 사회의 도덕적 붕괴는 여성의 지위 하락, 목사들의 섬 탈출, 교회 폐쇄, 학교의 물리적 감소, 형편없는 교회의 유지보수 등을 통해서도 증명되었다(Humboldt 2001, 180). 스래셔의 강력한 인종주의 이미지는 19세기 중반 훔볼트의 글이 받아들여지는 방식에 강력한 영향을 끼쳤다.

인종적으로 불공평한 쿠바에 대한 스래셔의 상반된 주장에도 불구하고, 훔볼트의 인종 그리고 사회정의에 대한 기여가 널리 확산되게 되었다. 오트마어 에테(Ottmar Ette 2003)는 가이아의 힘(force of Gaia)*이 지리학에서 활용

---

* 역자주: 가이아 이론(Gaia Theory)은 1978년 영국의 과학자 제임스 러브록(James Lovelock)이 『가이아 살아있는 생명체로서의 지구(A New Look at Life On Earth)』이라는 저서를 통해 주장하면서 소개한 이론이다. 가이아란 그리스 신화에 등장하는 대지의 여신으로 지구를 상징적으로 나타내기 위해 사용된 말이다. 러브록이 말하는 가이아란 지구와 지구에 사는 생물, 대기권, 대양, 토양까지를 포함하는 하나의 범지구적 실체다. 가이아 이론은 지구를 생물과 무생물이 상호작용하

쿠바의 경관

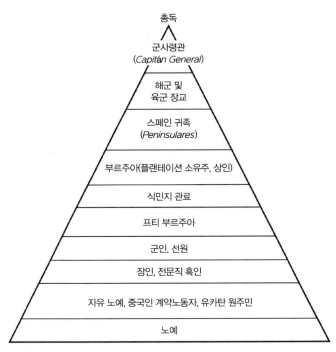

그림 2.2. 1800-1868년 쿠바의 계층 피라미드.
출처: Martínez-Fernández(2004).

되어 온 것처럼, 훔볼트가 인문학과 자연과학을 윤리와 연결 짓는 전 세계적인 인식(Weltbewubsein)의 기초를 다졌다고 주장하였다. 분명한 것은 훔볼트가 인도주의, 경제, 정치 등과 같은 다양한 측면에서 노예제도를 공격했다는 점이다. 그렇게 함으로써 그는 식민 모국인 **스페인**의 개혁주의자(peninsular reformists)와 중남미 진보주의자의 지지를 받게 되었다(Naranjo 2003).

는 생명체로 보면서 지구가 생물에 의해 조절되는 유기체임을 강조한다. 이렇게 지구상은 복잡한 물리적·화학적 환경을 통해 자체의 정화력과 유지 복원력을 갖는다는 것이 가이아 이론이다(박문각, 2014).

초창기 설탕경관

훔볼트는 공간 관계에 대한 뛰어난 감각을 지니고 있었으며, 그의 주장을 관철하기 위해 자연과 사회 영역을 비교해서 그려 내었다. 훔볼트는 *Equinoctial Regions of America*의 서문에서 그의 목표 중 하나가 "유럽이 필요로 하는 식민지의 생산량"을 규명하는 것이라고 서술했다(1851, xvi-xvii). 빅토리아 시대 이후의 여행자들은 훔볼트의 장소 기술, 과학, 무역 패턴에 관한 업적들이 학자가 아닌 사람들, 특히 투자자나 은행가, 무역업자에게 상당히 유용하다는 점을 깨달았다. 바비(Barby 1996, 45)는 "상업(무역)"이라는 용어가 아프리카, 아시아, 또는 아메리카와 같이 멀리 떨어진 지역에 대해 논의할 때 사용된 적이 없다고 주장했는데, 유럽인들이 생각하기에 그런 신뢰의 문제(fiduciary matters)는 터무니없고 적절하지 않은 것이었다. 그럼에도 불구하고 데이터는 투자 목표를 설정하고 해외 탐험을 조명하는 데 유용한 것으로 밝혀졌다.

아바나 주변에 위치한 쿠바의 제당소 네트워크는 항구와 잘 연결되어 있다. 버개스(bagasse), 당밀, 황설탕, 가공 설탕의 사용은 하나의 잘 통합된 시장 체계의 일부를 형성했다. 훔볼트의 주장에 따르면, 이 시스템을 주도하는 것은 노예의 노동력이었기 때문에 설탕 생산과 인류의 비극을 따로 떼어 놓고 볼 수 없었다.

독일의 박물학자 훔볼트는 스페인에 있어 쿠바의 지리적, 정치적 중요성은 "아바나 시와 아바나 항의 지리적 위치"에서 기인한다고 보았다(Humboldt 2001, 75). 그는 "아메리카 대륙에서 아바나와 베라크루스는 미국에서의 뉴욕과 같은 위상을 갖는다."라고 서술하였다(2001, 180). 만약 관세 규정의 균형만 맞출 수 있다면, 미국과 쿠바 사이에는 보다 긴밀한 경제적 유대의 가능성이 있었다. 예를 들어, 1852년 미국산 밀가루는 배럴당 7달러의 "관세"가 붙었기 때문에 소량의 밀가루만 쿠바에 도달하였다. 그러나 산탄데르(Santander)에서 온 스페인산 밀가루는 그 품질 면에서 미국산 밀가루와 경쟁이 되지 못했으며, 결국 금수 조치가 내려진 지 40여 년이 지난 2009년에 미국산 밀가루의 판매가 재개되었다.[5]

제3국(제3세계 국가들)이 쿠바에 가한 국제 제재는 쿠바 역사에 만연해 있다. 식민 시대 스페인의 의사에 의한 것이든 40년 이상 지속된 미국의 금수 조치의 결과이든, 쿠바는 국제무역에서 불이익을 받아 왔다. 훔볼트는 19세기 초반 멕시코와 쿠바의 관계에서 밀수품의 중요성에 대해 기술하였다.[6] 또 다른 역사적 유례(historic parallels)는 1960년대부터 1980년대 후반까지 소련의 원조(인수)와 같이 멕시코가 식민지 쿠바의 행정 비용(2001, 76)을 모두 지불했다는 것이다.

훔볼트는 설탕 생산과 노예제도를 분리해서 보지 않았다. 그는 자유로운 노동력의 투입이 식민 경제를 유지한다는 점을 인지했다. 쿠바에서 그를 후원했던 사람 상당수가 노예들이 생산한 설탕과 당밀로 부를 쌓은 사람들이었음에도 훔볼트는 노예제도를 통해 축적한 부에 대해 맹렬히 비난하고자 했다. 훔볼트는 아프리카인들의 반란이나 전 세계의 아프리카화에 대한 두려움에 대해, 자유를 얻고 교육받은 노예들은 서방세계에 위협이 되지 않을 것이라고 논박했다. 한 세기 반이 지나 교육과 자유가 정부의 중요한 목표라는 점은 쿠바 섬에 반향을 불러일으켰다.

사회주의자 시대의 훔볼트

현대 쿠바에서 훔볼트는 사실상 성인(聖人)처럼 여겨져 왔다. 독일인 박물학자(naturalist)는 박물관과 국립공원에 그의 이름이 붙여지는 영예를 얻었다. 국립공원은 넓이가 700km²로, 쿠바 섬 동쪽 끝인 올긴(Holgún)과 관타나모(Guántanamo) 주에 위치해 있다(Soroa and Merencio 2003). 1990년대 섬의 서쪽 끝 아바나 도시 역사 연구소에서 훔볼트가 기여한 것들을 기념하기 위한 박물관을 개관했다. 페르난도 오르티스(Fernando Ortíz, 1881-1969)는 쿠바의 세 번째 발견자로 여겨지며, 쿠바 정부는 그의 자연과학에 대한 기여와 확고한 노예제도 반대 강령을 칭송했다. 사회주의에서 흔한 토지이용이나 재산의 전용과 마찬가지로, 박물관은 과거 상류층의 거주지에 자리 잡았다[19세기 레시오(Recio) 가문의 소유였다]; 부자들에게 빼앗은 것들을 인민들과 나눈다는 상징성은 쿠바 박물관 전시의 핵심 요소였다. 박물관 전시 중 하나는 훔볼트의 글, 그가 수집한 벌레, 식물, 페르난도 오르티스의 책상과 노예들의 혹독한 상황을 병치하여 그려낸 것이었다. 이 전시는 외국인 관광객, 특히 유럽인들에게 매력적으로 다가왔다. 이 박물관은 독일 시민과 쿠바 섬에 있는 독일인에게 가장 높이 평가받는다. 19세기 스페인 성직자 펠릭스 바렐라, 독립전쟁 시기의 여러 사람들(칼릭스토 가르시아, 안토니오 마세오)이 그랬던 것처럼 사회 정의에 대한 헌신과 시공간을 초월한 원리원칙으로 인해 훔볼트는 쿠바의 외국인 친구로 여겨졌다. 어떤 전시에서는 유명한 흑인 정치인, 스포츠 스타, 예술가, 작가 등 기량이 뛰어난 아프리카계 쿠바인들과 노예제도 당시의 흑인을 비교하였다.**7** 몇 블록 떨어진 곳에 있는 혁명 박물관에는 바티스타의 독재 기간(1952-1958) 동안 흑인들의 개탄스러운 상황을 묘사하는 작품들이 전시되어 있다.

훔볼트에게 현대 쿠바의 경제 상황이나 사회계층구조는 매우 낯설 것이다. 주권국가로서 쿠바는 더 이상 설탕에 의존하지 않으며, 오늘날 쿠바에서 "설탕이 곧 왕이다"라는 말 또한 더 이상 큰 의미를 지니지 않는다. 지난 수년 사

쿠바의 경관

이 140개의 제당공장 중 절반이 문을 닫았다. 쿠바계 흑인과 혼혈인(물라토)은 쿠바의 주류를 형성하였으며, 노예제도는 120여 년 전에 폐지되었다. 그러나 훔볼트 시대와 마찬가지로, 단작, 시장 왜곡이 만연한 복잡한 국제 설탕 시장 (소련이 30년 동안 보조), 정치적 조치들(미국의 금수 조치)은 여전히 쿠바의 경제적 안녕을 좌지우지한다. 이런 역사적 유산은 쿠바의 새로운 정치 담론의 일부로 남아 있다.

결론

알렉산더 폰 훔볼트의 대담함은 자연과학에서 가장 널리 인지되었다. 스페인 제국의 신세계에서 수행한 그의 현장 연구는 광활한 미개척지(terra incognita)에 대한 무지에서 벗어나는 데 도움을 주었다. 비록 그의 연구 대부분이 자연경관의 통일성을 밝히는 데 목적을 두고 있었지만, 그의 인본주의와 사회적 공감능력 또한 강력한 영향을 끼쳤다. 훔볼트는 위대한 동식물 연구자이자 자연경관 연구가였을 뿐만 아니라 쿠바 섬의 무수히 많은 경관들을 그려 넘으로써 사회정의와 (노예제도) 폐지에도 헌신했다. 그의 "사회과학"이 프랑스혁명의 영향을 받은 것이든, 다방면에서의 수학(受學)과 여행으로 인한 것이든, 이 모든 것의 조합이든지 간에 이는 우리의 추측에 불과하다. 죽기 직전, 그는 자신의 공적에 대한 글을 썼다: "나는 항상 나보다 뛰어난 사람들이 내 주변에 있었다는 점에 대해 인정해 왔다"(Kellner 1963, 233). 그의 겸손함과 인간들이 처한 상황에 대한 예리한 관찰은 200년 전과 마찬가지로 오늘날의 쿠바와 훔볼트를 연결해 주고 있다.

쿠바의 두 번째 발견자는 사회주의 정부에 있어 다음의 세 가지 측면에서 사회·문화적 상징으로서의 역할을 한다. 첫째, 훔볼트는 그가 여행한 곳과는 멀리 떨어져 있지만 그의 이름을 붙인 국립공원(4장을 참조할 것), 그리고 아바나의 박물관을 통해 계속 살아 숨 쉴 것이다. 둘째, 사회정의와 인간의 존엄성에 관한 그의 생각들은 사회주의와 진보적인 흐름(progressive chords)에 반향을 불러일으켰다. 그는 사회과학의 지적 탐구 영역으로 쿠바학의 근간을 이루는 쿠바의 정치, 경제 문제와 관련된 연구의 기초를 닦았다. 셋째, 사회주의 정부는 인종차별이 없는 사회를 추구하였으며, 미국의 제국주의의 굴레에서 벗어나고자 하였다. 우리는 6장의 정보와 정치경관에 관한 논의에서 이 주제에 대해 보다 자세히 다룰 것이다.

✷ 주석

1. 토마스(Thomas 1960, 131-132)에 따르면, 훔볼트가 아바나 항에 머무는 동안 표본은 아바나를 떠났지만 카디스(Cadiz)에는 도착할 수 없었다고 한다: "아프리카와 아메리카 대륙 사이의 어디쯤엔가 가라앉은 배 안에 나비, 식물, 광물, 동물 뼈 화석이 묻혀 있다."

2. 상당수 통계자료가 1804년과 2판 발행 사이에 업데이트되었다.

3. 배의 밸러스트(ballast) 또한 도로포장의 원료였다.

4. 환율이나 구매력에서 차이가 있으나, 일일 임금이 오늘날 노동자가 버는 것과 큰 차이가 없다는 것은 흥미로운 부분이다.

5. 이와 비슷하게 또 흥미로운 점은, 통통한 닭(plump chicken)이 인기를 끌며 급식에까지 도입되었다는 것이다. 쿠바인들은 미국산 닭(pollos yuma)과 쿠바에서 자란 닭의 차이를 바로 알아차린다.

6. 1800년대 초반 밀수품 매매는 돈벌이가 되는 미국 시장과 남미 사이의 마약 운반책 중개자로서의 쿠바의 전략적 역할과 유사하다. 그 증거로, 쿠바 동쪽 끝에 있는 푼토 마이시(Punto Maisi)는 관광객과 외국인들의 출입이 금지되어 있는데, 이는 시가렛 보트가 해당 지역을 통과하면서 비행기에서 떨어뜨린 마약 꾸러미를 수거하기 때문이다. 결과적으로 이 마약들은 바하마 군도를 따라 북서쪽으로 운반되어 미국으로 유입된다. 로절리 슈워츠(Rosalie Schwartz 1989)의 해적에 관한 연구가 이에 대해 심도 있게 다루고 있다. 슈워츠(Schwartz 1989)를 참고

하라.

7. 2003년 12월 9일, 공저자 중 한 명인 스카파시는 지역 초등학교 학급이 박물관을 견학하는 모습을 목격했다. 안내인은 학생들을 모아서 전시관의 앉을 수 있는 장소로 데려간 뒤 즉흥적으로 훔볼트의 노예제도 반대 입장에 대해 강의하였다. 이는 교사와 학생 19명 중 2명을 제외하고 모두 아프리카계 쿠바인이었다는 점에서 중요하다. 저자는 2008년 4월 14일 비슷한 상황을 관찰하였으나, 이때는 쿠바인 가이드가 브라질 관광객들을 안내하고 있었다.

Sugar

★

제3장

설탕[1]

쿠바는 지리적으로 아열대기후대에 위치해 있고, 미국이라는 거대 시장에 인접해 있으며 아프리카 노예 노동력까지 동원해 사탕수수 생산에 여러모로 유리했다. 사탕수수 생산은 쿠바의 경관을 실로 획기적으로 변화시켰다. 쿠바의 설탕 생산 역사는 4세기에 걸쳐 비균질적으로 발전되어 왔다. 플랜테이션은 18세기, 특히 아이티 노예반란 이후 급격하게 확산되었는데, 생 도밍그(Saint-Domingue, 과거 프랑스 식민지, 현 아이티)와 프랑스령 루이지애나(French Louisiana)의 대농장주들과 노예무역상들은 쿠바로 도피했다. 2세기(1792~1992) 동안 쿠바에서는 "설탕이야말로 왕"이었다. 설탕 생산 체계는 소규모 제당공장(인헤니오스, ingenios)에서 시작해서 보다 현대적 설비(센트랄레스, centrales)로 발전해 나갔다. 그 과정에서 농장주들은 원시림을 베어 내고 복합적 생태계를 교란시켰다. 오늘날 쿠바에서는 설탕이 더 이상 지배적인 위치를 가지지 못한다. 쿠바 정부가 설탕 1파운드를 생산하는 데 드는 비용은 국제시장 가격의 세 배에 육박한다(Peters 2003). 전국에 있던 제당공장 156개의 절반 이상이 2006년경에는 문을 닫게 되었다.

　　　　　　　　　　　　　　　　　　　　　　　쿠바의 경관

본 장에서는 설탕 생산을 경관 변화의 주요 동인으로 보고, 역사—지리적으로 접근한다. 먼저 아바나 일대와 쿠바 중부 및 동부 지역에서 사탕수수 플랜테이션과 경작지가 등장하는 시기를 살펴보고 확산 경로를 추적한다. 특히 다양한 지도를 통해 사탕수수 경작지를 중심으로 철로가 확장되는 과정을 보여주고자 한다. 이어 1959년 이후 설탕 생산의 네 가지 시기 즉, (1)제당공장·생산·분배의 국영화 시기, (2)소비에트 무역권인 경제상호원조회의(CMEA) 시기, (3)소비에트연합과 관련 시장이 쇠락하는 시기, (4)설탕 산업의 붕괴시기를 다룬다.

결론에서는 이러한 역사로 인해 섬 전역의 자연경관과 문화경관이 어떻게 바뀌었는지 평가하고자 한다. 수백 년에 걸쳐 도로, 공장, 통신, 철도, 항만 인프라 개발이 이뤄졌고, 쿠바의 산업과 농업 기반에는 지워지지 않는 흔적이 남게 되었다. 한편 2000년대 초반 제당공장들이 문을 닫으면서 잠시 경제 회복을 모색할 시간이 주어진다. 이에 쿠바는 당밀 생산으로의 전환, 문화유산 관광을 위한 산업 박물관 설립 등과 같은 조치를 취한다. 2006-2008년 에탄올 시장 가격이 급등하면서 설탕경관을 재활성화할 가능성도 있다. 한 분석에 따르면 "쿠바는 자본주의 세계에서 빠르게 성장하고 있는 대체 에너지 부문에 과감히 뛰어듦으로써 만성적으로 어려움에 처해 있는 경제에 새로운 가능성을 열어 가고 있다"(Council on Hemispheric Affairs 2006).

쿠바의 설탕경관의 성립

콜럼버스는 두 번째 항해에서 사탕수수를 쿠바로 가져갔고, 이후 섬 곳곳에서 쉽게 사탕수수를 찾아볼 수 있게 되었다. 구세계에서 온 본 작물[사탕수수

(Saccharum officinarum), "노블케인(noble cane)" 또는 "경작 사탕수수(culti-vated sugar cane)"라고도 불린다]은 수수류 재배에서 가장 높은 비중을 차지하며, 쿠바 전역에 방대하게 퍼져 있어서, "쿠바의 풀"이라고도 불렸다. 그러나 국제 수요 변화에 따라 쿠바의 설탕 생산은 증가하거나 감소했다. 17세기 유럽에서 설탕은 사치품이었다. 서인도제도와 브라질에서 설탕 생산이 확장되고 나서야 신구세계의 대중들도 설탕을 일반적으로 사용할 수 있게 되었다. 설탕 생산의 증가로 국제 가격은 하락했고, 산업화 과정에서 가공식품과 음료에 설탕이 사용되면서 쿠바 역시 큰 혜택을 보았다. 쿠바인들 역시 1990년대에 높은 수준의 설탕을 섭취했지만(1인당 80kg 이상), 새 천 년에 접어들며 섭취량을 줄인다(1인당 60kg 정도)(Kiple and Ornelas 2000).

쿠바에서 사탕수수는 마탄사스(Matanzas) 토양이라고 하는 적색 점토에서 잘 자라나며, 깊이는 8m에 이르기도 한다. 마탄사스 토양은 투수성을 띠며 점토함유량이 75%에서 90% 사이이다. 높은 점토질의 토양은 열대성 폭우가 내린 후에도 경작에 꼭 필요한 다량의 물을 자연적으로 흡수할 수 있다. 마탄사스 토양은 섬 중앙부에 집중적으로 분포하며, 피나르 델 리오(Pinar Del Rio)에 있는 아르테미사(Artemisa)에서 시에고 데 아빌라(Ciego de Avila)까지 분포하고 있다(그림 3.1). 해발고도 304m보다 높은 곳에서는 수수류가 잘 재배되지

그림 3.1. 마탄사스 토양의 분포

쿠바의 경관

않으며, 사탕수수는 해발고도 91m 이하의 지역에서 주로 볼 수 있다. 20세기에 철도가 확장되면서 동쪽(토질이 상대적으로 척박한 카마구에이와 동쪽 지역들)으로 재배지가 확산되기는 했으나, 점토질 토양이 많은 지역에서 생산이 가장 활발했다(West and Augelli 1966, 115).

설탕과 인구

쿠바의 인구성장과 인종 구성은 섬의 플랜테이션 농업과 밀접하게 관련되어 있다. 쿠바와 주변 도서지역들에서 말라리아와 황열과 같은 전염병이 소멸되면서 정치적 동요가 발생했다. 가령 플랜테이션 시기의 특징으로는 트라피체(trapiche) 방식(맷돌식 사탕수수 분쇄시설, stone-roller cane mill) 중심의 설탕 산업을 유지하기 위해 아프리카로부터 6만 5,000명의 노예를 들여왔다는 점을 꼽을 수 있다. 1791년 이웃나라 아이티에서 노예반란이 일어나자, 프랑스 사탕수수 재배업자들은 쿠바로 밀려 들어왔고 더 많은 노예(대략 100만 명)를 필요로 하게 되었다. 독립 전쟁 시기(대략 1868-1898년) 정치적 불안정성과 전투, 노예제도의 철폐(1886-1887년) 등으로 인구성장 추세는 안정기에 접어든다. 사탕수수 생산 노동자였던 유럽 이민자, 아이티(1902년과 1932년 사이 19만명)와 자메이카(같은 기간 12만 1,000명) 출신의 흑인 자유노동자들이 갑작스럽게 등장하면서 1899년에서 1959년 사이 쿠바 인구는 네 배로 증가한다(West and Augelli 1966, 122-124). 1921년 피폐해진 설탕 시장이 붕괴하게 되고 "쿠바를 백화(白化)시키자"는 인종주의적 흐름까지 겹쳐지자 서인도에서 쿠바로 향하는 흑인 이주는 단절된다. 이와 관련해 지리학자 로버트 웨스트(Robert West)와 존 오겔리(John Augelli)는 [1976년 도(道) 재편성 이전의] 인구학과 경제학의 관계를 다음과 같이 설명한다.

쿠바 역사에서 인구성장과 설탕 생산의 상관관계는 거의 절대적이라고 할 수 있다. 인구는 설탕 산출량과 대체적으로 비례해서 증가했으며, 사탕수수 생산이 확장되는 지역에서 인구가 가장 많이 늘어났다. 가령 1911년 오리엔테 (Oriente), 카마구에이(Camagüey), 라스 비야스(Las Villas)와 같은 동쪽 지역은 총 인구의 52%가 거주하고 있었으며 전국 설탕 생산량의 60%를 차지하고 있었다. 1950년대에는 같은 지역에서 인구와 설탕 생산이 각각 약 60%와 75%로 증가했다. 아바나 광역권의 인구 대부분이 서쪽의 세 지역(피나르 델 리오, 라 아바나, 마탄사스)에 집중적으로 분포하고 있다는 점을 고려하면 이러한 상관관계는 더욱 놀랍다(1966, 123).

설탕 이전에 경관을 변화시킨 요인들

설탕이 어떻게 19세기에 쿠바에서 지배적인 위치를 차지하게 되었는지를 이해하기 위해서는 사탕수수를 심기 이전의 경관 변화 과정을 살펴볼 필요가 있다. 쿠바에서는 사탕수수 플랜테이션이 시작되기 훨씬 이전에도 농업이나 목축업을 목적으로 벌목이 이뤄지고 있었다. 진귀한 나무들, 특히 흰개미 저항성 종들과 품질이 우수한 종들은 아바나의 스페인 궁전과 왕실 함대를 만드는 데 사용되었다. 토착 과야칸 나무(guayacan tree)[Guaiacum sanctum 또는 헐리우드 유창목(Hollywood lignum vitae), Guiacum officinalis 또는 일반 유창목(common lignum vitae)]는 오늘날 목재 타악기나 조각을 만드는 데 사용되는데, 석회암 토양이 많은 강가, 해안, 산지에 많이 분포하며, 수지(樹脂) 함량이 높아(26%에 이름) 흠집, 해충, 물에 강한 성질을 띤다. 못을 박기는 쉽지 않지만, 조선(造船)에 훌륭한 재료이며, 특히 목재 선박 프로펠러에 들어가는 굴대받이(pillow block)를 만드는 데 유용하게 사용된다. 하지만 이제는 이 목재를

쿠바의 경관

쉽게 찾아볼 수 없다(Fors 1956, 62). 많은 식민지풍 건축물들, 특히 아바나 비에하(Habana Vieja)에 있는 산타 클라라(Santa Clara) 수도원(그림 3.2)의 지붕은 선박과 유사한 방식으로 만들어졌다(Urban Design and Planning in Havana, Cuba 2002). 수도를 중심으로 도로를 건설하면서 많은 삼림 자원을 소비했다. 도로 석재는 주로 멕시코에서 배로 실어 왔기 때문에 비용이 지나치게 많이 들었다. 쿠바의 석회암과 여타 연성 퇴적암의 경우 건물을 짓기에는 적합했으

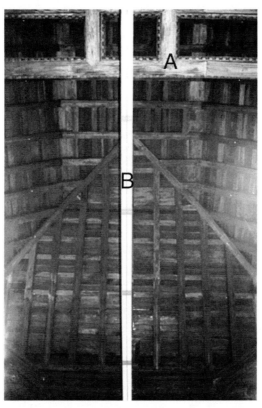

그림 3.2. 2005년 아바나 비에하에 있는 산타클라라 수도원. 천장 상부에서 A는 지붕을 떠받치기 위해서 설치된 장식 가로대이며, B는 천장에 2열로 설치된 형광등이다. 오목한 형태의 천장은 식민지 시기에 만들어진 선박의 디자인과 유사하다. 17세기와 18세기에는 건설업자들과 조선업자들이 두 가지 일을 동시에 하기도 했다.

나 도로 건설에는 마땅치 않았다. 2장에서 살펴보았듯이 알렉산더 폰 훔볼트 (Alexander von Humboldt)의 기록에 따르면, 도로에 홈을 파고 마호가니 나무 통을 넣어 마차들이 우기에도 아바나의 질척한 길을 다닐 수 있었다(2001, 7). 훔볼트는 도로에 나무통을 사용하는 것이 단순한 방법이지만 18세기 후반 독일과 러시아에서도 흔히 활용되었다는 점을 언급한다.

스페인은 쿠바의 무역을 독점하고 항구에 들어오는 모든 선박을 엄격하게 통제했는데, 이로 인해 쿠바는 다른 앤틸리스의 식민지들보다 최소 2세기는 뒤처지게 되었다. 18세기 말, 19세기 초가 되어서야 설탕 생산과 해양 상업이 상당히 커지기 시작하는데, 이는 카리브 해의 환경사에 있어서 기념비적인 순간이라고 할 수 있다. 리처드슨(Richardson 1992, 28-34)은 카리브 해에서 사탕수수 생산이 전파된 것을 "대규모 삼림 제거(the great clearing)"라고 불렀으며, 모레노 프라히날스(Moreno Fraginals 1976)는 이를 "숲의 죽음"으로 묘사했다. 다른 카리브 지역에서도 벌목은 행해졌지만, 쿠바의 경우 고급 목재에 대한 수요로 인해 사탕수수 재배가 확산되기 전부터 일찍이 삼림 벌채가 시작되었다. 고품질의 흰개미 저항성을 가진 견목은 도로나 건물을 짓는 데 활용되었으며, 아바나 만의 조선 산업이 성장하면서 스페인 함선을 만드는 재료로도 사용되었다. 모레노 프라히날스(Moreno Fraginals 1976, 76-77)는 쿠바에서의 삼림 제거 과정을 다음과 같이 묘사한다.

설탕은 숲을 파괴시켰다. 과거는 차치하고 현재 상황만 놓고 보자면 설탕귀족[sugarocracy, 모레노 프라히날스가 "설탕(sugar)"과 "귀족(aristocracy)"을 조합해서 만든 용어]들은 수백 년은 지나야 재생되는 숲을 몇 년 만에 파괴시켰다. 토양은 침식되었고, 수천 개의 하천이 말랐으며, 섬의 비옥도는 떨어졌다.

1768년에는 약 36개의 제당공장이 8–24km 반경으로 아바나를 둘러싸고 있었다(그림 3.3). 전통 제당공장(인헤니오스, ingenios)에서는 사탕수수를 수확해 이송하고, 맷돌(트라피체, trapiche)을 돌려 즙을 짜내고, 이를 또 끓여야 했기 때문에 노예 노동력에 대한 의존도가 매우 높았다(Kinght 1970). 가공된 설탕을 수출하는 항구로의 접근성은 제당공장의 입지를 결정지었다. 따라서 대부분 사탕수수 생산은 서부 지역(아바나, 마탄사스)의 항구와 가까운 데에 위치한 얕은 골짜기와 평원에 집중되어 있었다. 1819년 시엔푸에고스(Cienfuegos)에 프랑스인들이 항구를 건설한 후에 섬의 중부(그림 3.4, 상단)에서도 사탕수수 생산이 시작되었다. 1840년대에는 노예 노동력에 대한 수요가 증가했고, 대다수의 노동자들은 설탕 플랜테이션에 동원되었다(Piqueras Arenas 2003).

설탕과 기술

19세기 두 가지의 핵심적 기술발전이 이뤄지면서 사탕수수 생산이 급물살을 타고 확산되었다. 첫째는 철도의 도입으로, 플랜테이션 농장주들은 더 이상 원시적인 우마차와 진흙탕길 때문에 고생할 필요가 없어졌다. 철도를 따라 새로운 토지에 정착하고 내륙에서 경작을 확대해 갈 수 있게 된 것이다. 플랜테이션 농장주들은 해외 자본에 힘입어 더 이상 항구 주변 지역에 한정해 생산할 필요가 없었고 효율성을 증진시킬 수 있었다(Zanetti and García 1998). 독립전쟁 동안에도 사탕수수 플랜테이션은 막대한 규모로 유지되었다. 1892년과 1898년 사이 평균적으로 연간 약 백만 톤의 설탕이 생산되었다(Santamaría García 2003).

두 번째 혁신은 현대적 중앙집중식 대형 플랜트(센트랄레스, centrales)로의 전환으로, 대규모의 고효율 증기시설(boilers)을 사용하여 사탕수수를 추출하

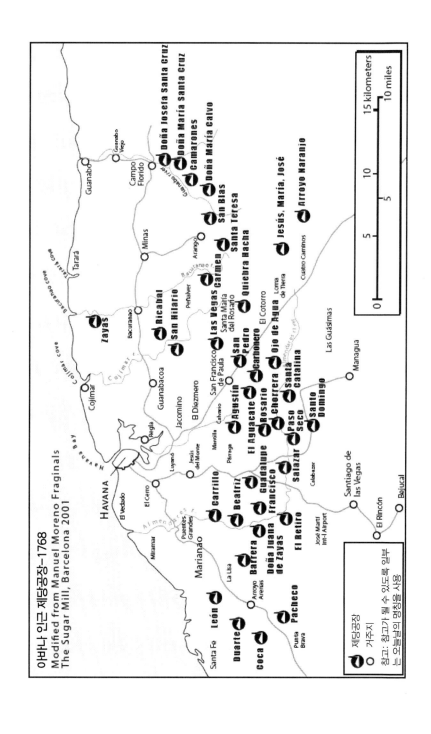

아바나 인근 제당공장-1768
Modified from Manuel Moreno Fraginals
The Sugar Mill, Barcelona 2001

아바나의 경관

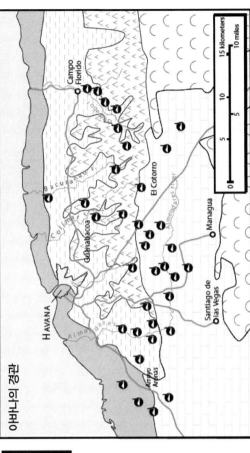

세부 지역

굴질에 적색을 띠는 신제3기~신제4기의 석회암이 침식되어 형성된 해안단구

갈색을 띠는 백악기~팔레오세의 옥석, 화산성 암석, 충적물에 형성된 하천 평원 평야

심홍색을 띠는 신제3기의 석회암이나 충적토에 발달한 용기 평야와 지하 대수층

홍색의 와지를 포함하여 평역적으로 침식된 카르스트 구릉지

갈색을 띠고 부분적으로 백악기~팔레오세의 옥석, 화산성 암석의 형성된 파랑상 평원과 구릉

그림 3.3. 1768년 아바나 인근 제당공장

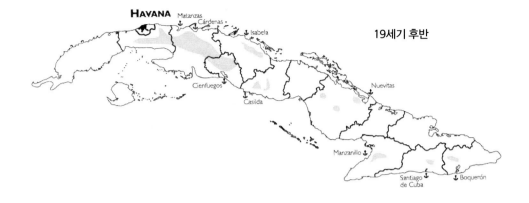

19세기 후반

1980년대 후반

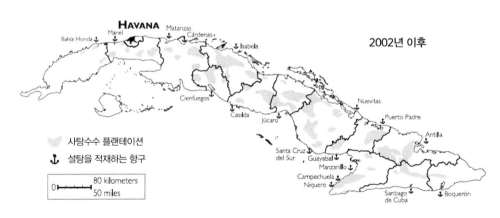

사탕수수 플랜테이션

설탕을 적재하는 항구

0 ___ 80 kilometers
___ 50 miles

2002년 이후

그림 3.4. 세 시기 사탕수수 플랜테이션의 공간적 분포

게 되었다. 대규모의 현대 제당공장은 대부분 미국 회사에 의해 지어졌고, 특히 20세기 카마구에이 지역에서 매입한 새로운 부지에 건설되었다. 쿠바는 카리브 해에서 가장 먼저 줄기를 분쇄할 수 있는 증기기관을 [1797년 세이바보(Seybabo) 제당공장에서] 사용한 축에 속한다.

쿠바 학생이라면 누구나 "모국"(스페인)보다 먼저 쿠바 최초의 철도가 놓였고, 1837년부터 아바나와 베후칼(Bejucal)이라는 작은 마을에 기차가 다녔다는 사실을 알고 있다. 이후 14년 동안 11개의 철로가 매년 평균 37.2km씩 총 558km 철도망으로 퍼져 나갔다(Zanetti and García 1998, 56). 이러한 철도망의 4/5는 섬의 서쪽 지역에 집중해 있다. 남쪽으로는 아바나 외곽에 있는 베후칼로부터 카리브 해의 항구인 바타바노까지 뻗어 있고, 동쪽으로는 (대략적으로 마탄사스와 산타 클라라 사이에 있는) 마카과(Macagua)로 뻗어 있다. 산타 클라라와 아바나가 연결되기까지는 그 후 10년이 더 소요되었다. 이처럼 철도의 확장은 사탕수수 재배 및 새로운 경작지의 확산과 관련되어 있었다(Zanetti and García 1998, 46)(그림 3.5). 동쪽의 철도망은 훨씬 느리고 비균질적으로 퍼져 나갔다. 1837년과 1854년 사이에는 푸에르토 프린시페(Puerto Príncipe, 현 카마구에이)와 누에비타스(Nuevitas)의 북쪽 해안 항구를 잇는 80km 철도가 유일했다. 그러나 1840년대 전 세계에서 사탕수수 생산성이 가장 높은 지역이라고 하는 트리니다드조차도 당시 철도 투자로 어떠한 혜택도 얻지 못했다. 1837년과 1853년 사이에 존재했던 철도로는 산티아고 데 쿠바와 엘 코브레(El Cobre)를 달리는 구간이 유일했다.

쿠바의 세계 설탕 생산 기여도는 19세기 이래로 지속적으로 하락했다. 1860년에 쿠바는 전 세계 설탕의 1/4을 생산했다. 1895년경 독립 전쟁의 결과로 이 수치는 1/6로 떨어지며 1차 세계대전이 시작될 때까지 같은 수준으로 유지된다. 전후에는 생산량이 소폭 상승해서 세계 설탕의 18.4%를 생산했는데, 1948

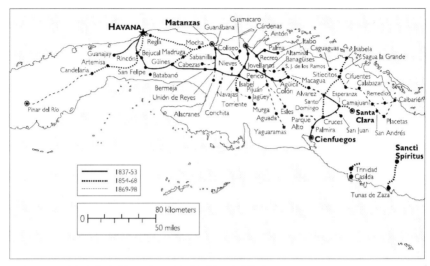

그림 3.5. 19세기의 세 시기를 중심으로 본 서부 철도망의 확장

년까지 유지되었다(Marrero 1950, 230, 그림 151).

철도가 확장되면서 쿠바는 스페인의 정치 식민지에서 미국의 경제적 전초지로 이행해 갔다. 오르티스(Ortiz)는 끊임없는 사탕수수 수요를 충당하기 위해 지어진 거대 제당공장을 "철로 만든 괴물 문어"로, 이를 중심으로 사방팔방 뻗은 철로를 "촉수"로 묘사한다(Ortiz 1947, 51-52). 1880년대 쿠바에서 플랜테이션을 시작한 보스턴 푸르츠 컴퍼니(Boston Fruits Company) 등 미국 바나나 생산자들도 사탕수수 생산으로 돌아섰다. 1920년대와 1930년대에 철도 회사들의 이윤은 수확된 사탕수수의 가격과 밀접하게 연관되어 있었다(Zanetti and García 1998, 326).

1899년과 1929년 사이 제당공장은 1,190개에서 163개로 급격히 줄었지만, 효율성과 식재량(planting)의 증가로 사탕수수 농작물(sugar crop)의 양은 50만에서 500만 톤으로 급증했다. 독립 전쟁으로 많은 시설물이 파괴되었고, 제

　　　　　　　　　　　　　　　　　　　　　　　　쿠바의 경관

당공장들도 문을 닫았다. 1898년 전쟁이 끝나자 1894년에 가동되던 제당공장의 1/5만이 남아 있었다. 스페인 군대는 사탕수수 밭에 고의적으로 불을 냈고, 설비들을 파괴하거나 손상시켰다. 쿠바 농장주들은 자신의 산업을 재생시키는 데 필요한 충분한 자본을 조달할 수 없었다. 플랫 수정안(Platt Amendment, 1898-1902)으로 미국이 쿠바를 점령하자 자국 농장주들이 자본을 조달하기 위해서는 별다른 선택지가 없었고, 미국 투자자들은 저렴한 가격에 사탕수수 농장과 생산 설비를 사들였다(McCook 2002, 50).

과거 접근이 불가능했던 쿠바 동부 고지대에서 생산이 가능해진 것은 1916년 쿠바 철도청과 같은 미국 금융 투기 때문만은 아니었다(Richardson 1992, 33). 1차 세계대전을 겪으며 국제 설탕 수요와 가격이 놀랄 만큼 상승했고, 이는 다시 이윤 증가, 상류층의 풍요로움, 공공사업의 확장을 가져온다. 설탕 가격은 1차 세계대전 중 파운드당 4.5센트를 맴돌다가, 1919년는 파운드당 22.5센트까지 치솟았으며, 1921년에는 다시 1.6센트로 급락한다. 이러한 비정상적 가격 변동으로 인해 가르시아 메노칼(García Menocal) 대통령 임기(1913-1921) 중에 전례 없는 국가 산업, 교통 인프라 투자가 유입된다. 전시 물가 역시 설탕과 토지의 가치를 상승시켰다(Rippy 1958, 406). 아바나의 부유층 거주지인 베다도, 미라마르에 호화 주택이 생겨난 것을 통해서도 1920년대 설탕 가격과 이윤이 높았다는 것을 추론할 수 있다. 사실 "살찐 암소"의 시기[스페인어로 호황기를 살찐 암소(*vacas gordas*)에 비유해 표현함]는 1920년에 정점을 찍었으며, 이후 엄청난 가격 폭락["마른 암소"의 시기(*vacas flacas*)]이 뒤따랐다(Scarpaci et al. 2002, 59-62). 젠크스(Jenks)는 노다지 같은 투자와 그에 따른 환경파괴에 대해 다음과 같이 설명한다.

방대한 삼림을 저렴한 가격에 매입[할 수 있었고], 비할 데 없이 풍요로운 사탕수수 밭이 늘어났다. … 벌목업자들은 나무들을 베어 내기 시작했다. 경목(hardwood)이 있는 곳엔 황소와 사슬로 나무를 끌어냈다. 베이지 않고 남아 있던 나무들은 화재로 타 버렸다. 큰 화재로 수천 에이커가 한꺼번에 불타 버렸고 더 이상 화재가 번지지 않도록 전국적인 노력이 뒤따랐다. 밭을 갈 필요도 없이 검게 그을린 그루터기 사이로 사탕수수를 심었다(1928, 181).

설탕 광풍으로 "설탕 없이는 나라도 없다"(Sin azúcar, no hay país)는 말이 인구에 회자되었다. 설탕붐에 대해서는 크게 두 가지 관점이 존재한다. 마르크스주의자들은 19세기 후반에 탐욕스런 자본주의가 정립되면서 낡은 제당공장에 신기술 투자를 하는 데 실패했다고 지적한다. 산업자본가들, 특히 포식자 같은 미국 투자자들은 설탕 생산과 철로 건설을 연결시켰다. 쿠바는 단작 생산국이었기 때문에 가격과 수요 변화에 극도로 취약했다(Dye 1998; Zanetti and García 1998). 혹자는 미국과 쿠바 소유 기업이야말로 토지, 노동, 생산량, 유럽 사탕무 생산 변동 등에 합리적으로 대응할 수 있는 행위자였다고 주장한다(Dye 1998). 확실한 것은 스페인 식민 당국이 스페인 생산자에게만 생산 현대화에 필요한 자금에 접근할 수 있게 허용함으로써 크리오요(Criollo) 생산자들을 차별했다는 점이다. 결과적으로 크리오요들은 낡은 기술과 값비싸고 비인간적인 노예 노동에 의존해야만 했다.

지형과 기술 외에도, 아바나와 워싱턴 간에 체결된 무역협정, 관세 규제 역시 쿠바의 사탕수수 생산의 방향과 속도에 많은 영향을 끼쳤다. 또한 단작 생산에 영향을 줄 수 있는 다양한 변수들도 고려할 필요가 있다.

철도는 설탕 생산의 필요에 종속되어 있었기 때문에 설탕 가격의 시장 변동에 많은 영향을 받았다. 설탕 붐 시기 동안 철로는 확장되었다. 설탕 가격이 떨어질 때마다 확장은 중단되었으며, 미국의 이해관계에 따라 협정, 법안, 설탕 관세 등 제한적인 정책이 시행되면서 사탕수수 플랜테이션은 내리막길을 걷게 되었다. 쿠바의 마지막 제당공장은 1925년에 지어졌다. 신식민주의 시기에 건설한 철도는 2년 혹은 3년이 지나서야 완성되었다(Zannetti and García 1998, 407).

북미 자본은 쿠바의 설탕 산업에 큰 변화를 가져왔다. 20세기 경관에서 현대식 제당공장이 지배적인 위치를 차지하면서 영세 농민들(콜로노스, *colonos*)은 설 자리를 잃게 되었다. 플랜테이션 시스템(라티푼디아, *latifundia*)은 농업 노동시장에서 장악력을 높였고, 수천 명의 앤틸리스 노동자들이 유입되었다. 쿠바 자본가들이 1938년과 1948년 사이 생산 시스템에 대한 투자를 늘렸으나, 1950년대에는 소유, 생산, 관세할당에서 미국의 영향력이 지배적이었다(Marrero 1950, 204). 이 때문에 이후 사회주의 정부 40년 동안 쿠바의 설탕 생산 및 발전은 또 다시 미완의 과제로 남게 된다.

사회주의 시기의 설탕: 1959-2008년

여기서는 지난 반 세기 동안 사회주의 쿠바에서의 설탕 생산을 네 가지 시기, 즉 (1) 제당공장·생산·분배의 급속한 국영화, (2) 쿠바의 소비에트 무역블록 참여, (3) 소비에트 사회주의 공화국 연방(USSR)과 그 가격 지지 시장의 종말, (4) 설탕 산업의 내리막길로 나누어 살펴보고자 한다.

설탕 산업의 국영화

1959년 혁명 직후 설탕 산업은 빠르게 개혁되었다. 새로운 지도부는 설탕 산업에 대한 지나친 의존성과 제당공장, 인프라, 토지의 사적 소유를 쿠바 저개발의 주요인으로 보았다. 몇 년 만에 정부는 제당공장, 플랜테이션과 항만 시설을 모두 국영화했다. 일정 규모를 넘어서는 토지 소유권은 국가가 가져갔고, 사적 소유자들이 이를 피할 수 있는 유일한 방법은 자신의 농장을 가족 앞으로 돌리는 것밖에 없었다. 1962년경, 설탕 부문은 전적으로 국가에 귀속되었고, 수천 개로 쪼개져 있던 과거의 의사 결정 과정은 중앙 집중화되었다. 해외무역에서 누가 무엇을 어떤 가격에 판매할지와 같은 사안 역시 국가가 결정권을 가졌다.

1960년대 초에 이뤄진 급진적 경제 발전 계획은 신속하게 동원할 수 있는 노동력에 의존했다. 징집병, 학생, 도시의 블루 및 화이트칼라 노동자, 심지어 수감자들까지 사프라(zafra, 사탕수수 수확) 노동에 동원되었다. 초기에 야심차게 잡았던 목표는 1970년에 1,000만 톤을 수확하자는 것으로, 산출량을 40%까지 올리려는 시도였다. 이에 정부는 사탕수수 플랜테이션을 확산시키고 노동 집약적 과정에 투입되는 노동자 수를 증가시키는 데 집중했다. 1970년 850만 톤이라는 기록적인 생산량을 달성했지만, 다른 경제 부문을 경시한 대가를 치러야만 했다.

쿠바의 소비에트 무역 블록 가입

1972년 쿠바는 경제상호원조회의(CMEA)에 가입했다. 이는 소비에트 중심의 무역 블록으로, 동유럽 공산주의 국가, 몽골, 베트남을 포함했다. 쿠바는

1959년 이전에 미국으로부터 보장받고 있던 할당량과 무역특혜를 상실하게 되었으며, 냉전이 정점으로 치달으면서 모스크바로부터 이에 상응하는 가격 지원을 모색했다. 경제상호원조회의는 쿠바에 안정적인 설탕 시장을 제공했으며, 이를 특화시켜 단독 설탕 공급자가 되기를 요구했다. 양국의 필요에 따라 교환량과 가격이 변화하기 때문에 경제상호원조회의와 쿠바는 복잡한 관계를 가지게 되었다(Zimbalist and Brundenius 1989). 대영제국과 카리브 해의 현·전 식민지 사이의 관계, 프랑스와 로메 협정(Lomé Convention)에 규정된 영토 사이의 관계와 마찬가지로, 쿠바와 경제상호원조회의는 복잡한 무역 및 보조금 협정을 만들었다. 경제상호원조회의로 인해 설탕에 대한 의존도가 더욱 높아지면서, 사회주의 쿠바의 설탕 정책은 국가 경제 기반을 다각화시키려는 이전의 노력과 충돌하게 되었다.

농산업 부문에 대한 정부의 헌신으로 1980년대 연간 설탕 생산량은 약 750만 톤을 맴돌았는데, 이는 1950년대의 600만 톤에 필적한다. 뒤늦게서야 과도한 재정, 노동, 화학 투입물이 지속 가능하지 않다는 문제의식이 생겨났다. 공식적 논의에서는 환경적 영향과 막대한 보조금을 포함한 생산 비용이 간과되었다(Portela and Aguirre 2000). 그럼에도 불구하고 1980년대 생산 투입물은 급격하게 증가했다. 기계 사용은 10배가 증가했고, 수백만 km에 이르는 수로와 지하배수로를 건설했다. 또한 저수지의 물은 200배 가까이 증가했고, 비료 소비는 백만 톤을 넘어섰다. 사탕수수 생산에 사용된 토지는 30% 가까이 증가했고(그림 3.4, 중간 부분), 8개의 제당공장이 신설되었는데 대부분은 배수가 잘 되지 않는 저지대에 설치되었다. 사파타(Zapata) 습지를 배수시켜 사탕수수 생산용 토지를 확장시키려는 계획도 제안되었으나, 심각한 토양 염류화로 생태계가 파괴될 수 있다는 우려 때문에 마지막 순간에 철회되었다(Díaz-Briquets and Pérez-López 2000, 17). 그림 3.6에서는 혁명 초기 십여 년 동안 설

1960년대 시행되지 않은 사업들

① 농업을 목적으로 한 대륙붕 배수
② 대륙붕에 저수지 조성
③ 농업이나 담수 저장을 목적으로 한 대륙붕 배수
④ 대륙붕에 저수지 조성

1960년대에서 오늘날까지 완료된 사업

⑤ 농업을 목적으로 산지에 조성한 인공 계단식 경작지
⑥ 카르스트 지형 위 인공 목초지
⑦ 농업을 목적으로 제거한 습지
⑧ 담수 유출을 막기 위한 제방
⑨ 관개와 홍수를 통제하기 위한 댐 건설

그림 3.6. 바다 간척 및 습지배수와 관련한 제안 계획.
출처: Díaz-Briquets and Pérez-López(2000, 16)의 자료에 기반함.

탕이 독보적인 위치를 차지하고 있었다는 것을 살펴볼 수 있다. 설탕 농산업
을 뒷받침하기 위해 바다를 간척하는 사업이 제안되었고, 이는 쿠바의 모습을
바꾸어 놓을 뻔 했다. 한 사례로 후벤투드 섬(Isla de Juventud)과 본 섬 사이를
메우고자 한 계획을 들 수 있다. "이 사업은 당연히 시작되지도 못하고 철회되
었는데 … [왜냐하면] 실행이 불가능하거나 경제적이지 못했고, 혹은 두 가지
경우에 모두 해당했기 때문이다"(Díaz and Briquets and Pérez-López 2000, 17).
이 계획이 실행되었다면 쿠바의 경관에 가장 극적인 환경 변화를 가져왔을 것
이다.

소비에트 사회주의 공화국 연방과 그 지지 시장의 몰락

1990년대 초 경제상호원조회의의 몰락으로 쿠바는 주요 무역 파트너를 상실하게 되었다. 쿠바의 거대 설탕 산업을 떠받치고 있던 저렴한 투입물의 흐름이 완전히 끊기자, 설탕 산업은 무너져 내렸다. 6년 사이에 생산량은 절반 가까이로 떨어졌다. 사탕수수 플랜테이션과 제당공장은 수렁에 빠졌다. 쿠바의 설탕 경제는 오랫동안 소비에트의 보조금에 길들여져 있었기 때문에 세계 설탕 시장에서 경쟁하는 데 어려움을 겪을 수밖에 없었다. 짧은 기간 동안 브라질은 쿠바를 넘어서 세계 최대 설탕 수출국이 되었고, 러시아는 주요 공급자가 되었다.

설탕 산업의 수축과 그 경관의 개조

설탕을 왕좌에 앉혔던 힘은 21세기가 되면서 설탕을 추락시키는 힘으로 작용한다. 21세기 산업이 재구조화되면서 설탕은 쿠바의 인구지리, 농업지리, 경제지리 어디에서도 별다른 비중을 차지하지 못하게 되었다(Castellanos Romeu 2001). 한때는 역사적인 사실과 같았던 "설탕 없이는 나라도 없다"는 문장이 오늘날에는 전혀 설명력을 가지지 못한다.

2000년만 해도 140개의 제당공장이 가동하고 있었지만, 2003년에는 절반으로 줄어든다(그림 3.7). 1990년대 절대적, 상대적 설탕 생산량이 모두 감소한 것을 미루어 보았을 때 쿠바의 설탕 부문이 축소됐음을 알 수 있다. 동시에 설탕 국제 가격은 하락하고, 브라질, 중국, 인도, 태국과 같은 막강한 신생 경쟁자들이 시장에 유입되었다. 세계 생산량의 증가로 설탕 시장은 포화되었고, 고과당 옥수수 시럽, 인공감미료와 같은 대체 감미료까지 등장하면서 시장 경

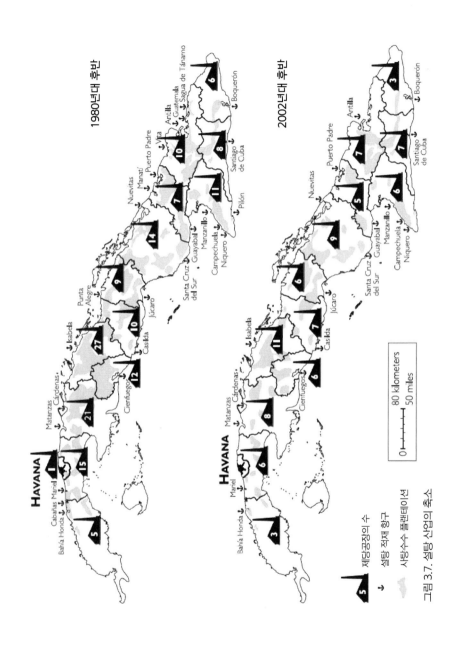

1980년대 후반

2002년대 후반

HAVANA

Bahía Honda
Cabañas Mariel
Matanzas
Cárdenas
Isabela
Punta Alegre
Nuevitas
Manatí
Puerto Padre
Antilla
Guatemala
Sagua de Tánamo
Boquerón
Vita
Santiago de Cuba
Pilón
Níquero
Campechuela
Manzanillo
Guayabal
Santa Cruz del Sur
Júcaro
Casilda
Cienfuegos

HAVANA

Bahía Honda
Mariel
Matanzas
Cárdenas
Isabela
Nuevitas
Puerto Padre
Antilla
Boquerón
Santiago de Cuba
Níquero
Campechuela
Manzanillo
Guayabal
Santa Cruz del Sur
Júcaro
Casilda
Cienfuegos

제당공장의 수

설탕 적재 항구

사탕수수 플랜테이션

80 kilometers
50 miles
0

그림 3.7. 설탕 산업의 축소

쟁은 한층 더 심화되었다(Peters 2003, 6-7).

국제 생산 및 시장 추세를 바탕으로 세계 설탕 시장에서 쿠바가 차지하는 위치를 수치화하는 것은 어렵지 않지만, 재구조화가 로컬 수준에서 어떤 영향을 끼쳤는지 파악하는 것은 쉽지 않다. 정부가 설탕 산업 축소와 관련해 발행한 자료들은 애매모호하고 일관적이지 않다. 정부 수입의 감소로 인해 설탕 산업이 축소하면서 가정 소비에는 어떠한 영향을 미치는지, 대안적 고용 기회에는 어떤 것이 있는지에 대해서는 알려진 바가 많지 않다. 2004년 우리는 시엔푸에고스(Cienfuegos)의 제당공장 직원들과 대화를 나눈 적이 있는데, 이들은 재취업 교육 프로그램을 통해 마이크로소프트 오피스 소프트웨어와 관련한 내용을 배우고 있다고 했다. 그러나 이직 가능성이 크지 않다는 사실이 알려지면서 무상교육 프로그램은 점차 시들해졌다. 2006년에는 과거 마탄사스 사탕수수 노동자들을 만났는데 이들은 아바나에 있는 친척들과 살면서 "닥치는 일은 무엇이든"(lo que podamos) 하며 고향에 남아 있는 가족을 부양하고 있었다. 하지만 이러한 활동은 법적 규제를 받지 않기 때문에 노동자들이 열악한 근무 상태에 노출된다.

결론

본 장에서는 역사-지리적 관점을 통해 쿠바 설탕경관에 접근해 보았으며, 이를 통해 사탕수수 플랜테이션이 쿠바의 인종 구성과 인구증가에 미친 영향을 살펴볼 수 있었다. 아프리카에서 동원한 노예 노동력, 유럽에서의 설탕 수요 증가는 18, 19세기에 설탕 산업을 성장시킨 주요인이었다. 농장주들은 초기에는 아바나의 남쪽, 후에는 아바나 동쪽의 삼림을 제거했다. 아프리카 노예 노동력을 동원하여 설탕 산업이 확장되었고 스페인의 설탕 수요를 충족시켰을 뿐만 아니라, 유럽과 미국의 시장을 열었다. 한편 19세기 사탕수수 생산은 주로 두 가지 요인에 의해 자극을 받았다. 하나는 1837년 철로의 확장이고, 둘째는 쿠바 식민지 투쟁과 아이티 독립 운동, 그로 인한 정치경제적 기복이다. 그리고 그 과정에서 급속하게 삼림이 파괴되었다.

설탕 생산의 전파로 쿠바 경관에는 지울 수 없는 흔적이 남았다. 사탕수수의 생산은 피나르 델 리오, 마탄사스, 라스비야스 지역으로 퍼져 나갔고, 철로 교통으로 확산은 보다 가속화되었다. 19세기 후반 내전으로 미국과, 그보다 영향력은 적었던 영국 투자자들이 인프라를 현대화시키고 카마구에이에 새로운 토지를 개척할 기회를 얻게 되었다. 이렇게 확장된 생산물은 다시 국제무역을 위해 항구로 흘러 들어갔다.

1960년대와 1970년대 사탕수수 재배는 급격하게 증가했으며, 특히 1970년 1,000만 톤 생산 목표를 달성하고자 하는 노력과 소비에트연방의 후원, 경제상호원조회의 무역협정을 바탕으로 한층 더 힘을 입었다. 1970년 수확량은 850만 톤에 이르렀는데, 이는 쿠바 역사상 최고로 높은 수치였다. 가격 보조금이 끊기자 더 이상 대량으로 화학물질을 투입할 수 없게 되었다. 다행히도 혁명 초반에 제안되었던 토지 간척 사업들은 실행되지 않았다. 소련의 몰락 이후 세계경제가 변화하면서 제당공장과 사탕수수의 재배 패턴이 급격히 바뀌었다. 2007년까지 혁명승리 당시 가동되고 있었던 제당공장의 절반 이상이 문을 닫았다. 제당공장의 상당수는 해체되었으며(그림 3.8), 일부는 럼주 산업의 당밀 생산 공장으로 용도를 바꾸었다. 몇몇 공장은 박물관으로 개조되었는데 이곳은 쿠바의 산업 유산을 반영하고 있다(4장 참조).

2000년 파운드당 5센트 하던 국제시장 설탕 가격은 2006년 7월경 거의 17센트까지 급등했다가 2년 후 다시 9.9센트로 추락했다(이처럼 산업은 변동폭이

그림 3.8. 시에고 데 아빌라(Ciego de Avila)의 제당공장 "센트럴 볼리비아(Central Bolivia)". 2003년 폐쇄 후 촬영. 중앙 굴뚝과 사탕수수를 싣는 벨트를 볼 수 있다.

크다). 특히 중국과 인도의 탄산음료 산업에서 설탕 수요가 증가하면서 가격이 잠시 상승했지만(Patton 2006) 오래 지속되지는 않았다. 쿠바 정부는 더 많은 제당공장을 다시 가동시켜서 가격 변동에서 이윤을 얻고자 했으나, 이 계획이 가능하려면 다음 경작 시기를 예상할 수 있어야 한다. 미국의 대외 정책은 쿠바의 향후 생산 수준에 직접적인 영향을 미친다. 미국의 사탕수수, 사탕무 생산자 연합 역시 대쿠바 금수 조치를 뒷받침한다. 미국이 쿠바와 무역을 재개할 경우 자국 시장의 설탕 가격 경쟁력이 떨어지게 된다. 미국 생산자들은 노골적으로 자유무역을 옹호하지만, 미국 내 주요 설탕로비단체 미국설탕연합은 설탕 가격과 무역에 대해 다음과 같이 말한다.

모든 설탕 생산국 정부는 자국 내 설탕의 생산, 소비, 무역에 개입한다. 설탕은 전 세계적으로 가장 많은 보조금을 받으며, 시장은 왜곡되었다. 결과적으로 설탕의 "국제 시장"은 실제 국제 수요 공급 상황과 무관하다. 오늘날 세계 설탕의 80%는 개방된 시장에서 거래되지 않고, 평균적으로 미국과 비슷한 가격의 생산국가에서 판매된다. 해외 설탕의 20%만이 국제 시장에서 결정되는 저가에 판매된다. 이러한 잉여 설탕은 많은 보조금을 받고 있으며, 역사적으로 세계 평균 생산가의 절반 가격에 판매된다(2008).

그러나 여기서 확실한 것은 어떠한 단일한 경제적, 정치적, 문화적 관행도 설탕만큼이나 쿠바의 경관을 급진적으로 바꾸지는 못했다는 점이다. 벌목, 산림제거, "광활한 초원"의 이식, 외화벌이의 주 원천인 설탕에 대한 의존으로 인해 쿠바에는 지울 수 없는 흔적이 남았다. 국제적으로 사탕무와 옥수수 시럽, 인공감미료가 생산되면서 사탕수수에 대한 세계의 의존도는 계속 하락할 것이다. 그러나 미국이 쿠바 시장을 개방하면서 감미료의 형태이든, 혹은 에탄올로 된 "새로운" 연료로든 설탕은 다시금 왕좌에 올라 쿠바의 농촌 경관을 바꿀 수도 있을 것이다.

✻ **주석**

1. 본 장은 허가하에 Scarpaci and Portela(2005)를 수정한 것임.

쿠바의 경관

Heritage

제4장
전통유산

전통유산 경관은 장소를 구성하는 생태적·사회적·경제적·정치적 변수의 집합체인 동시에, 위치에 대해 고려하기 때문에 지리학 연구 주제로 적합하다. 최근 몇 년 사이 전통유산 경관에 대한 관심은 급속하게 증가해 왔다(Muir 1999). 1장에서 언급한 것처럼, 건축가, 도시 계획가, 역사학자, 고고학자, 경관 건축가, 그리고 특히 지리학자는 이러한 연구를 계속해 왔는데, 기념비, 유적지, 국립공원과 같은 그 지역의 실체들은 다양한 지리적, 사회적 분석 스케일에 위치할 수 있기 때문이다. 경관 연구에 접근하는 방법은 현장의 연구 주제 수만큼이나 다양해질 수 있다. 지리학자 대니얼스와 코스그로브(Daniels and Cosgrove 1988, 8)는 포스트모던주의자의 관점에서 경관을 다음과 같이 규정하였다.

경관은 정확한 기술(技術)을 통해 "진짜(real)" 혹은 "진정한(authentic)"의미를 복원할 수 있는 팰림프세스트와는 다른 듯하다. … [마치] 버튼을 누르면 워드프로세스상에서 글자가 깜박이는 것처럼, 그 의미는 창조되고, 확장되고, 대체되고, 보충되고, 사라진다.

로즈(Rose 1992, 10)는 인문지리학에서, "경관에서 오는 즐거움(pleasure in the landscape)은 종종 과학적 시선에 대한 위협으로 여겨졌다."라고 주장했다. 미첼(Mitchell 1994, 14)은 "경관은 그 자체로 물리적, 문화적 의미와 가치가 부호화된(encoded) 다양한 감각의 매개(지구, 돌, 식물, 물, 하늘, 소리와 침묵, 빛과 어둠 등)이다."라고 언급한다.

전통유산은 과거를 현재의 경제 자원으로서 활용하는 것을 의미한다. 역사 지구와 기념비들은 국가가 국가정체성을 창조하고, 이데올로기를 형성하며 역사와 전통유산이라는 추상적 개념을 유형의 형태로 "뿌리 내리도록" 한다. 과거의 자취를 보존하려는 열망은 영향력 있는 엘리트와 연관되어 있다. 그러나 무엇을 보존하고 누구의 집단 기억(collective memory)을 기념해야 하는지를 놓고 생겨나는 긴장은 공식적 논의에서 간과되곤 한다. 이런 일련의 복잡한 장소와 실체들은 무엇이 역사 보존 프로젝트망에 포함되어야 할지를 결정한다. 그레이엄(Graham)과 그의 동료들(2007, 17)은 다음과 같이 주장했다.

[전통유산]은 확실히 경제적 자원이며, 관광, 경제개발, 농촌 및 도시 재생을 촉진하기 위한 전략의 주된 구성 요소이다. 전통유산은 문화와 권력의 의미를 정의하는 데 도움을 주며, 정치적 자원이기도 하다. 그러므로 이는 중대한 사회정치적 기능을 지닌다. 결과적으로 전통유산은 무수한 동일시의 과정과 잠재적 갈등을 수반하게 되며, 특히 유적지나 유물이 권력 구조를 정당화하는 문제와 엮일 때 혼란은 더욱 가중된다.

정부가 국가 유적지와 유물을 식별·보호·유지하는 방식을 보면 해당 국가가 시장주의경제에 기반하고 있는지, 또는 중앙집권적 계획경제에 기반하고 있는지 단순하게 구분하기가 쉽지 않다. 가령 오늘날 플로리다의 셀레브레이션에서는 월트 디즈니사에 의해 미국의 역사적인 소도시 이미지를 중심으로 건축붐이 일고 있다. 이 마을은 계획된 공동체로, 플로리다 주 올랜도의 디즈니월드 입구에 있는 디즈니 메인스트리트의 보행로를 특징으로 하고 있으며, 자동차 보급 이전 시기의 모습을 담고 있다. 미국의 주택 시장에서는 신전통주의 디자인의 건축물에 대한 강력한 수요가 나타났다. 신전통주의 디자인 건축물의 사례로는 플로리다 시사이드(seaside)의 주택, DBZ 그룹의 엘리자베스 플레터-지베르크(Elizabeth Plater-Zyberk), 안드레스 듀아니(Andres Duany)의 프로젝트와 관련된 건축물 등이 있다(Duany, Plater-Zyberk, and Speck 2000). 저자 중 한 명(J·L·S)이 거주하고 있는 버지니아 블랙스버그 커뮤니티에서 한 개발업자는 톰스 크리크에 있는 마을, 신전통주의 커뮤니티(뉴어버니즘으로도 알려져 있음)를 다음과 같은 방식으로 홍보한다:

이 마을은 "전통 근린 개발" 방식으로 계획되었으며 전통적인 버지니아 마을을 구성했던 전통적인 원칙에 따라 지어졌습니다. 이 마을은 톰스 크리크 구릉지의 아름다운 특성을 잘 살리고 있습니다. 이 마을은 삼림지대와 탁 트인 초원(open meadows)으로 둘러싸인 친밀한 근린 지역을 만들기 위해 기획되었습니다. 전통적이며 긴밀하고 끈끈한 버지니아 공동체는 아늑한 시민 공간(공공 공간)을 중심으로 진화해 왔습니다. 마을의 아늑한 공원(informal park)과 나무가 우거진 가로수길, 중앙의 작은 상점들은 전통을 존중해 설계되었습니다. 거리와 골목길에는 친근한 느낌을 주는 작고 아늑한 현관뿐만 아니라 꽃이 핀 정원과 상점이 늘어서 있는 도로도 있습니다. 집의 양식, 크기의 다양성은 버지니아의 가장 뛰어난 전통 건축 양식을 반영한 것입니다(The

Village at Tom's Creek 2006).

이 사례는 전통유산의 문화적 요소(전통 근린지구 개발, 끈끈하게 맺어진 버지니아 공동체, 시민 공간)와 자연적 요소(아름다운 구릉지, 목초지와 삼림지대 등)를 모두 그려 낸다. 따라서 2000년대 초반 미국 부동산 호황기에 개발업자는 역사, 라이프스타일, 경관에 대한 향수를 불러일으키기 위한 목적으로 웹사이트에 문화유산들을 게시한다. 이러한 마케팅은 역사, 권위, 품위, 중산층 삶의 미학에 대한 감성 등을 전달한다.

그러나 한 가지 의문이 떠오른다: 그런 전통유산에 관한 기술이 쿠바의 전통유산 경관을 담고 있는 광고와 큰 차이가 있는가? 우선, 1장으로 돌아가 쿠바가 색다른 매력이 흘러넘치는 장소라는 점을 상기해 보자. 쿠바는 개인의 취향이나 변덕과는 상관없이, 편의상 모든 계절과 구미에 들어맞는 이미지를 보여 준다(Baldacchino 2007, 166). 그 예로 트리니다드 역사 지구가 쿠바의 국영 언론사(Prensa Latina) 웹사이트에서 어떤 방식으로 광고되고 있는지 살펴보자.

트리니다드를 상징하는 문화재는 대앤틸리스 제도의 문화재와 구별되는 독특한 특징을 가지고 있습니다. 산지와 바다 사이에 자리 잡고 있는 이 도시는 "카리브 해의 박물관"이라고 불리며, 이곳을 방문하는 모든 사람들에게 경탄을 금할 수 없게 하는 유일무이한 자연의 아름다움을 선사합니다. … 좁은 자갈길을 지나면 예술적인 발코니와 값비싼 나무로 만들어진 난간, 일련의 철제 장식, 놀라울 정도로 장식된 벽, 낭만적인 파티오를 발견할 수 있습니다(Primeras Villas 2006, 저자 번역).

앞서 버지니아 공동체에 대한 기술과 마찬가지로, 소도시의 이미지, 자연적·문화적 속성은 식민지 시대 카리브 해 도시의 매력에 대한 담론을 뒷받침한다. 그러나 전통유산에 대한 평가가 항상 흑백 논리인 것만은 아니다. 트리니다드의 경우, 1960년 내란 동안 에스캄브라이(Escambray) 산지의 반공산주의 게릴라들을 지원한 트리니다드인들을 징벌하고자 혁명 정부가 혁명 초기 10년 동안 트리니다드를 의도적으로 차별했다고 주장하는 쿠바인들이 있다. 이 오래된 소도시가 "유명(fashionable)"해지고 유럽 배낭여행객들이 트리니다드에 매료되었다는 사실을 알고 나서야, 정부는 트리니다드의 자산들을 자본화하기로 결정했다.[1]

글로벌 여행 시대에 전통유산은 중산층들에게 있어 국제 관광(산업)에서의 훌륭한 틈새시장이라 할 수 있다. 휴이슨(Hewison)은 전통유산이 다른 상품들처럼 생산되며, "누구도 전통유산이 무엇인지 정의를 내리지 못하는 것 같으나, 누구나 판매하고 싶어한다"고 주장한다(1987, 9). 실제로 전통유산 관광이 상품화된다면, 국제 통화(hard currency)에 대한 필요성과 지역의 요구사항 사이에서 발생하는 갈등으로 인해 쿠바와 같은 개발도상국에 가해지는 압박은 엄청날 것이다. 셰릴 생크스(Cheryl Shanks 2002, 17)는 "상품화된 문화는 유산을 보존함과 동시에 변형시키고, 파괴한다."라고 하면서 이러한 역설을 "만들어진 진정성"의 딜레마 중 하나라고 보았다.

이는 쿠바와 같은 개발도상국의 정치인이나 지방 관료들에게 민감한 주제이다. 경제 발전은 필연적으로 달러나 유로화를 유치하라는 압박을 야기하고, 그렇게 되면 로컬 문화의 진정성은 무너져 버릴 것이기 때문이다(Barberia 2002). 이러한 사례로, 헤밍웨이가 좋아했던 아바나 비에하의 술집들이나, 부에노스 아이레스(Buenos Aires)의 산 텔모(San Telmo), 라 보카(La Boca)지구에서의 탱고춤을 들 수 있다. 헤밍웨이와 탱고춤이라는 이미지는 사실 해당 지역의 역사와 큰 관련이 없음에도, 전통유산을 홍보하는 데 엄청난 효과를 가져온다. 그리고 그러는 동안 관광객들은 이러한 재현의 역사적 진실성에 대해서는 알지 못하게 될 것이다. 사실, 관광객들은 진실에 대해 크게 신경 쓰지 않을 수도 있다(Urry 2002). 데이비드 로웬탈(David Lowenthal 1985)이 지적했듯이, 역사 경관을 재건하는 것은 사실 여부가 의심될 수 있더라도, 오늘날 현지 거주민들과 관광객들에게 친숙함을 안겨 주고, 일종의 지침서를 제공해 준다. 분명한 것은, 전통유산 관광이 현지인들의 사회사를 정당화하고 과거에 대한 긍정적인 이미지들을 그려 낸다는 것이다. 라틴아메리카는 브라질의 파벨라(favela, 슬럼) 관광(Mahieux 2002), 남미의 이민자 유산 관광(Schlüter 2000), 인권 관광(Burtner 2002; Haddock 2002), 역사지구(Scarpaci 2005) 등과 같은 다양한 전통유산 관광지를 보유하고 있다.

전통유산에 관한 쿠바 내부의 논의는 다른 중남미 국가들을 뒤흔들고 있는 신자유주의 경제 흐름에서 벗어나 있다. 브레글리아(Breglia 2006)는 멕시코의 전통유산을 일컬어 다양한 공적·사적 행위자들이 문화유산(cultural patrimony)을 관리할 권리를 갖기 위해 경쟁하는 장이라고 밝혔다. 1990년대 초부터 그녀는 농민, 소수민족, 정치인, 유산 관리인, 지역 개발자가 어떻게 고고학 유적지 관리 규율을 합법화하는 방식을 통해 문화유산을 통제하려 했는지 보여 주었다. 이와 같은 논의는 남미에 만연해 있는 민영화 정책에 반대하는 것이었다. 쿠바는 지금까지 이런 쟁점들로부터 벗어나 있었지만, 피델 카스트로(Fidel Castro)의 쿠바에서 유산 프로젝트의 재원 지원이 어떻게 전개될 것이며, 영리를 목적으로 하는 관리 협약이 섬에 어떤 영향을 끼칠 것인지는 분명하지 않다.

전통유산을 둘러싼 이러한 이슈와 논의들을 바탕으로 이 장에서는 쿠바의 전통유산 지역에 대해 간단히 검토해 보고자 한다. 이 지역들은 유네스코 선정 세계유산 목록에 포함되어 있다. 다음 절에서는 유네스코 프로그램에서 쿠바가 어떤 방식으로 참여하고 있는지 쿠바의 참여에 대해 기술하고, 국제적 맥락 속에 쿠바 섬의 전통유산 자취를 위치시키고자 한다. 나머지 부분에서는 쿠바의 9개 세계유산 지역과 국가 랜드마크, 보호 구역의 주된 특징을 요약할 것이다. 마지막으로 쿠바에서 전통유산 경관과 그 중요성을 다룬 앞선 문헌들에 대해 다시 논의하면서 글을 마무리 짓고자 한다.

쿠바의 국가 유적과 세계유산 지역

1981년 쿠바는 세계유산 협약에 조인했으며, 그 1년 전에 아바나 구시가지가 유네스코의 세계유산 목록에 등재되었다. 세계유산 협약은 문화 자산의 보존(preservation)과 풍부한 자연 요소들의 보전(conservation)을 장려한다. 유네스코의 유산 목록은 특정 지역의 사람들이 문화와 자연 환경 사이의 미묘한 균형을 유지하기 위해 어떻게 상호작용하는지를 강조한다. 세계유산 등재 기준에서는 "뛰어난 보편적 가치"를 지닌 장소를 요구한다. 특히, 10개의 유산 평가 기준이 있으며(표 4.1), 앞으로 논의할 각각의 장소에 대해 이 기준을 인용할 것이다(로마자 소문자 사용). 쿠바의 경우 총 9개의 세계유산이 등재되어 있는데, 이 중 7개는 문화유산이며 2개는 자연유산이다(표 4.2). 원주민 인구가 없다는 점과 쿠바의 좁은 영토를 고려해 보았을 때, 쿠바는 다른 카리브 해나 라틴아메리카 국가뿐만 아니라 유럽, 아프리카, 아시아 국가들과 비교해 봐도 상당히 많은 세계유산이 등재되어 있다.

2009년 중반, 유네스코의 세계유산 목록은 총 878개였으며, 이 중 679개 (77.3%)는 문화유산, 174개(19.8%)는 자연유산이었고, 25개(2.8%)는 복합유산

표 4.1. 세계유산 선정 기준과 쿠바의 전통유산이 갖춘 조건

ⅰ 인간의 창의성으로 빚어진 걸작을 대표할 것; **데셈바르코 델 그란마(Desembarco del Grama) 국립공원.**

ⅱ 오랜 세월에 걸쳐 또는 세계의 일정 문화권 내에서 건축이나 기술 발전, 기념물 제작, 도시 계획이나 조경 디자인에 있어 인간 가치의 중요한 교환을 반영할 것; **시엔푸에고스(CienFuegos) 역사 지구, 알렉산더 폰 훔볼트(Alexander von Humbolt) 국립공원.**

ⅲ 현존하거나 이미 사라진 문화적 전통이나 문명의 독보적, 또는 특출한 증거일 것; **쿠바 남동부 최초 커피 재배지의 고고 경관, 데셈바르코 델 그란마 국립공원.**

ⅳ 인류 역사에서 중요 단계를 예증하는 건물, 건축이나 기술의 총체, 경관 유형의 대표적 사례일 것; **아바나 옛 시가와 요새, 산티아고 쿠바의 산 페드로 데 라 로카(San Pedro de la Roca) 성, 트리니다드와 로스 인헤니오스(Los Ingenios) 계곡, 비날레스(Viñales) 계곡, 알렉산더 폰 훔볼트 국립공원, 카마구에이 역사 지구.**

ⅴ 특히 번복할 수 없는 변화의 영향으로 취약해졌을 때, 환경과 인간의 상호작용 및 문화를 대변하는 전통적 정주지나, 바다의 사용을 예증하는 대표적 사례; **아바나 옛 시가와 요새, 산티아고 쿠바의 산 페드로 데 라 로카 성, 트리니다드와 로스 인헤니오스 계곡, 카마구에이 역사 지구.**

ⅵ 사건이나 실존하는 전통, 사상이나 신조, 보편적으로 중요하고 탁월한 예술 및 문학작품과 직접 또는 가시적으로 연관될 것(다른 기준과 함께 적용할 것을 권장).

ⅶ 최상의 자연현상이나 뛰어난 자연미와 미학적 중요성을 지닌 지역을 포함할 것.

ⅷ 생명의 기록이나, 지형 발전상의 지질학적 주요 진행 과정, 지형학이나 자연지리학적 측면의 중요 특징을 포함해 지구 역사상 주요 단계를 입증하는 대표적 사례.

ⅸ 육상, 민물, 해안 및 해양 생태계와 동식물 군락의 진화 및 발전에 있어 생태학적, 생물학적 주요 진행 과정을 입증하는 대표적 사례일 것.

ⅹ 과학적 관점이나 보존 관점에서 볼 때 보편적 가치가 탁월하고 현재 멸종 위기에 처한 종을 포함한 생물학적 다양성의 현장 보존을 위해 가장 중요하며 의미가 큰 자연 서식지를 포괄.

출처: UNESCO(2006a)

표 4.2. 전 세계의 세계유산, 2009(일부 국가만 선정).

아르헨티나	8	과테말라	3
방글라데시	3	아이티	1
벨기에	9	온두라스	2
벨리즈	1	인도네시아	7
볼리비아	6	일본	14
브라질	17	케냐	4
캐나다	13	레바논	5
칠레	4	멕시코	29
중국	31	뉴질랜드	3

콜롬비아	5	니카라과	1
쿠바	**9**	북한	1
코스타리카	3	노르웨이	7
체코	12	파나마	5
콩고	5	페루	10
도미니카 공화국	1	남아프리카	8
엘 살바도르	1	시리아	5
프랑스	33	미국	20
그리스	16	베네수엘라	3

출처: UNESCO(2009).

이다. 세계유산 목록은 점점 늘어나고 있다*(United Nations Educational, Scientific, and Cultural Organization 2007). 리투아니아에서 열린 2006년 연례 컨벤션에서 37개 후보 지역에 대한 심사가 이루어졌는데, 30개 국가에서 27개의 문화유산, 8개의 자연유산, 2개의 복합유산, 그리고 3개의 월경(越境) 지역이 포함됐다(Doubleday 2006). 2009년에는 186개국이 세계유산 협약을 비준하였다.

쿠바의 세계유산

쿠바는 9개의 세계유산을 자랑한다. 6개는 문화환경[쿠바 남동부 최초 커피 재배지의 고고(考古)경관, 시엔푸에고스 역사 지구, 아바나 옛 시가와 요새, 쿠바 산티아고의 산 페드로 데 라 로카성, 트리니다드와 로스 인헤니오스 계곡, 비냘레스 계곡]이며, 2개는 자연환경(알렉산더 폰 훔볼트 국립공원, 데셈바르코 델 그란마 국

---

* 역자주: 2016년 8월 현재 세계유산은 총 1,052점이 있으며, 이 중 문화유산이 814점, 자연유산 203점, 복합유산이 35점이다(UNESCO, 2016).

쿠바의 경관

립공원)이다(표 4.3). 이 경관들은 쿠바 섬 전역에 고르게 분포해 있다(그림 4.1).
1992년부터 유네스코는 기존의 문화환경과 자연환경 간의 상호작용을 나타
내기 위해 "문화경관"이라는 용어를 사용해 왔다(United Nations Educational,
Scientific, and Cultural Organization 2006a). 유네스코는 뉴질랜드의 통가리로
국립공원(Tongariro National Park)에 최초로 문화경관이라는 용어를 사용했
는데, 이곳이 마오리족 원주민과 땅 사이의 정신적 교감을 보여 줬기 때문이
다(Rössler 2004b). 유네스코가 지정한 37개의 "문화경관" 중 2개가 쿠바의 비
냘레스 계곡과 쿠바 남동부 최초 커피 재배지의 고고 경관이다(United Nations
Educational, Scientific, and Cultural Organization 2006a). 다음 부분에서 자연
유산을 먼저 살펴보고, 문화유산을 다루고자 한다.**2**

자연유산

구 소련이 붕괴하고 동구권 국가들이 와해되기 전, 중앙집권적 경제가 자연
환경에 끼치는 영향에 대해 마땅히 예상되는 우려의 목소리가 존재했다. 이런
우려의 핵심은 "과학적인" 지침을 토대로 운영되는 중앙계획국가들이 산업
및 도시 외부효과에 대해서는 별 관심을 기울이고 있지 않다는 것이었다. 유

표 4.3. 쿠바의 유네스코 세계유산 지역

장소	위치	문화유산, 자연 유산 여부(선정 연도)	기여
알렉산더 폰 훔볼트 국립 공원	올긴(Holguín) 주, 관타나모 (Guantánamo) 주 N20°27′ W75°0′	자연유산(2001)	쿠바 고유의 동물군과 식물군의 다양성 및 집중도가 높다. 다양한 지형과 고도, 풍부한 암석, 담수 생물 다양성은 카리브 해 지역에서 가장 큰 유역에 그 뿌리를 두고 있다. 1800년대 초반 쿠바에서 연구를 진행했던 알렉산더 폰 훔볼트의 이름을 붙였다.

쿠바 남동부 최초 커피 재배지의 고고 경관	산티아고 (Santiago) 주, 관타나모 주 N20°01′48″ W75°23′29″	문화유산(2000); "문화경관"으로도 지정	시에라 마에스트라(Sierra Maestra) 산기슭에 있는 19세기 커피 플랜테이션은 가파른 지형을 깎아 만든 진취적인 농업 시스템의 증거이다. 건축물은 당시 카리브 해 지역의 기술, 사회, 경제적 조건을 나타낸다.
시엔푸에고스 역사 지구	인구 15만 명의 중남부 항구 도시 N 22°08′50″ W80°27′10″	문화유산(2005)	쿠바 역사에서 상대적으로 최근(1819)에 프랑스인들이 정착한 시엔푸에고스는 주요 농업무역 센터이자 항구로 자리매김하였다. 시엔푸에고스 역사 지구는 19세기 라틴아메리카의 근대성과 위생의 개념을 포괄하는 절충주의 건축의 총체를 보여 준다.
데셈바르코 델 그란마 국립공원	국립공원, 쿠바 남동쪽 끝 N19°53′ W77°38′	자연유산(1999)	1986년 국립공원으로 지정된 2만 6,000헥타르의 지역에는 융기한 해안단구와 카르스트 지형을 가장 잘 보여 주는 사례들이 포함되어 있다. 대서양에서 가장 아름다운 자연 경관 중 하나로 여겨진다.
아바나 옛 시가 (아바나 비에하)	아바나 시 N 23°8′ W82°21′	문화유산(1982)	1519년 디에고 벨라스케스 데 쿠에야르(Diego Velázquez de Cuéllar)가 세운 쿠바 최초의 7개 정착지(마을) 중 하나이다. 산 크리스토발 데 라 아바나(San Cristobal de la Habana) 유적의 중심지와 16세기에서 18세기에 걸친 요새화 과정을 포함하고 있다. 아바나 시의 15개 관할 구역 중 하나인 아바나 비에하 지역의 상당 부분을 포함하고 있다.
산티아고 쿠바의 산 페드로 데 라 로카 성	산티아고 데 쿠바 시 N19°58′0″ W75°52′15″	문화유산(1997)	요새는 산티아고 데 쿠바 항의 입구에 위치해 있다. 이탈리아와 르네상스 양식에서 파생된 스페인 식민지 군사 건축의 대표적인 사례로 간주된다.
트리니다드와 로스 인헤니오스 계곡	쿠바 중남부, 상크티 스피리투스 주 N21°48′11″ W79°59′4″	문화유산(1988)	트리니다드와 그 주변의 계곡은 18세기와 19세기 설탕 생산이 활발했던 곳이며, 특히 19세기 초반의 경관에는 제당공장(ingenios)이 지배적으로 나타났다.
비날레스 계곡	피나르 델 리오 주 N22°37′ W83°43′	문화유산(1999); "문화경관"으로도 지정	거대한 석회암이 침식되고 남은 탑 카르스트 혹은 모고테(mogotes)가 눈에 띄는 계곡이다. 수 세기 동안 변함없는 쿠바 제1의 담배 생산 시스템을 포함하고 있다. 독특한 토착 건축과 앤틸리스 지역의 다양한 민족을 아우르는 인구구성을 보인다.

① 비냘레스
② 아바나 옛 시가
③ 트리니다드와 로스 인헤니오스 계곡
④ 시엔푸에고스 역사 지구
⑤ 데셈바르코 델 그란마 국립공원
⑥ 산 페드로 데 라 로카 성
⑦ 쿠바 남동부 최초 커피 재배지의 고고경관
⑧ 알렉산더 폰 훔볼트 국립공원
⑨ 카마구에이 역사 지구

그림 4.1. 쿠바 내 유네스코 세계유산의 위치, 2009.

엔개발기구(UNDP)와 같은 외부 기관에서 위생 통계를 검증하고 환경 영향도를 입증하는 것은 사실상 불가능했다. 소비에트 연방 국가들이 냉전이라는 제로섬 게임에서 자신들만의 군산 복합체를 구축함에 따라, 스탈린 주의자들과 포스트-스탈린주의자의 산업화 정책이 (환경파괴의) 주범으로 판명되었다. 공산주의 진영에서는 자본주의가 끊임없이 이윤을 추구할 때에나 환경파괴가 발생한다고 보았으나, 소비에트 연방은 반드시 "생태계를 파괴(ecocide)"할 것이라는 목소리 역시 당연히 존재했으며, 이는 후기공산주의자들의 환경 영향도에 관한 세밀한 분석을 통해 입증되었다. 페쉬백과 프렌들리(Feschback and Friendly 1992, 1)는 베를린 장벽이 붕괴된 직후 소비에트 연방에 대해 이렇게 적었다. "다른 어떤 위대한 산업 문명도 그렇게 체계적으로 오랫동안 땅, 공기, 물, 사람을 오염시킨 적이 없다. 공중보건을 개선하고 자연을 보호하기 위한 노력을 중요하게 여긴 사람은 없었다." 쿠바가 30년 동안 경제상호원조회의(CMEA, Council for Mutual Economic Assistance)를 지지했다는 점을 고려했을 때, 다음과 같은 질문이 적절할 것 같다: "카리브 해의 진주"에 대한 환경 실태는 어떠한가?

1981년에 통과된 "33법안"은 25페이지 분량의 짧은 문서로, "환경에 관한 쿠바 공산당 원칙"에 근거해 환경보호에 대해 기술한 것이다(Segre, Coyula, and Scarpaci 1997, 169). 과거 소련에서와 마찬가지로, 환경 파괴는 산업 자본주의의 부작용으로 여겨졌다. 또 다른 분석에서는 사회주의 쿠바의 환경 정책을 "자본주의 세계의 무분별한 천연자원 사용과 대비되는 공산주의 국가의 현명한 자원 사용"이라고 요약했다(Barba and Avella 1996, 34-35). 쿠바의 환경 실태는 특히 산업 폐기물 경시, 혁명 초기 개간 사업의 확대, 도시 상하수 시설의 부재 등으로 비판받아 왔으나(Díaz-Briquets and Pérez-López 2000; Scarpaci et al. 2002, ch.10), 지난 반세기 동안 점진적인 섬의 재조림 사업이 이루어지고 있다.

예를 들어, 1812년에 섬의 조림률은 90%에 달했다. 1900년에는 사탕수수 경작의 확산으로 조림률이 54%까지 하락했으며(Scarpaci and Portela 2005), 1959년까지 지속적으로 감소하여 14%에 이르렀다. 그러나 1975년, 산림복원 프로그램이 다시 시작됨에 따라 조림률은 18%로 상승했으며, 오늘날은 대략 20% 수준을 유지하고 있다(*Atlas de Cuba* 1978, 40; Linden 2003). 상대적으로 낮은 인구밀도, 지형적으로 접근하기 어려운 지역들, 그리고 초창기 쿠바 동부의 토지 보전 등이 이러한 복원율의 이유일 것이다. 린든(Linden 2003, 102-103)의 주장에 따르면, 1957년 카스트로의 게릴라들이 *그란마*(Granma)를 타고 쿠바 산티아고 지역에 다다랐을 때 문맹 농부 기예르모 가르시아 프리아스(Guillermo Garcia Frias)는 이들을 숨겨주었다. 린든에 의하면 그는 바티스타 정권이 무너지고 세워진 카스트로 정부에서 정치적 지위를 얻었던 것으로 보이며, "자연 애호가"인 "가르시아는 시에라 마에스트라를 보전하기 위해 많은 노력을 기울였다"(Linden 2003, 102). 이런 이유들은 차치하더라도, 쿠바는 이

제부터 서술할 굉장한 자연유산들을 자랑한다.

알렉산더 폰 훔볼트 국립공원(Alejandro de Humbolt National Park)

알렉산더 폰 훔볼트 공원은 그란마(Granma) 주 남동쪽 끝에 위치해 있다. 이 보호구역은 쿠바에서 가장 중요한 생물다양성 지역일 것이다. 앞서 언급했던 것처럼, 이 공원은 1800~1801년, 그리고 1804년에 쿠바를 방문한 독일인 박물학자의 이름을 딴 것이다(Humboldt 2001).

공원의 동식물군은 산, 계곡, 평원, 해안단구, 사주, 산호초와 같은 경관의 다양한 요소들을 망라하고 있다. 이 공원은 카리브 해 도서 지역의 육지 생물의 다양성과 보전을 위한 핵심 서식지이다. 이곳에는 쿠바에서만 자생하는 28개 식물 중 16개 식물이 서식하고 있어, 독특한 생물지리학적 영역을 형성하고 있다. 레온 모야(León Moya 2001)에 따르면, 이 공원은 뉴칼레도니아, 뉴질랜드와 함께 지구상에서 고유종의 밀도가 가장 높은 곳이다. 쿠바 고유종 전체의 3분의 1에 해당하는 905종이 공원 내에 서식하고 있다. 발견된 1,302개의 종자식물 중 약 70%는 공원 고유종이다. 따라서 이곳은 "지구상에서 생물학적으로 가장 다양한 육지 열대 생태계 중 하나"이다(United Nations Educational, Scientific, and Cultural Organization 2008).

토아 산(Toa Peaks; *Cuchillas del Toa*)의 생물권은 쿠바의 6대 생물권에 포함되는 공원의 절반 이상을 차지한다[나머지 생물권은 바코나오(Baconao), 부에나비스타(Buenavista), 시에나가 데 사파타(ciénaga de Zapata), 과나아카비베스(Guanahacabibes) 반도, 시에라 델 로사리오(Sierra del Rosario)이다]. 공원의 북쪽 끝을 형성하고 있는 사과 바라코아(Sagua Baracoa) 산맥은 지질학적으로 가장 오래된 지역 중 하나로 중생대 쥐라기 시대(1억 6900만 년)까지 거슬러 올라가며(León Moya 2001; Marrero 1957, 33), 공원 산지의 핵심을 구성한다. 이곳에서 특히 주목할 만한 것은 쿠바 용혈수(龍血樹, the Cuban dragon tree, Dra-caena cubensis)으로, 카나리아 섬, 북아프리카, 마다가스카르에서 기원했다. 또한 조류 관찰자들은 희귀종인 대왕 딱따구리(royal woodpecker, 스페인어로 *carpinerto real*, 또는 *Campephilus principalies bardili*)를 찾아 헤맨다(*Atlas de Cuba* 1978,41). 어떤 사람은 한 발 더 나아가 "만약 지구 어딘가에 대왕 딱따구리가 존재한다면, 그건 훔볼트 공원 깊숙한 곳에 위치한 고원 꼭대기일 것이다"라고 말하기도 하였다(Linden 2003, 98).

데셈바르코 델 그란마 국립공원(Desembarco del Granma National Park)

1999년, 유네스코는 데셈바르코 델 그란마 국립공원을 세계유산 목록에 추가했다. 이 공원은 1956년 피델 카스트로와 82명의 저항 세력이 풀헨시오 바티스타(Fulgencio Batista) 정부를 전복시키기 위해 멕시코에서 출발해 쿠바로 상륙한 것(desembarco)을 기념하여 이름 붙여졌다. 그들이 멕시코에서 구입한 배의 이름이 그란마(Granma)였으며, 1975년 산티아고 데 쿠바에서 분리되어 새롭게 만들어진 세 개의 주 중 하나에 이 이름이 붙여졌다. 쿠바 공산당이 공식적으로 발행하는 일간신문의 이름 또한 그란마이다.

이 공원은 해안단구층과 전형적인 카르스트 지형에 주목할 만하다. 이 지역은 카리브 해 판과 북아메리카 판이 충돌하면서 융기가 일어난 지각변동의 대표적인 사례이다. 단구와 절벽은 매우 인상적이며, 독특한 생태계를 만들어냈다. 유네스코는 이곳이 남미와 캐나다 해역에 이르기까지 대서양 서부에서 가장 잘 보존된 해안절벽이라고 평가했다(United Nations Educational, Scien-tific, and Cultural Organization 1999).

1999년의 공표에서, 유네스코는 국가의 경제 상황이 어려움에도 불구하고 공원을 보존하려는 쿠바 정부의 노력을 높이 샀다(United Nations Educational, Scientific, and Cultural Organization 1999). ICOMOS(국제 기념물 및 유적위원회) 국가위원회에서는 세계유산 기금에 기술 지원을 요청하여 공원 관리에 관광 관리 계획이 포함될 수 있도록 조치를 취했다.

문화유산

쿠바 남동부 최초 커피 재배지의 고고경관

엘리트 계층이 휴식 시간에 마셨던 초콜릿 음료는 식민지 역사의 초기 2세 기 동안 많이 소비되었다. 1750년경 커피가 도입되기 전까지 초콜릿 음료는 인기가 높았다. 이 당시 아이티와 도미니카 공화국에서는 커피 생산체계가 확 립되었으며, 상인들이 산토 도밍고(Santo Domingo)에서 쿠바로 커피를 가져 온 것으로 추정된다. 3장에서 논의한 것처럼, 1791년 아이티의 노예반란으로 생산자와 무역업자들은 히스파니올라(Hispaniola) 섬에서 쫓겨났으며, 상당수 는 쿠바와 뉴올리언스(New Orleans, 당시 프랑스령)에 정착했다. 산티아고 데 쿠바는 쿠바 제1의 커피 산지가 되었다. 시에라 마에스트라의 습하고, 서늘한 식림 사면(forested slope)은 커피 생산에 유리했다(Portela 2003). 유네스코는 이 오래된 커피 플랜테이션을 "문화경관"으로 지정하였는데, 이는 이곳이 자 연경관과 인간이 상호작용하는 독특한 방식(계단식 논을 조상하는 것에서부터 커 피를 심고 수확하는 생산 과정에 이르기까지)을 잘 보여 주기 때문이었다.

쿠바 커피는 프랑스 식민지로부터 기원했기 때문에, 프랑스의 문화 관습 또 한 스페인 식민지에 뿌리내기기 시작하였다. 1800년대 초반, 프랑스 음악과 문화에 대한 관심이 증가하면서 아바나와 산티아고에 카페가 우후죽순처럼 생겨나기 시작했다(Segre et al. 1997). 시에라 마에스트라와 고원 일대는 커피 플랜테이션에 적합한 기후환경을 가지고 있었다. 프랑스인 이주자들(French émigrés)은 초목이 우거진 쿠바 남동부 지역의 토지를 확보했다. 커피 생산 투자는 내수와 수출 모두에 있어 수익성이 있었기 때문에 얼마 지나지 않아 설탕 생산과 경쟁하게 되었다. 그러나 코스타리카, 브라질, 베네수엘라에 대한 투자에 따른 증가로 경쟁이 치열해지면서 쿠바 커피 시장은 피해를 입게 되었다. 19세기 후반까지 쿠바 섬은 스페인과 자주 전쟁을 벌였으며, 가장 잘 알려진 것으로는 10년 전쟁이 있다(1868~1878).

2000년에, 유네스코는 19세기 커피 지구의 잔재를 포함한 쿠바의 세계문화유산 목록 신청서를 긍정적으로 받아들였다. 이 부근의 커피 플랜테이션 중 일부는 아직도 운영되고 있다. 쿠바는 주로 향이 풍부하고 상대적으로 카페인 함량이 적은 아라비카 원두를 생산한다. 국내외 소비시장에서 가장 유명한 커피 브랜드로는 카라콜리요(Caracolillo), 크리스탈 마운틴(Cristal Mountain), 쿠비타(Cubita), 세라노(Serrano), 투르키노(Turquino) 등이 있다.

시엔푸에고스(Cienfuegos)

시엔푸에고스 역사 지구는 쿠바에서 가장 최근에 세계유산 목록에 등재된 지역이다. 16세기 스페인 사람들이 정착했던 아바나와 산티아고와는 달리, 시엔푸에고스는 당시 총독이었던 호세 시엔푸에고스에게 보르도(Bordeaux)와 루이지애나(Louisiana) 출신의 프랑스인 이민자들이 카리브 해 심해 일대에 항구 도시를 건설할 수 있도록 허가를 청원하면서 건설되었다. 표 4.1에서 확인할 수 있듯이 시엔푸에고스는 문화 기준 (ii)와 (iv)를 충족한다. 특히, 시엔푸에고스 역사 지구는 스페인 계몽주의 시기의 건축 계획을 보여 준다. 또한 이 지역은 토지이용에 따라 주거지에서 산업 지역을 분리하거나 가능한 격자형으로 계획된 19세기 라틴아메리카 도시 계획(그림 4.2)도 일부 보여 준다(Hardoy

그림 4.2. 아래: 시엔푸에고스 시청(*ayuntamiento*)은 유네스코 문화유산의 중심부인 중앙 광장 남쪽에 위치해 있으며, 현재는 도청 소재지이다. 이 건물의 돔은 1930년에 완공된 아바나의 의사당을 본떠 만든 것인데, 아바나의 의사당 또한 워싱턴 D.C.에 있는 국회의사당 건물을 본떠서 만든 것이다. 위: 동일한 광장에 있는 성당과 정자.

1992).

ICOMOS 위원회의 "결정문"에 따르면, 시엔푸에고스의 중앙 광장은 "근대성, 위생, 질서에 관한 새로운 관념을 구현하는 건축학의 총체"이다(United Nations Educational, Scientific, and Cultural Organization 2006b). 호세 마르티(Parque Marti) 공원 광장 주변에는 푸리시마 콘셉시온(Purisima Concepción) 성당(1833-1869), 도립(Provicial) 박물관(1896), 페레르(Ferrer) 궁(그림 4.3), 토마스 테리(Tomas Terry) 극장(1886-1889) 등과 같이 일련의 흥미로운 건물들이 자리 잡고 있다. 이런 특성 때문에 쿠바인들은 시엔푸에고스를 "남부의 진주"라고 부른다.

아바나 옛 시가와 요새

구 아바나를 구성하는 1.42km²(142헥타르)의 지역(Habana Vieja, 아바나 비에하)은 법적으로 보호된 구역이며 거의 오백 년 된 건물과 공공장소들이 역동적인 층위를 구성하고 있다. "도시에서, 시간이 눈에 보이기 시작한다(in the city, time becomes visible)"라는 루이스 멈퍼드(Lewis Mumford 1986)의 명언이 진실성을 가진다면, 아바나야말로 이를 가장 잘 보여 주는 도시일 것이다. 1519년 최초의 정착지들(villas) 중 하나로 설립된 아바나 비에하는 본디 푸에르토 카레나(Puerto Carena)라고 불리던 만(오늘날 아바나 만 혹은 Bahía de la Habana라 불림)의 서쪽 끝에 자리 잡기 전까지 위치가 두 번 바뀌었다. 1516년 당시 첫 번째 위치는 오늘날 바타바노 항 근처 남쪽 해안에 위치한 섬이었다. 하지만 습지와 가깝고 만이 무방비 상태라는 이유로 디에고 데 벨라스케스의 일행을 따르던 군사 원정대는 알멘다레스강(오늘날 베다도와 미라마르 주를 나누는 경계) 근처 북쪽 지역(플로리다 해협—대서양)으로 이전했다. 얼마 지나지 않아 현재의 아바나 비에하가 정착지로 선정되었는데, 항만이 자루의 형상을 하

그림 4.3. 페레르 궁은 시엔푸에고스 유적 내에 있는 마르티 공원의 서쪽 끝에 자리 잡고 있다. 이는 1900년대 초반 부유한 설탕 부호였던 호세 페레르 시레스(José Ferrer Sirés)가 만들었으며, 파란색 모자이크 지붕과 나선형 계단이 독특한 곳이다. 근처의 테리 극장에서 노래를 불렀던 엔리쿠오 카루소 같은 유명한 오페라 가수들이 시엔푸에고스 방문 기간 동안 페레르 궁에서 지냈다고 알려져 있다.

고 있고 방어에 보다 유리했기 때문이다.

　남미와 카리브 해 일대에서 아바나 시 역사 지구인 아바나 비에하만큼 주목을 받는 유산은 없을 것이다. 역사 지구에 대해서 그동안 많이 서술해 왔으므로, 여기서는 간단히 언급하고자 한다. 이곳은 유네스코 지정 지역으로는 상대적으로 규모가 크며, 약 8만 5,000여 명의 사람들이 거주한다. 혁명 전후의 여러 정부가 방치해 두었던 이 지역은 1982년 유네스코 유산 목록에 추가되었다. 1990년대 중반에서야 건설사와 쿠바 국영 여행사(Habaguanex), 부동산 업체들이 에우세비오 레알(Eusebio Leal) 박사가 이끌던 도시 역사 사무소(The City Historian's Office)와 연계하여 체계적으로 아바나 비에하를 복원하기 시작했다. 여기에는 아메리카 대륙에서 가장 규모가 큰 식민지 건축물 일부가 포함되어 있다(그림 4.4). 세 개의 중앙 광장[카테드랄(Catedral), 아르마스(Armas), 비에하]과 몇몇 보행자로[프라도(Prado), 오비스포(Obispo)]에서 역사 보존 프로젝트가 진행되고 있다(Colantonio and Potter 2006a; 2006b; Edge, Woofard, and Scarpaci 2006; Scarpaci 2000; Scarpaci et al. 2002를 참조).

아바나 도시 역사 사무소는 아바나 비에하 지역뿐만 아니라, 쿠바 전체 경제 발전의 원동력이 되어 왔다. 사무소의 1년 예산은 1993년 300만 달러에서

그림 4.4. 산 프란시스코(SanFrancisco) 광장과 구 산 프란시스코 성당이 배경에 있으며, 시에라 마에스트라 창고와 해안 터미널이 왼쪽에 있다(아바나 만 쪽). 현재 교회는 로마 카톨릭 교회가 아니라 주로 아바나 도시 역사 사무소에서 운영하는 콘퍼런스, 회의, 콘서트 리사이틀 장소로 사용된다.

2000년 6,000만 달러 이상으로 급증하였다. 도시 역사 사무소는 건설 현장(카레나 항, Puerto de Carena), 부동산[페닉스와 아우레아(Fénix and Aurea)], 역사 보전 및 관광(Habaguanex, 쿠바 국영 여행사), 여행[산 크리스토발(San Cristobal)], 유적 복원 및 기타 업종 전반에서 6,000여 명의 직원을 고용하고 있다(Scarpaci et al. 2002, 340-343). 아바나 도시 역사 사무소는 방대한 양의 재개발 프로젝트 목록을 자랑한다. 그러나 구 아바나의 전통유산 관광으로 발생한 실제 수익, 국고로 보내지는 부분, 실제로 지역 주민에게 주어지는 수익 간의 비율은 확실하지 않다(Colantonio 2004). 한편 본 사무소가 주거 재건사업 목표로 삼았던 빈민 거주지 산 이시드로(San Isidro)가 아바나 비에하 남쪽 끝에 위치하고 있는 점은 눈여겨볼 만하다. 트리니다드에서의 접근 방식과는 달리, 도시 역사 사무소의 인력은 다방면에 걸쳐 있으며, 그 노력은 관광과 설탕 생산에서 막대한 어려움을 겪어 온 아바나와 국가 경제의 주요 동력이다.

또 다른 논란의 여지가 있는 문제는, 아바나 비에하의 거주민들이 추방되는 것이다. 특히 이들은 아바나 만에서 건너편 아바나 델 에스테(Habana del Este)의 공공주택으로 쫓겨난다. 현재 쿠바의 정책은 외국 관광 투자와 외국 자본과의 민관 파트너십을 최우선으로 삼고 있으며, 도시 역사 사무소는 아바나 비에하를 재활성화하기 위해 주로 유럽 투자자들과 계약을 맺고 있다. 문화재 보존은 국가의 환경적, 사회경제적 자원을 지원할 뿐만 아니라 사회 안정성을 향상시킨다. 콜란토니오(Colantonio 2005)는 아바나 비에하 재활성화 사업이 그간 혁명의 "명예 훈장"과도 같았던 보건, 스포츠 분야의 핵심 인력을 끌어들이고 있다고 지적한다. 이런 직업 이동이 발생한 것은 관광 부문에서 국내통화로도 보다 높은 소득을 얻을 수 있으며, 팁을 통해 외화에 접근할 수 있기 때문이다. 스카파시(Scarpaci 2005, 141-145)가 수행한 포커스 그룹 연구에서 아바나 비에하의 주민들은 일반적으로 전통유산 관광의 혜택에 대해 비관적이었으나, 이런 냉소주의적 반응은 카르타헤나(Cartagena), 컬럼비아, 쿠엥카(Cuenca), 에콰도르 유네스코 유적지의 거주자들과 크게 다르지 않았다. 이런 지역 재생을 위한 노력에도 불구하고 습기, 폭풍, 유지 보수 부족, 높은 기온 등으로 쇠약해진 구 아바나의 낡은 구조물들을 복구할 만큼 복원이 빠르게 진행되지 않고 있다.

유네스코는 문화유산을 지정할 때 군사 방어시설 또한 포함시켰다. 엘 모로(El Morro, 사진 4.5), 레알 푸에르사(Real Fuerza), 라 푼타(La Punta), 라 카바냐(La Cabaña) 요새는 한 구역 내에 집중된 식민지 건축물로는 서반구 일대에서 가장 큰 규모를 자랑한다. 르네상스 양식과 16세기에서 18세기 사이의 이탈리아 군사 설계에서 영감을 얻은 이 요새는 1861년까지 아바나 비에하를 둘러싼 성벽을 보완하는 역할을 했으나, 군사력의 퇴보로 철거되었다. 식민지 통치 기간에는 10월 말 허리케인 시즌이 끝난 뒤 멕시코와 남미에서 부가 물밀듯이 쏟아져 나왔는데, 이런 요새 네트워크는 아바나에서 카디스로 이동하는 함선들을 지켜 주었다.

그림 4.5. 엘 모로 성

쿠바의 경관

과거 성–요새였던 이곳은 이제 박물관이나 복합유산으로 기능한다. 라 푼타(1589년에서 1600년 사이 만의 서쪽 출입구를 방어하기 위해 지어짐)에는 현재 해군 박물관이 위치해 있다. 카스티요 데 로스 트레스 산토스 레예스 델 모로(Castillo de los Tres Santos Reyes del Morro, 혹은 줄여서 엘 모로)는 1589년에서 1630년 사이에 건축되었다. 엘 모로는 자루 모양 만의 동쪽 입구에 있는 바위 절벽에 위치하여, 다각형의 형태가 인상적인 요새이다. 박물관은 주로 군대, 해군에 관련한 소장품들을 보유하고 있으며 1840년대부터 사용된 등대를 보러 많은 관람객들이 온다.

라 카바냐(산 카를로스 데 라 카바냐 요새, Forteleza de San Carlos de la Cabaña)는 1762년 영국이 도시를 점령하자 이에 대한 반동으로 1774년에 지어졌다. 이 요새는 아바나 비에하가 내려다보이는 높은 산등성이에 자리 잡고 있으며, 동쪽에서 지속적으로 가해진 공격을 막기 위해 설계되었다. 식민지 시대에는 아바나의 관문을 닫을 때 대포 발사 의식이 있었다. 매일 저녁 이 의식을 재현하는 행사가 열린다(그림 4.6).

라 카바냐는 복잡한 역사를 가지고 있으며 현대 쿠바에서 전통유산 경관이 갖는 의미에 대해 수많은 해석을 가능하게 한다. 이곳에는 현재 체 게바라를 기리는 박물관이 있다. 그러나 1959년 혁명 승리 직후 열린 군사재판소(Comisión Depuradura)의 수장으로서의 게바라의 역할에 대해서는 거의 관심을 가지지 않는다. 몇몇 사람들은 이러한 법원이 "꼭두각시" 같았으며, 체계적인 사법 절차를 무시하고, 국가 비상사태 동안 제정된 군사 법원의 절차를 따랐다고 주장하기도 한다(Brown and Lagos 1991; Valladares 1986; Vargas Llosa 2005). 라 카바냐는 쿠바 작가인 레이날도 아레나스(Reinaldo Arenas, 1943–1990)를 포함해 정치범들을 수용했던 곳이기도 하다. 쿠바의 반체제인사이자 작가, 동성애자였던 그는 결국 투옥되고 말았다[Arenas(1991) 참조]. 1973

그림 4.6. 라 카바냐의 저녁 행사는 만 건너편 요새에서 아바나 비에하에 있는 도시 관문이 닫히는 것을 재현하는 것이다. 이는 쿠바인(미화 약 25센트 지불)과 외국 관광객(미화 약 5달러 지불)이 공공장소에서 함께 어울리는 몇 안 되는 행사이다. 쿠바 혁명군 소속의 군인들이 스페인 식민지배 당시의 군인 옷을 입고 병영에서 대포를 향해 행진한 다음, 9시 정각에 포탄을 장전하고 발사한다.

년 정부 당국은 그를 "사상 일탈 행위"의 명목으로 체포하였다. 바닥에 오물이 고여 있는 라 카바냐에서 그는 고문을 당했다. 줄리언 슈나벨(Julien Schnabel)의 영화 〈밤이 오기 전에(Before Night Falls)〉에서는 이러한 열악한 환경의 라 카바냐의 모습을 살펴볼 수 있다. 스페인 배우인 하비에르 바르뎀(Javier Bardem)이 아레나스(Arenas) 역을 맡았으며, 영화는 스페인어 원작 Antes de que Anochezca(1993)를 기반으로 했다. 투옥되어 있는 동안, 아레나스는 저술을 포기하지 않으면 죽을 것이라는 위협을 받았다. 아레나스는 자본주의와

쿠바의 경관

공산주의에 대해 묘사하며 다음과 같은 재미있는 글을 남겼다.

공산주의나 자본주의에서 엉덩이가 걷어차이는 것은 매한가지다. 두 체제에 차이가 있다면 공산주의에서는 아파도 박수를 치고 있어야 하지만, 자본주의에서는 소리를 질러도 된다는 점이다. 그리고 **나는 이곳에 소리를 지르기 위해 왔다**(Reinaldo Arenas, 1980년 마이애미에 막 도착한 후, May 14, 2006, The Sunday Times에서 인용; 강조 부분 추가).

라 카바냐 요새와 박물관에서 발표한 정보에 따르면, 이곳에는 정치범 수감이나 일반 사형 집행 기록이 없는 것처럼 보인다. 그러나 체 게바라가 주재한 사형 집행 횟수는 대략 179회에서 수천 회에 이른다(Brown and Lagos 1991). 마리오 바르가스 요사(Mario Vargas Llosa 2005)는 체 게바라의 행적을 1930년대 스탈린의 소련에서 안보 및 경찰청 책임자를 맡으며 많은 이들을 숙청했던 라브렌티 파블로비치 베리아(Lavrentiy Pavlovich Beria, 1899~1953)에 버금가는 것으로 본다. 물론, 라 카바냐의 영국 해군 공격, 해적과 관련된 전시에서 아레나스와 18세기 요새에 수용되었던 정치범(예: 양심수)들은 배제되었다. 남아프리카 로벤 섬[케이프타운에서 12km 떨어져 있음, Mandela(1994)를 참조할 것]에 투옥된 넬슨 만델라의 사례, 칠레의 피노체트가 죽은 뒤 주목받은 강제 수용소(Scarpaci and Frazier 1993), 잔학한 관광이나 홀로코스트의 사례(Ashworth 2002; Ashworth and Tunbridge 1990) 등에서 볼 수 있듯이, 다른 나라에서는 정치범 투옥, 고문, 말살과 같은 사건들이 전통유산 산업의 틈새시장이 되고 있다. 이 장에서 이야기해 온 것처럼, 쿠바의 전통유산의 해석과 박물관 전시들은 진화하고 있으며, 라 카바냐의 보다 어두운 모습 또한 언젠가 드러나게 될 것이다.

쿠바 산티아고의 산 페드로 데 라 로카(San Pedro de Roca) 성

산티아고 데 쿠바는 디에고 데 벨라스케스(Diego de Velázquez)에 의해서 설립되었으며, 쿠바의 7개 최초 정착지(villas) 중 하나였다. 이곳은 스페인 왕실이 식민 정부 권력을 아바나로 이양한 1592년까지 식민지의 수도였다. 산티아고는 해적 공격의 표적이었으며, 수도로부터 고립되어 있었기 때문에 식민 지배 기간 동안 밀거래가 이루어졌다(Martínez-Fernández 2003). 다른 쿠바의 도시들과 마찬가지로, 산티아고 데 쿠바 또한 자루 모양(혹은 주머니 모양)의 만을 끼고 있는데, 입구는 좁고 안으로 들어올수록 넓어지는 형태이다. 산 페드로 데 로카는 산티아고 데 쿠바 항의 동쪽 꼭대기에 있는 절벽에 자리하고 있다(그림 4.7).

식민지 통치자였던 페드로 데 라 로카는 1637년 이탈리아의 군사 설계자 조반니 바티스타 안토넬리(Giovanni Battista Antonelli)에게 산티아고 데 쿠바에서 남서쪽으로 약 10km 떨어진 곳에 요새 설계를 의뢰하였다. 1638년에서 1700년까지 지어진 이 요새는 400명의 군사를 수용할 수 있었다. 다른 식민 제도와 건축물(수녀원, 병원, 요새, 성 등)과 마찬가지로 이 요새는 도시를 해적으로부터 보호하기 위해 사용되다가, 1775년에는 감옥으로, 1898년 쿠바의 스페인-미국 전쟁 당시에는 요새로 바뀌었다.

요새는 등재 기준 (iv)와 (v)에 부합해서 목록에 포함되었다. 특히, 유네스코

그림 4.7. 엘 모로 성, 유네스코 세계유산, 산티아고 데 쿠바에서 저녁의 발포 행사.

쿠바의 경관

는 이 군사 시설이 "카리브 해 유럽 식민 지배층의 요구사항에 맞춘 르네상스 군사 공학을 포괄적으로 보여 준다"는 점을 인정했다(United Nations Educational, Scientific, and Cultural Organization 2006c). 건물 상층부에는 산티아고 데 쿠바의 역사를 보여 주는 판화를 전시하고 있다. 과거에도 사용되던 도르래는 해자를 가리는 다리 쪽에 놓여 있으며, 여섯 개 층에 걸친 돌계단은 복잡한 형상을 하고 있다. 이러한 구조물들은 관광객들을 산 페드로 데 라 로카의 매력에 빠지게 한다.

트리니다드와 로스 인헤니오스 계곡(Trinidad and Valle de los Ingenios)

트리니다드 또한 디에고 벨라스케스 데 쿠에야르에 의해 설립된 최초의 도시 중 하나였다. 1514년에 설립되었으며, 성 삼위일체(the holy trinity)의 이름을 땄다(스페인어로 Santísima Trinidad). 이 도시는 동부(쿠바 산티아고)와 서부(아바나) 항구 사이의 해상교통의 핵심 적환지였다. 트리니다드는 1519년 에르난 코르테스(Hernán Cortez)가 멕시코 계곡을 정복하고 유럽의 아메리카 통치 기간 중 가장 큰 대량 학살을 일으키기 전에 전열을 재정비한 곳이라는 명성 또는 오명을 가지고 있다(그림 4.8).

트리니다드의 상대적 고립으로 인해 네덜란드, 영국, 프랑스 상인들과의 불법 무역에 기반한 지역 경제가 조성됐으며, 해적의 공격에 취약해졌다. 쿠바, 카리브 해 및 북미의 다른 지역들과 마찬가지로, 아이티의 노예반란으로 프랑스 식민지의 사탕수수 대농장 주인들은 새로운 땅을 찾아 나섰으며, 이들이 쿠바 동부에 정착하면서 이곳에 독특한 토착 건축 양식이 도입되었다(그림 4.9).

트리니다드의 엘리트 계층은 설탕에 투자함으로써 이득을 얻었으며, 인접

그림 4.8. 트리니다드에는 16세기 아메리카 원주민들의 노예화와 학대에 반대한 몇 안되는 성직자 중 하나인 수사 프리아르 바르톨로메 데 라스 카사스(Friar Bartolomé de las Casas)를 기리기 위한 동상이었다. 이는 트리니다드 라스 쿠에바스(Las Cuevas) 호텔 입구에 위치해 있다. 트리니다드뿐만 아니라 쿠바 어디에도 원주민들이 많지 않았지만, 원주민이었던 타이노스(Tainos) 족과 아라왁스(Arawaks) 족은 광산에 노예로 끌려가거나 전염병, 전쟁 등으로 빠르게 절멸하였다.

한 계곡의 비옥한 토양을 활용하였다. 에스캄브라이 산맥을 따라 흐르는 지역 하천이 주기적으로 범람하면서 사탕수수 생산에 필요한 풍부한 충적토가 공급되었다. 19세기 초 50년 동안, 트리니다드와 그 주변 계곡(인헤니오스 또는 수동식 제당공장이라고 불림)에 많은 투자가 이루어졌고 그 결과 상당량의 수출용 설탕을 생산하게 되었다(그림 4.10). 엘리트 계층은 도시에 칸테로(Cantero) 궁 같은 호화로운 궁전을 지었으며, 계곡에는 저택과 종교적 건축물들을 건설하

쿠바의 경관

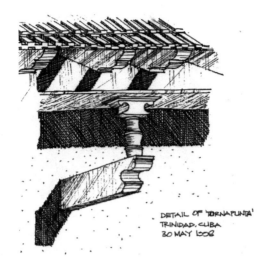

DETAIL OF 'TORNAPUNTA'
TRINIDAD, CUBA
30 MAY 1008

그림 4.9. 프랑스인들이 쿠바로 이주하면서 토속 예술에 작지만 흥미로운 변화가 나타났다. 예를 들어, 프랑스풍 지붕은 전통적인 스페인 타일과 달리 "납작한" 모양의 직사각형 타일로 구성되어 있다. 스페인 타일은 장인들이 자신의 허벅지에 대고 모양을 만들어 "휘어진" 형태이다. 트리니다드의 가옥에는 위와 같이, 토르나푼타(*tornapunta*)라고 불리는 지지대(cantilever bracing system)를 갖추고 있다. 이는 트리니다드 가옥 외부에 돌출되어 있는 기둥에 고정되어 있는 축이다.
출처: Marisa Masangkay 제공.

였다(그림 4.11). 이 노예 노동력 기반의 생산(그림 4.12)은 1850년대에 절정에 이르렀고 지역의 사탕수수 농장주들은 소규모 제당공장(인헤니오스, ingenios)을 보다 현대적인 증기작동 제당공장(센트랄레스, centrales)으로 바꿔 나가는 데 실패하였다.

쿠바 서부(아바나와 마탄사스 주)에서 철도가 확장되면서 사탕수수 재배자들은 미국 시장으로의 운송비용을 절감하고 시장 접근성을 높이게 되었다. 결과적으로, 쿠바의 다른 지역과 라틴아메리카의 사탕수수 생산량이 인헤니오스 계곡의 생산량을 추월했다. 이러한 설탕 생산과 투자의 변화로 트리니다드의 식민지풍 거리, 궁전, 교회, 집(그림 4.13)은 박물관이나 다름없게 되었다. 이곳

그림 4.10. 인헤니오스 계곡, 유네스코 세계유산, 트리니다드 근처

그림 4.11. 트리니다드의 거리 대부분은 하천 자갈과 유럽 항만에서 온 선박 밸러스트를 섞어 만들어졌다.

쿠바의 경관

의 거리는 치나스 펠로나스(chinas pelonas)라고도 불리는 하천에 의해 침식된 둥근 자갈과 독일 함부르크의 선박 밸러스트로 꾸며졌다(그림 4.11). 시엔푸에고스에 있는 보다 큰 항구로 이동하기가 어려웠기 때문에(1950년대까지 두 지역을 연결하는 포장도로가 존재하지 않았다), 간접적 영향을 받아 기본에 충실한 19세기 공예품들이 만들어졌다. 쿠바인들은 이 도시를 "박물관 도시"라고 부른다(Scarpaci 2005, ch.7).

트리니다드 토착민이자 건축가인 로베르토 "마촐로" 곤살레스(Roberto "Macholo" González), 그리고 그 이후의 건축가 낸시 베니테스(Nancy Benítez)가 이끄는 전문가들을 중심으로 역사 지구의 상당 부분이 유지되고 있다. 국

그림 4.12. 과거 산 프란시스코 수녀원, 수도원이었던 이곳은 1961-1965년에 에스캄브라이 산맥에서 반카스트로 운동에 맞서 싸운("에스캄브라이 성전"이라 불림) 혁명 전사를 기리기 위한 박물관이자 학교로 사용되고 있다. 이곳은 현재 에스캄브라이 성전 기념 박물관(Museo de la Lucah contra los Bandidos)이라고 불린다. 탑에 있는 종은 1853년에 만들어진 것이다.

제통화로 운영되는 곳(호텔, 레스토랑, 택시, 바, 예술 갤러리 등)에는 2%의 세금이 부과되었으며, 페소화로 운영되는 시설에는 1%의 세금이 부과되었고, 이 덕분에 2000년대 초반에는 연간 40만 달러 이상의 수입이 창출되었다. 중요한 것은, 트리니다드 복원 팀이 사업을 진행할 때 관광업에 종사하는 레스토랑, 아트 갤러리, 박물관에는 우선순위를 부여하지 않았다는 것이다. 이들은 사업 초기(1988-1992)에 18-19세기 "엘리트"층들이 살았던 주요 건축물들을 복원하고 나서 바르셀로나의 비정부기구와 국경 없는 건축가회의 도움을 받아, 세 십자가 지구(Barrio Tres Cruces)의 낡은 주거 시설 개선에 중점을 두었다. 인헤니오스 계곡에 숙소와 농업 박물관(그림 4.14)을 세우고 트리니다드에

그림 4.13. 1840년대에 지어진 이 구조물은 플랜테이션 농장주의 이름을 따 이스나가(Iznaga) 탑이라고 불린다. 감독관(*mayordomo*)은 이 탑에서 설탕 밭에서 일하는 노예를 감시하는 역할을 수행했다. 1988년 트리니다드에 복원 사무소가 설립되었을 당시, 이 탑의 계단을 복원하는 것이 첫 사업이었다.

쿠바의 경관

서 약 11km 떨어진 앙콘(Ancón) 반도 쪽 해변의 호텔 개발을 줄이려는 노력
이 진행되고 있다(Scarpaci 2005, ch.7).

비냘레스(Viñales)

유네스코가 비냘레스를 "문화경관"으로 분류한 것은 이 지역의 담배 보관소
(tobacco shed)와 토착 건축물뿐만 아니라 오랜 담배 재배 전통에서도 기인한
다(그림 4.15). 비냘레스 계곡은 수도와 근접해 있어 아바나에서 당일치기로 여
행 오는 것이 일반적이다. 비냘레스는 아바나에서 서쪽으로 약 180km 떨어
진 피나르 델 리오 주에 위치해 있다. 비냘레스의 초록색 담배밭과 커피, 그리
고 혼작경관은 엽서 속의 그림처럼 아름답다(그림 4.16). 또한 온도, 구릉지와

그림 4.14. 트리니다드에서 8km 떨어진 인헤니오스 계곡에 위치한 구 과이마로(Guaímaro)
플랜테이션의 거실. 이 집은 1830년대에 지어졌으며, 이탈리아 벽화가들이 그린 벽화가 있다.
트리니다드의 복원 사무소는 과거 플랜테이션이었던 곳을 농업 유산 및 기계 박물관으로 전환
하여 트리니다드 도심에 집중된 유산 관광을 계곡으로 분산시키고자 한다.

그림 4.15. 유네스코는 오랜 세월 동안 거의 원형을 유지해 온 비냘레스의 담배 농업 시스템에 깊은 인상을 받아 이곳을 "문화경관"으로 지정하였다. 담배건조 창고는 건축 자재나 형태가 거의 변하지 않았다. 벽은 현지 야자나무 잎을 엮어서 만들었으며 지붕은 함석이 아닌 전통 기와를 얹었다. 현지 농민들은 기와지붕이 금속지붕보다 더 잘 "숨" 쉬기 때문에 이상적인 담배 건조 환경을 조성해 준다고 이야기한다.

그림 4.16. 비냘레스 계곡, 쿠바 서부 피나르 델 리오 주.

쿠바의 경관

그림 4.17. 쿠바의 지도학자 헤라르도 카네트(Gerado Carnet)와 하버드 대학 교수 에르빈 러이스(Erwin Raisz)가 대중화한 이 필사 입체(기복)지도(pen-and-ink relief map)를 자세히 보면, 피나르 델 리오 주 비냘레스 계곡의 북동-남서 방향으로 산지와 손잡이 모양의 언덕(모고테, mogotes)들이 보인다.
출처: Marrero(1957, 406, map insert), Harvard University Press 제공.

계곡(그림 4.17), 습도, 태양 노출(일조량, solar exposition), 토양 조건이 잘 어우러져 세계에서 가장 우수한 담뱃잎을 생산할 수 있는 생물지리학적 조건과 미기후가 조성되어 있다.

노예농업체계에 기반해 있던 섬 전역의 설탕 생산과 달리, 담배 생산 대부분은 비노예농업 체계였으며, 따라서 생산 인구의 대부분은 17세기 후반 카나리아 섬에서 이주해 온 백인들의 후손이었다. 화학비료 및 (비록 소가 쟁기를 끄는 방식이 주를 이루지만) 디젤 구동식 트랙터를 제외하면 경작 방식은 18세기 이후 바뀐 것이 거의 없다. 이 지역의 기후와 토양은 질 좋은 음지 담배(shade tobacco)*와 필러를 재배하는 데 적합하다(Marrero 1957).

---

* 역자주: 응달에서 자라는 담배로 코네티컷(connecticut) 주에서는 텐트를 쳐서 직사 광선으로부

지하수가 석회암을 침식해 만들어진 원추 카르스트(모고테, mogotes)는 사진작가, 그리고 관광객들에게 환상적인 전망을 선사해 준다(그림 4.18). 지형학적으로 모고테는 "유배된 산" 또는 "근본 없는 산(mountains without roots, 독일어로는 *Klippes*)"인데, 그 이유는 모고테가 강한 침식, 융기, 퇴적을 통해 전혀 무관한 지층들이 하나로 뭉쳐 거대한 바위 덩어리가 되기 때문이다—이 경우, 석회암은 셰일(shale) 위에 놓이게 된다(Marrero 1957, 410). 비냘레스의 수많은 동굴들은 보트 타기와 같은 레저 활동을 비롯해 동굴학을 연구하는 데 적합하다. 모고테는 쥐라기 시대(대략 1억 9800만 년 전-1억 4600만 년 전)까지 거슬러 올라가며 고유 식생과 혼합 식생이 뒤덮고 있다.

그림 4.18. 비냘레스의 탑 카르스트(모고테) 형성.

터 담뱃잎을 보호하는 방식으로 기르고 있다.

쿠바의 경관

위험에 처한 유산

1990년대 쿠바의 경기 침체로 부족해진 공공자원에 대한 경쟁이 심화되었다. 문화유산보다 식품 공급, 보건, 에너지 문제를 우선시한 것은 당연한 일이었다. 2001년 ICOMOS(국제기념물유적협의회)는 쿠바의 여러 유산들을 조사했으며, 이 유산들이 "위험에 처해 있다"고 간주했다. 여기에는 농공산업 유산(대부분 설탕 공장), 목조 건축(상당수가 19세기 후반에 지어진 건물 및 베란다), 도시 산업유산(대부분이 시가, 맥주, 목재, 전기, 종이 생산 시설), 그리고 20세기의 유산[대부분이 아르누보(Art Nouveau), 아르데코(Art Deco), 절충양식]으로 지정된 시설이나 양식이 포함된다(International Commission on Monuments and Sites 2001-2002). 특히 아바나 서쪽 교외지역에 위치한 예술학교(Escuelas de Arte)는 특별한 의미를 지닌다. 세계기념물보존재단은 2000년대 초반 "위험에 처한 장소 100"의 목록을 발표하였다. 이탈리아 건축가인 로베르토 고타르디(Roberto Gottardi), 비토리오 가라티(Vittorio Garatti)와 쿠바 건축가인 리카르도 포로(Ricardo Porro)가 설계하고 건축한(1961-1965) 학교들은 완공되지 못한 채 (지속적으로) 파손되어 왔다. 몇몇 남성우월주의자(machista; macho)들은 구불구불한 계단, 둥근 파빌리온들, 갈색 빛깔의 벽돌과 타일이 −일부 관람객의 마음속에− 어두운 피부색을 가진 아름다운 여인의 이미지를 떠오르게 만든다고 해석한다. 학교는 춤, 음악 및 조형예술에 대한 고등교육을 제공했다. 모든 학교는 40년 동안 제 기능을 해 왔지만 완공되지는 않았다(Loomis 1999)(그림 4.19).

이 건축물들은 전반적인 유지 관리가 제대로 이루어지지 않았다(그림 4.20). 하지만 현지의 점토 타일, 쿠바의 색채, 형태 및 질감에 영감을 얻어 지어진 이 건축물들은, 1959년 혁명 이후 지어진 현대 건축물 중 가장 뛰어난 축에 속한

그림 4.19. 아바나 시 서쪽 쿠바나칸(Cubanacán)에 위치한 완공되지 않은 예술 학교의 일부.
1960년대 초반 공사가 시작되었다.

다고 할 수 있을 것이다(Loomis 1999). 2000년대 초반, 쿠바 정부는 이 건축물
들에 대한 수리를 우선시하였으며, 수백만 달러에 달하는 프로젝트가 진행되
었다. 아바나 도시 역사 사무소가 이 프로젝트의 주요 부분을 담당하였다. 그
결과 이 학교는 2004년 세계기념물보존재단의 위험에 처한 장소 목록에서 빠
지게 되었다.

미국의 작가이자 노벨상 수상자인 어니스트 헤밍웨이(Ernest Hemingway)
는 엄밀히 말해 쿠바의 전통유산이나 관광경관이라고는 할 수 없으나, 아바나
의 상징적인 이미지로 자리 잡았다. 오랜 기간 쿠바에 거주한 이 작가는, 아바
나 비에하의 바, 레스토랑, 호텔을 자주 방문했다. 1959년에서 1990년대 초반
까지는, 구 아바나에서 그의 이미지를 찾는 것은 매우 어려웠다. 그러나 오늘
날에는 호텔과 레스토랑, 티셔츠 판매점에서 헤밍웨이를 기리고 있으며 바텐
더들은 그를 찬미한다(그림 4.21). 그의 저택은 핀카 비히아(Finca Vigía, 전망 좋
은 집)로, 아바나 남동쪽의 교외지역인 산 프란시스코 데 파울라(San Fracisco

그림 4.20. 쿠바의 예술학교. 1959년 이후 쿠바에서 지어진 가장 뛰어난 복합 단지 중 하나이다. 이 학교는 쿠바 섬의 토양을 상징하는 붉은 점토를 활용해 지어졌다고 한다. 테라코타(Terra-cotta)와 카탈루냐식((Catalan) 아치형 천장은 설계의 신뢰성과 낙관주의를 상징한다. 상부 및 하부 이미지에서 보이는 돔은 건물에 우아함을 더하고 있으며, 유리가 없는 "창문" 역할을 하는 격자 모양의 빛 가림막이 있다. 높고 둥근 천장의 돔(상단 이미지의 밝은 색 부분)을 통해 따뜻한 공기가 상승해 천장 꼭대기로 빠져나가게 된다. 이 둥근 돔들은 예술 및 무용 스튜디오로 사용된다. 2004년에 찍은 이 두 사진에서 천장 쪽을 보면 깨지거나 부서진 벽돌과 타일을 확인할 수 있다.

그림 4.21. 어니스트 헤밍웨이가 자주 묵었던 아바나 비에하의 암보스 문도스(Ambos Mundos) 호텔 사진 두 장. 헤밍웨이는 쿠바 주간지인 보헤미아(왼쪽)의 표지 그림을 장식할 만큼 유명인사였다. 호텔은 헤밍웨이가 머무르면서 글을 쓰곤 했던 방을 복원했다(오른쪽). 관광객들은 미화 2달러 정도를 내면 이 방에 들어가 볼 수 있다.

de Paula)에 위치해 있다. 이곳에서 그는 노벨 문학상을 수상한 『누구를 위하여 종은 울리나』와 『노인과 바다』를 집필하였다. 이 저택은 1886년에 지어졌으며 1939년 헤밍웨이가 구입한 뒤, 아이다호(Idaho)에서 자살하기 1년 전인 1960년까지 거주하였다.

  이 저택은 현재 어니스트 헤밍웨이 공식 박물관으로 기능하고 있으며, 외국인들은 이곳에 25달러에 달하는 관람료를 지불한다. 그러나 사회주의 정부는 이 저택을 잘 보존하지 못했다. 2000년대 초반에는 위험에 처한 것으로 분류되었고, 2006년까지 세계유적재단과 ICOMOS의 위기에 직면한 유적 목록에 올라와 있었다. 관광객들이 저택 안에 들어가는 것은 금지되어 있다. 관광객들은 대신 창문을 통해 헤밍웨이의 책, 옷, 사진, 집무실, 그림들을 볼 수 있다. 박물관–저택은 이 지역의 구조적 불안정성, 높은 습도와 더불어 어려움을 겪고 있으며, 평상시 강풍, 열대 강우, 폭풍우로 인해 그 구조가 약화되고 있다.

비싼 입장료에도 불구하고 쿠바 정부는 저택을 복원할 예산이 없다고 한다.

미국과 쿠바 양국의 노력 덕에 저택의 점진적인 수리가 진행되고 있다. 헤밍웨이의 친척이자 전 편집자였던 맥스웰 퍼킨스(Maxwell Perkins)와 몇몇 영화 스타들이 헤밍웨이 보존재단을 설립하였다. 쿠바에 대한 미국의 전례 없는 금수 조치에도 재단은 미국 정부에 앞서 "양국 전통유산(binationalheritage)"을 만들었다. 미 재무부는 이 기금을 복원사업에 직접적으로 사용하지 못하게 했으나 보스턴 대학교와 쿠바 국립도서관의 공동 프로젝트로 핀카 비히아(Finca Vigía)의 지하실에서 발견된 문서 사본의 일부를 발굴하는 작업이 진행되기도 했다. 핀카 비히아는 미국 국립 유적지 보호재단에서 2005년 발표한 아메리카의 가장 위험에 처한 장소 11 목록에 등재되었다.

다른 형태의 전통유산들

2006년 쿠바 정부는 289개의 박물관을 운영했다. 유네스코의 박물관 분류 체계에 따르면, 164개는 일반적인 박물관이며, 14개는 예술 박물관, 68개는 역사 박물관, 9개는 특성화 박물관, 9개는 역사 및 과학 박물관, 4개는 고고학 박물관, 나머지는 분류되지 않은 박물관에 속한다(Consejo Nacional de Patrimonio Cultural 2008). 박물관 상당수는 문화부의 중앙 기금 지원에 의존하고 있다. 쿠바인들은 대부분의 박물관에 무료로 입장할 수 있거나 현지 화폐로 저렴한 입장료를 지불하며, 외국인의 경우 항상 높은 환율(외국인 환율)로 지불해야만 한다.

소비에트 연방과 경제상호원조회의(CMEA)의 붕괴 이후, 쿠바는 역사적인 장소를 발굴하고 박물관을 홍보하며 국가적 혹은 국제적으로 인정받는 유적지들을 기념하기 위한 적극적인 활동에 착수했다(Scarpaci 2000; 2005). 이 운동을 촉발시킨 것은 아바나의 역사가인 에우세비오 레알 스펭글레르(Eusebio Leal Spengler) 박사이다. 에우세비오 레알 박사는 아바나의 역사 문화유산을 담은 텔레비전 쇼, 〈아바나를 걷다(Andar La Habana)〉를 진행하면서 수백만 명의 쿠바인에게 알려졌다. 달변가이자 국민의회의 의원으로 선출되었던 그는 유산에 대한 국가의 추구 방식을 다음과 같이 묘사한다:

학교, 문화 기관, 의료시설이 번성함에 따라, 우리는 모든 사람들에게 삶을 돌려주고 있습니다. 물론 한때 생명을 잃었던 것을 되살리는 작업이 낭만적이기만 한 것은 아닌지 하는 혼란이 생겨납니다. 그러나 그럴지라도, 오늘과 같은 종말의 시대에 우리는 낭만적인 것들에 모르는 척 하지도, 부끄러워하지도 않을 것입니다. 우리의 작업들은 새로운 질서를 창출하기 위해 많은 사람들이 공유하는 꿈, 그리고 우리의 기억을 회복함으로써 탄생한 또 다른 형태의 희망을 보여 주고 있습니다(Oficina del Historiador de la Ciudad de la Habana 2006; 저자 번역).

레알 박사보다 유산 보전에 깊숙히 개입한 쿠바인도 없을 것이다.

잃어버린 전통유산: 추방 또는 임시 대여?

혁명은 혼란을 야기한다. 혁명은 국가, 이웃, 가족을 갈라놓는다. 쿠바의 혁명 또한 예외가 아니다. 1959년 이래로, 쿠바에서 살고 있지 않지만 자신을 쿠바인이라고 여기는 쿠바 디아스포라 인구는 200만 명에 달한다. 혁명을 둘러싼 논쟁은 접어 두고 전통유산에 관해서만 말하자면 "쿠바인"(*lo Cubano*)의 정의가 무엇이며, 이 논쟁에 참여하기 위해서는 쿠바 본토에 거주해야만 하는 것인지에 주목해 볼 수 있다. 혁명과 전통유산이 연관된 부분 중 하나는 사회주의 정부가 혁명 이전 시기에 개인 및 기업의 재산을 사용했던 것에 관한 것이다. 쿠바를 떠나는 이주자(Émigrés)들은 보통 사유재산을 거의 반출할 수 없었다. 입고 있는 옷만 가져갈 수 있는 경우도 있었다. 개인의 공예품(보석, 사진들), 가보, 예술 작품은 쿠바에 남겨졌다. 비록 이런 것들 각각이 전통유산 경관의 중요한 부분을 구성하는 것은 아니지만, 개인 소장품 역시 박물관에 전시물이 될 수 있으므로 쿠바의 전통유산을 구성한다.

열렬한 반카스트로 망명자이자 2001년 쿠바 국가유산위원회 회장이었던 알베르토 부스타만테(Alberto Bustamante)는 쿠바가 전통유산을 잃고 있다고 주장한다. 잡지 《Herencia》의 쿠바 문화와 유산 특별호에서 그는 다음과 같이 주장한다.

쿠바의 유산을 탐색하는 것이 곧 자유였기 때문에, 우리는 수많은 희생을 치르면서 [쿠바의 전통유산에 관한] 진실을 제시해 왔다. … 우리 유산(patrimony)의 손실은 망명한 사람들뿐만 아니라 젊은 쿠바인들에게도 돌이킬 수 없는 피해를 입히고 있다. … 정직하고 훌륭한 쿠바들은 우리의 유산을 보존하기 위해 헌신하고 있으며, 우리는 아바나, 시엔푸에고스, 트리니다드 및 다른 도시들에서 역사적인 건물을 복원하고 보전하려는 그들의 노력에 주목해 왔다(Bustamante 2001, 3).

또한 그는 쿠바 내의 사유재산과 예술 작품 중 일부가 외국으로 팔려 나갔거나 적절한 보상 없이 "빼앗긴" 것이라고 주장했다. 표 4.4는 이 문제와 관련된 그의 몇 가지 우려들을 나타낸다. 동유럽 국가들과 구소련에서 전통유산 품목의 이전 소유자에게 보상하는 것에 관한 전례를 본다면, 쿠바의 전통유산에 대해 적절히 보상하고 이를 반환하는 문제는 쉽지 않을 것으로 보인다.

표 4.4. 1959년 이후 쿠바의 전통유산 전용(轉用)

---

1. 1959년 이래 쿠바의 전통유산 중 수천 개의 예술 작품 상당수는 쿠바를 탈출한 가문의 개인 저택에서 나온 것이며, 정권의 저명 인사들에 의해 처분되었다. 대부분은 아베니다 델 푸에르토(Avenida del Puerto)의 대형 창고로 옮겨져 팔려 나갔다.
2. 1960년에서 1970년 사이, 대부분 사설 도서관에서 나온 3,000만 달러 정도의 가치를 지닌 책들과 작은 귀중품들이 동 베를린을 거쳐 서부 유럽으로 팔려 나갔다. 부에노스 아이레스, 멕시코 시티, 마드리드, 바르셀로나의 딜러들에게도 판매되었으며, 토론토와 몬트리올에서는 많은 경매가 열렸다. 아바나와 쿠바 내 다른 도시의 궁전에서 가져온 가구, 회화, 보석에 대해 묘사하는 광고가 게재되었다. 이런 경매가 캐나다에서 열렸다는 증거가 문서로 남아 있는데, 1969년 몬트리올의 프레이저 브라더스 경매소에서 열렸던 경매가 그것이다.
3. 지난 39년 동안[이 글은 1998년에 쓰였음] 쿠바 공산당 정부는 규모가 작은 가문의 가보를 공격적으로 추적해 왔다. 귀금속과 원석을 얻기 위해 정부는 일반 시민들이 가전 제품, 생활용품, 현금과 같은 필수품을 보석, 유물과 교환하도록 권장하는 "무역 센터"를 설립함으로써 소비재의 만성적인 부족을 조장하였다. 교환 비율이 워낙 좋지 않아서 센터는 빵으로 금을 얻어 간 초기 정복자들에게 빗대어 "에르난 코르테스(centro Hernán Cortez) 센터"라는 별명을 얻게 되었다.
4. 1994년 5월 이탈리아 밀라노의 경매소(Casa Delle Aste)에서 열린 경매에서 쿠바 외교관용 주택에서 나온 장식품 등 700개의 품목이 판매되었다. 사실 "외교관용 주택"은 쿠바인 가문의 개인 저택이었다. 138개의 그림만을 판매한 금액은 미화 800만 달러 이상으로 추정되었다. 이탈리아 언론사를 통해 알려진 경매 통고에 따르면 해당 품목들은 1994년 3월 12일 쿠바 문화부의 수출 승인을 받았다.
5. 쿠바의 문화유산은 정기적으로 배를 통해 바르셀로나 항구로 옮겨졌고, 코스타 브라바(Costa Brava)의 여러 딜러들에게 공급되었다.
6. 쿠바 정부는 쿠바 국민들의 기본적인 생존을 위해 달러가 필요해지자, 해외 판매를 위해 미술품이나 골동품을 아바나의 갈레르리아 라스 아카시아스(Galeria Las Acacias)에 위탁하는 것을 허용 및 장려하였다. 판매가 완료될 경우 소유자는 수익금의 70%를 받고, 주정부는 30%를 받는다. 미술관 직원들은 종종 이 갤러리에서 미술관 작품을 판매했다.
7. 기록유산의 손실 또한 만만치 않았다. 국립기록보관소와 국립도서관의 문서 수천 건이 체계적으로 전 세계 딜러들에게 판매되었다. 이 기관들의 도장, 인장은 책과 문서에서 쉽게 식별할 수 있어 그 출처를 명확히 밝혀 주는 역할을 했다.

출처: Bustamante(n.d.; c. 1998).

국가 유적, 기념물, 보호구역

쿠바의 9개 세계유산을 제외하고, 문화부는 방대한 국가 기념물, 지역 유적, 보호 구역 목록을 개발했다(표 4.5). 본 절에서는 국가 기념물과 보호구역에 대해 간단히 논의하고자 한다.

쿠바의 "국가 유적(national sites)"은 예외적인 특성을 지니거나 쿠바 역사, 문화, 사회적 의미를 지녀 보전할 가치가 있는 것으로 여겨지는 모든 도시의 역사 중심지와 건축지, 유물들을 망라한다. 국가기념물위원회(A National Commission of Monuments)에서 이를 결정한다. "사회적" 중요성은 정치적 중

표 4.5. 쿠바의 국가·지역 유적과 보호구역, 2008

주 또는 시	국가 유적	지역 유적	보호구역	주/시 총계
피나르 델 리오	10	14	3	27
아바나	7	19	2	28
아바나 시	35	6	11	52
마탄사스	14	14	4	32
비야 클라라	9	3	7	19
시엔푸에고스	11	12	0	23
상크티 스피리투스	10	22	1	33
시에고 데 아빌라	2	7	25	34
카마구에이	7	7	0	14
라스 투나스	3	2	1	6
올긴	10	7	2	19
그란마	15	5	1	27
산티아고 데 쿠바	47	41	8	96
관타나모	10	18	3	45
이슬라 데 후벤투드	4	9	1	14
디스페르세드	1	0	1	2
총계	215	186	70	471

출처: Consejo Nacional de Patrimonio Cultural(2008).

요성 또한 수반한다는 점을 주지할 필요가 있다. 저자들의 분석에 따르면, 표에서 논의된 장소 중 약 10%는 1959년 이후 혁명의 승리에 기반한 "사회정치적" 의미를 나타내는 곳들이다. 이는 몇몇 사람들이 주장하는 것처럼 사회주의 쿠바의 국가 전통유산이나 기념물이 정치적으로 지정되지 않았다는 것을 의미한다(Préstamo 1995).

"지역 기념물(Local monuments)"은 국가 기념물로 지정되는 데 필요한 조건을 모두 충족하는 건축 환경, 장소, 물건 전부를 포함한다. 국가유산위원회는 지역공동체의 역사, 사회, 문화적 의미 때문에 이러한 지역 기념물을 지역에서 보존할 가치가 있는 것으로 간주한다.

"보호구역"은 국가 기념물로 선언될 수 있는 잠재력을 가진 장소들을 말한다. 보호구역은 최종 평가를 위한 검토를 받으며, 기념물 또는 역사-문화적 가치가 있는 도시구역으로 보호받을 수 있도록 특별 규정이 적용된다. 2006년에는 70개의 보호구역이 있었다(Consejo Nacional de Patrimonio Cultural 2008).

결론

미국의 테네시 주보다 작은 국가인 쿠바는 뛰어난 도서(insular) 전통유산을 보유하고 있다. 쿠바의 문화, 자연유산, 국가의 랜드마크, 문화경관들은 매우 다양하고 특별하다. 모든 전통유산들이 심혈을 기울여 설계되거나 치밀한 관리감독하에서 발전한 것은 아니다. 트리니다드와 그 주변 지역은 원래 모습 그대로, 마치 박물관 같은 장소로 발달해 왔다. 쿠바가 카리브 해 지역에서 가장 큰 섬이지만, 상대적으로 인구밀도가 낮다는 점은 이런 전통유산 보존에서

쿠바의 경관

중요한 기준이 될 수 있다. 독특하고 기술적인 요인들로 말미암아 역사적 경관이 파괴되어 왔다. 정치인들과 개인 소유주들은 여러 이유로 건물을(prop-erties) 없앴다. 예를 들어 아바나의 방벽은 군사적으로 쓸모가 없었으며 인구 과밀 현상을 악화시켰기 때문에 철거되었다. 혁명의 승리 이후 수십 년 동안 전통유산 보존이 권장되거나 어떤 지원을 받은 것은 아니었지만, 최근에는 상당한 관심을 끌고 있다. 이제 쿠바 정부는 적극적으로 전통유산을 마케팅하고 있으며, 경제를 유지하기 위해 (자유시장경제와 신자유주의적인 의미로) 새로운 비교 우위를 찾고 있다. 혁명이 향후 국가 자산에 추가될 사회주의 전통유산을 정의하는 데 성공했는지의 여부는 시간이 말해 줄 것이다. 그레이엄과 그 동료들(Graham and colleagues 2000, 25)은 "체제 전복적 성격을 띠는 유산일지라도 권력을 얻게 되면, 그 유산은 곧 혁명적인 의도를 잃어버리고 보수적인 것이 된다."라고 지적하였다.

유산 보존에 있어서 역사적 기념물, 풍토(natural features), 문화경관들과 연결된 영적 가치를 인정하는 추세이다. 비슷한 맥락에서, 앤서니 퉁(Anthony Tung)은 기술의 진보가 새로운 것에 대한 대중의 상상력을 따라잡는 시대에, 다음과 같은 시대착오적인 의문을 제기한다:

주요 도시의 역사적 중심부가 철저하게 보호되고, 도시의 건축물들이 마치 살아 있는 박물관마냥 그 시대를 박제한다면 그런 대도시들은 글로벌 경제의 경쟁 속에서 번성할 수 있는가? 현대인들이 그동안과는 비교할 수 없을 만큼 큰 힘으로 하룻밤 사이에 도시 전체의 경관을 바꿀 수 있기 때문에, 이제는 전례 없는 위기의식을 가지고 보존에 힘써야 할 때인가?(2001, 1)

유산 보존 활동이 반발을 야기해서는 안된다는 생각이 절실해지면서 의식,

신앙체계, 구전 전통을 문서화하는 작업도 시작되었다. 쿠바의 공식적인 종교 활동 참여 수준이 낮기 때문에 "영적체계"와 "신앙 체계"는 향후 혁명에서 강조하는 정치적 가치에 편입되거나 20세기 이후 인정된 쿠바의 아프리카 전통 유산에 편입될 수 있을 것이다(de la Fuente, Garcia del Pino, and Iglesias Delgado 1996; Ortiz 1975; Tannenbaum 1992). 이 장에서 다루었던 대부분의 유네스코 문화유산의 이면에는 이름 모를 노예의 피와 땀이 서려 있다. 실제 소규모 기업들로 구성된 아프리카계 쿠바인의 전통유산 관광(그림 4.22)이 부활하고 있다.

젊은이들에게 국가 가치를 전하는 것은, 유네스코가 지지하는 국가의 문화적 정체성을 널리 알리는 계기가 될 수 있으며(Rössler 2004b), 이런 경향은 혁명 50주년이 가까워졌을 때 나타날 확률이 높다. 그러나 현재 쿠바에 있는 국가 유적(비유네스코)의 수는 전체 215개 중 10%에 불과하다. 관타나모의 미 해군 기지가 쿠바에 반환되면, 이곳이 새로운 전통유산 경관으로 떠오를 것이라고 예상할 수 있다. 피델 카스트로는 관타나모 기지를 라틴아메리카의 인민들을 위한 무상 교육 시설로 바꿀 것이라고 주장한다. 현재 관광객들은 기지 북쪽에서 몇 킬로미터 떨어진 도시에서 기지를 보는 것이 가능하다(그림 4.23). 미국 캠프 엑스레이(Camp X-ray)*가 테러 용의자를 억류하는 용도로 사용된 것에 대해 국제적 논란이 있었다. 이로 인해 1902년 플랫 수정안(Platt Amendment)에서 쿠바가 넘겨준 석탄 저장소에 대해 전례 없는 정밀 조사가

---

* 역자주: 관타나모 기지 내의 수용소 중 하나. 미국은 이곳에 수용된 사람들이 고도의 훈련을 받은 위험한 테러리스트들이라고 선전했으나, 테러리스트들 외에 노인, 이웃과 다툼을 벌인 목동 등이 수감되어 있었으며, 수용소 내에서 고문과 인권침해가 자행되고 있다는 사실이 폭로되었다. 거센 비판 여론에 따라 미국은 캠프 엑스레이를 폐쇄하고 관타나모 기지 내 캠프 델타(Camp-D)로 수감자들을 옮겼다(http://news.naver.com/main/read.nhn?mode=LSD&mid=sec&sid1=103&oid=047&aid=0002063066).

그림 4.22. 2001년, 팔로 몬테(*Palo monte*, 아프리카 토착 종교에서 유래된 것)를 믿는 아프리카계 쿠바인 성직자가 아바나 아타레스에 위치한 자신의 집에서 혼교주의적(syncretic) 제단에 럼주를 뿌리고 있다. 쿠바 정부는 이러한 곳들을 방치하지만, 이곳의 성직자들은 자신의 집을 "문화 센터"라고 지정하고, 쿠바의 외딴 지역에서 전통유산을 관람하는 여행객들로부터 수입을 얻기도 한다.

이루어졌다. 1959년 이래로 쿠바 지도에는 미국 해군 기지가 표시되어 있지 않다. 그렇지만 정치적 억압(예: 라 카바냐)이나 국제 인권 침해 사례(캠프 엑스레이)를 비난하는 것과는 별개로 잔학한 전통유산을 주제로 한 관광은 새롭게 수면 위로 떠오르고 있다. 새로운 전통유산 경관의 가능성은 무궁무진하다.

이라크 전쟁, 금수 조치, 피델 시대 후 캠프 엑스레이가 국제 이슬람 전통유산이나 반전(反戰) 유적이 될 수도 있을 것이다. 캠프 엑스레이가 쿠바가 아니라 미국령에 속해 있으나 장래에 이 장소가 어떻게 사용되든, 이곳은 쿠바판 아부 그라이브(Abu Ghraib)* 수용소라 할 수 있다. 버락 오바마가 백악관에서

---

* 역자주: 이라크 수도 바그다드에서 서쪽으로 32km 지점에 있는 이라크 최대의 정치범 수용소이다. 2003년 미군이 바그다드를 함락한 후 이곳을 이라크인들을 구금하는 시설로 사용하였는

그림 4.23. 쿠바 영내 기지 북쪽 언덕에서 미국과 유럽 관광객들이 관타나모 해군 기지를 보고 캠프 엑스레이를 찾고 있다. 레스토랑-바는 게릴라 느낌의 위장 그물로 덮여 있으며, 정부의 군사 관광청인 가비오타(Gaviota; 갈매기를 의미)가 운영하고 있다.

처음으로 취한 조치 중 하나는 "관타나모 해군기지(Gitmo)" 강제수용소를 폐쇄하라고 명령한 것이었다.

사회주의 도서 국가 치고 쿠바의 혁명 시기의 정치 기념물은 상대적으로 적다. 공산주의 국가인 중국, 북한, 구소련에는 마오쩌둥, 김정일과 같은 지도자들을 기리는 기념상들이 여럿 세워져 있다. 반면 쿠바의 경우 피델 카스트로가 혁명을 선언했던 베다도(Vedado)의 교차로에 있는 작은 동판을 제외하

데, 이 과정에서 가혹한 심문으로 포로들을 질식사시키거나 여성 포로에 대한 성폭행 및 성적 학대를 자행하였다. 이후 이 과정을 촬영한 사진들이 인터넷에 유포되면서 포로에 대한 인권 유린으로 문제시되었고, 2014년 폐쇄되었다(https://www.rt.com/news/abu-ghraid-prison-closes-756/).

그림 4.24. 피델 카스트로가 사회주의 혁명을 선언한 장소를 나타내는 동상, 아바나 베다도 지구의 23가와 12번가에 위치.

면, 적어도 살아생전에는 피델을 담은 기념물이 하나도 세워지지 않았다(그림 4.24). 이전에는 시민 광장이라 불렸던 아바나의 혁명 광장의 상당 부분은 1950년대 바티스타 정부 당시 완성되었다. 아바나에는 향후 국가의 랜드마크 지위를 얻을 법한 혁명기 소규모의 시민 예술 프로젝트들이 존재한다. 여기에는 1957년 3월 13일 대통령 궁을 습격해 바티스타를 없애려 했던 학생들을 기리는 아바나 중심지의 학생 순교자 공원과 콜론 묘지 기념비(그림 4.25)가 포함된다.

방치된 채 오랜 세월을 견뎌 온 건축물로는 아바나의 예술 학교가 있으며, 2000년에는 세계기념물감시위원회에서 선정한 위험에 처한 장소 100에 등재되었다. 그러나 현재는 수백만 달러를 들여 수리 중이다. 환경 관리 분야에서의 쿠바의 여러 시도들은 쿠바의 문화경관과 자연경관을 훼손할 수도 있을 것이다.

전통유산은 진화하고 있으며 이는 현재 진행 중이다. 혁명 정부는 최근에

그림 4.25. 아바나 학생 순교자 기념비와 콜론 묘지에 위치한 순교자 묘(성당과 묘지는 오른쪽 중앙에 있음). 1983년 마리오 코율라(Mario Coyula), 에밀리오 에스코바르(Emilio Escobar), 오레스테스 델 카스티요 시니어(Orestes del Castillo Sr.), 호세 비야(José Villa)가 설계와 건축을 담당했다. 이 장소는 혁명이 시작된 "산지(sierras)"를 상징하는 작은 언덕들로 이루어져 있으며, 거친 조약돌을 사용해 보행자들이 걸으면서 바닥에 표시된 13명의 스러진 학생들의 기념물을 내려다볼 수 있도록 했다. 바티스타 대통령의 궁을 공격한 시간인 3월 13일 오후 3시 20분, 태양이 쿠바 깃발(깃발 하나하나가 죽은 학생들을 상징함)의 축을 따라 비추어 그림자를 드리우면, 땅에 있는 횃불에 불이 붙으면서 막을 내린다. 기념식은 매년 열린다. 커다란 열대 뽕나무(yagruma tree; *Cecropia* 종) 잎의 한쪽 면은 어두운 회색빛을 띠고, 다른 한 면은 밝은 초록빛을 띠는데, 이것은 죽은 이들의 삶과 죽음을 나타낸다.

수백 개의 유네스코 세계유산과 국가 유적, 보호구역을 홍보하기 위해 많은 노력을 기울여 왔으며, 수많은 지역을 유적지로 지정하였다. 카리브 해 지역이나 다른 국가들에 비해 쿠바의 상대적 지위는 상당한 수준이다. 1989년 소비에트 시기의 경제 수준을 회복하기 위해 노력하면서, 이러한 랜드마크를 관리하는 데 필요한 자원을 확보하는 것이 가장 큰 과제라고 할 수 있다. 뉴욕 타임스의 건축 평론가 폴 골드버거(Paul Goldberger 2001)는 자유시장 활동이나 국가의 통제에 지나치게 의존하는 것의 위험성에 대해 지적했다.

쿠바의 경관

현재 쿠바 공산주의 정권은 단기간 소득을 얻을 수 있는 물건이라면 뭐든 팔려고 한다. 그에 반해, 자본주의의 성채인 미국에서는 많은 사람들이 쿠바에 대해 보다 장기적인 시각을 가지며, 천천히 움직여 규칙을 세우고 개발 제한을 위한 일정한 정부 권한의 집행을 촉구한다. 이러한 상황은 꽤나 모순적이다. [쿠바를 위한 해답, "제3의 길"은 단순히 그곳에 있는 것을 보존하고, 부조리하고 비실용적인 신축을 막는 것이 아니다. 단언컨대, 이는 테마파크가 아니다 …

쿠바의 미래 전통유산 프로젝트는 야심찬 계획인 동시에 필요한 것이기도 하다. 그리고 이 프로젝트들은 육지에만 국한되지 않을 것이다. 국제기구들이 난파선을 탐험하고 쿠바 주변의 취약한 산호초를 보호하고자 하면서 수중 문화유산이 관심 대상으로 빠르게 부상하고 있어, 수중 문화유산 또한 포함될 수 있을 것이다(Grenier, Nutley, and Cochran 2006). 전통유산 경관은 쿠바의 역사, 문화, 천연자원, 정치를 해석할 수 있게 도와주는 유용한 렌즈가 될 것이다.

✳ 주석

1. 이 부분을 구성하는 데 도움을 준 건축가 오레스테스 델 카스티요 주니어(Orestes del Castillo Jr.)에게 감사드린다.

2. 2008년 이 책을 집필하고 있을 무렵에 카마구에이 역사 지구에 대한 보다 구체적인 논의가 이루어졌으나 포함할 수 없었다.

Tourism

제5장

관광

20세기 선진 자본주의 국가에서 여가 시간과 임금 수준이 증가하면서 해외 여행이 부상하게 되었다. 대중 시장을 통해 중산층들에게도 크게 부담이 가지 않는 여행, 숙박 상품이 등장했다. 또한 오늘날 관광객들은 여행지에 대해 기존과는 다른 인식을 가지고 있다. 광고, 미디어, 정보 기술 등은 여행, 탐험, 휴식에 대한 관심에 불을 붙였다(Urry 2002). 이러한 힘들이 영향력을 가지고, 쿠바 여행의 장단점이 무엇인지에 대한 이야기들이 끊이지 않는다. 2장에서 이야기했던 것처럼 알렉산더 폰 훔볼트는 혐오스러운 노예제도와 연신 감탄을 자아내는 자연의 아름다움, 다양성이 가지는 모순을 지적했다(Humboldt 2001).

1802년 훔볼트가 글을 남긴 지 2세기가 지난 오늘날 쿠바에서는 유사한 모순을 찾아볼 수 있다. 가령 여러 국제기구들에서 쿠바의 인권과 시민권 문제를 지적한다. 과거 미국과의 대치 상황에서 쿠바를 지원했던 유럽연합은 계속해서 "부인 행위를 규탄할 것이며 … [또한] 모든 정치범들의 무조건적인 석방 … [그리고] 정보의 자유로운 흐름을 모색할 것이다."(2006, 1)라고 밝혔다. 마찬가지로 헤리티지 재단의 2008년 경제적 자유 지표에 따르면 쿠바는 정치·경제·사회적 자유의 정도에서 전체 157개국 중 156위를 차지했다(Heritage Foundation 2008). 헤리티지 재단은 아메리카 29개국 중 쿠바를 꼴찌로 평가했으며, 쿠바의 총점은 지역 평균의 절반에도 미치지 못한다. 쿠바는 부패, 무역의 자유, 화폐정책의 자유 지표에서 최악의 수치를 보였다. 사업의 자유, 투자의 자유, 금융의 자유, 재산의 자유, 부패로부터의 자유, 노동시장의 자유는 모두 낮은 수치를 보였다. "경제적 억압 정권" 지표에서는 최하위인 북한 바로 위의 순위를 차지하고 있다. 쿠바 정부가 인권을 침해하고 있다는 논쟁이 존재하며, 노동조직, 교육, 미디어, 국가 경제 전반을 지배하고 있다는 주장은 이런 신랄한 평가를 뒷받침한다. 카를로스 알베르토 몬타네르(Carlos Alberto Montaner)는 다음과 같이 지적한다.

쿠바는 이제 역사를 직시해야만 한다. 언제까지 시대착오적, 집단주의, 공산주의 독재를 지속할 수는 없다. 마르크스주의는 전 세계적으로 완전히 폐기되었다. 쿠바는 서구 문명에 속한다. 쿠바는 라틴아메리카의 일부분이며, 언제까지 주변 국가들로부터 고립돼 있을 수 없다. … 라틴아메리카의 독재는 좌파[페루의 벨라스코 알바라도(Velasco Alvarado)], 우파[아우구스토 피노체트(Augusto Pinochet)와 아르헨티나, 브라질, 우루과이의 군부] 할 것 없이 민주적으로 선출된 정부로 교체되었다(2007, 58).

하지만 쿠바가 이토록 끔찍하다면, 어째서 관광산업은 지속되는 것인가? 왜 수많은 미국인들이 이웃 나라 쿠바에 가기를 원하는가? 앞서 언급한 비판들은 새로운 내용이 아니라, 국제 논쟁에서 오랫동안 되풀이되던 이야기이다. 확실히 쿠바 정부가 인권을 정의하는 방식은 다른 나라들과는 다른 듯하다.

이들은 대중에게 의료 서비스를 제공하면서 이윤을 취하지 않으며, 주택과 먹거리의 질은 떨어지지만 정부는 주택 및 식량 보조금을 우선시한다. 국가는 노숙자가 없다는 점에 자부심을 가진다. 쿠바 정부는 1961년 금수 조치로 정부가 교란되고 미국 시장으로의 접근, 신용 거래, 금융자본, 소비자, 유통 네트워크가 저해되지 않았더라면 현재 상황은 더 나았을 것이라고 말한다. 쿠바는 경제적, 정치적 억압을 자행하고 있다는 비난에 반박하기 위해 또 다른 "명예 훈장"를 내세운다. 가령 쿠바의 평균 수명은 세계 53위(77.4세)로, 미국의 평균 수명(세계 46위, 77.9세)에 크게 뒤지지 않는다. 중앙정보국(Central Intelligence Agency 2007)은 쿠바의 유아사망률(1,000명의 신생아당 첫해 사망자 6.22명)이 미국의 유아사망률(6.433명)보다 낮다고 추정한다. 이그나시오 라모네트(Ignacio Ramonet)는 *Foreign Policy*에서 카를로스 알베르토 몬타네르의 주장에 반박하며 다음과 같이 이야기한다.

어떤 조직도 쿠바가 … 수감자에게 사법 외적 처형이나 물리적인 고문을 가했다거나, 누군가 "실종"되었다는 혐의를 제기하지 않는다. 한편 지난 5년간 "테러와의 전쟁"을 치른 미국은 이런 혐의에서 자유로울 수 없다. … [쿠바는] 성공적으로 평균 수명을 높였으며 유아사망률을 낮추었다. … 이러한 성공은 피델 카스트로(Fidel Castro)의 위대한 유산이다. 피델에 반대하는 이들조차도 피델을 잃고 싶어 하지 않는다. … 쿠바는 완전고용 상태를 달성했으며, 모든 국민들은 삼시 세끼를 먹고 지낸다. 이는 브라질의 [대통령] 룰라[다 시우바 (da silva)]조차도 이루지 못한 것이다. 그러나 카스트로는 가장 힘없고 가난한 국민들의 수호자로만 기억되지는 않을 것이다. 백인 엘리트들은 한 세기 동안 다수의 억압된 흑인 인구을 두려워하며 미국의 편에 있었지만, 100년 뒤 역사학자들은 카스트로가 강력한 정체성을 기반으로 화합된 국가를 이룩한 점을 높게 평가할 것이다. 이들은 카스트로를 조국 역사의 선구자로 기억할 것이다 (Ramonet 2007, 61).

워싱턴 D.C.와 아바나 사이에서 지속되어 온 논쟁에 대해서는 이미 방대한 연구들이 존재하기 때문에 여기서는 다루지 않을 것이다. 양측은 개념적인 가정을 세우고 자신들의 논쟁을 뒷받침하는 증거자료를 들고 옥신각신하며, 상대 진영의 자료들과 개념적 기반이 의심스럽다고 주장한다. 서로의 입장은 매우 확고하며, 어떠한 말도 논쟁의 교착상태를 해결할 수 없을 것으로 보인다. 라몬 바스케스(Ramón Vázquez)는 마이애미의 망명 공동체와 아바나 정부 사이의 견고한 입장 차에 대해, "쿠바 반공주의자들은 사실 쿠바 공산주의자들을 쏙 빼닮았다."라고 날카롭게 지적한다(Vázquez 1997, 7-8; 원서에서 번역).

이 장에서는 공산주의 정부의 장단점과 무관하게 전 세계의 관광객들을 끌어들이는 쿠바의 매력이 무엇인지 살펴보고자 한다. 혁명으로부터 60여 년이 지난 지금 돌이켜 보면 이전에는 어느 누구도 쿠바가 전통적인 신고전주의 경제학의 교의 즉, 비교 우위를 경제 발전의 도구로 삼을 것이라고 생각하지 못했다. 혁명 초 피델 카스트로는 조국이 바텐더와 가정부의 섬이 되어 버리기를 바라지 않았으며, 쿠바에서 사회적 정의와 평등이 뒷받침되는 "다른 아메리카"에 대한 비전을 그렸다(Chafee and Prevost 1992). 관광 시장에서 쿠바는 대체 어떤 이점을 가지는가? 이 질문에 대해 답의 일부는 쿠바의 지리와 정치적 인식에서 찾을 수 있다.

첫째로, 쿠바는 세계에서 가장 많은 관광객들이 살고 있는 나라로부터 150km 정도 떨어져 있다. 1950년대의 평온한 날들 즉, 시간마다 마이애미에서 아바나로 도박꾼들과 모험가들을 실어 나르던 시절은 끝났지만, 오늘날 항공사, 호텔 자본들은 다시 한 번 이국적인 쿠바 시장에 뛰어들 준비를 마쳤다.

새 천 년이 도래하고 초기 몇 년간은 국제 관광산업의 침체기였다. Y2K는 관광객들에게 공포심을 심어 주었고, 2001년 9.11 테러로 충격은 한층 더 커졌다. 1990년대 후반 호황을 누리던 세계 경기는 2000년 3월 IT 거품이 붕괴되며 주춤하게 되었다. 한편 1990년대 중반부터 2004년 6월까지 미국인들과 쿠바인들 사이에서 문화적, 경제적 교류가 증가했으며, 조지 W. 부시 대통령의 (대학생들과 문화적 방문을 축소시키는) 행정 명령은 다른 대통령 서명 하나에 간단히 폐지되었다. 남서쪽 사막에 살고 있는 사람들보다 미시시피 강 동쪽에 살고 있는 대다수의 사람들은 쿠바를 더 가깝게 느낀다.

둘째, 높은 야자수 나무와 맑고 푸른 바다를 꿈꾸는 전 세계 관광객들 다수는 아직 쿠바경관을 탐험해 보지 못했다. 이들에게 멕시코 만, 대서양, 카리브 해의 따스한 바닷물은 큰 매력으로 다가온다. 쿠바는 카리브 해에서 가장 큰 섬이며, 적정한 수준으로 인구가 증가해 인구밀도가 상대적으로 낮다. 쿠바(km^2당 99.6명)보다 인구밀도가 낮은 곳은 바하마(27.8명), 도미니카(88명), 영국령 버진 아일랜드(99.3명) 정도뿐이다(Overpopulation.com 2007). 또 하나 주목할 점은 1,120만 명의 주민들이 롱 아일랜드(뉴욕)와 시카고 사이 정도의 거리인 1,250km 안에 퍼져 살고 있다는 점이다. 평균 폭이 100km 정도에 불과하기 때문에 관광객들은 차를 타고 북쪽의 멕시코 만, 즉 대서양에서 남쪽의 카리브 해까지 금방 이동할 수 있다. 여타 서인도 제도들과 달리, 쿠바의 주거 지역은 좁은 해안평야, 좁은 계곡, 한정된 내만(back bay)에 국한되어 있지 않다. 섬 안에는 평지가 넓게 펼쳐져 있기 때문에 다양한 정착의 지리가 존재한다. 해안으로부터 10km 이상 떨어진 지역에 거주하는 인구는 쿠바 총 인구의 59%를 차지하며, 카리브 해에서 이보다 높은 수치를 보이는 곳은 도미니카공화국(72%)밖에 없다(World Resources Institute 2007). 이는 앞으로 미국 시장이 개방되고 나면 바닷가를 중심으로 탁 트인 공간에 관광객들이 들어와 아기

자기한 주택을 지을 수 있다는 것을 의미한다. 또한 산호초를 보호하기 위해 오수 및 산업 관리를 할 경우, 다른 카리브 해 국가들과 비교해 볼 때 상대적으로 많은 "내지" 인구의 도움을 받을 수 있음을 의미한다(Burke and Maidens 2005). 그러나 이 모든 일들은 해안 파괴를 막을 만한 정치적, 경제적 의지 외에도 환경 및 토목 공학의 투자가 전제될 때 가능한 일이다.

셋째로, 쿠바를 여행하는 사람들은 미국인 대다수가 오지 못하는 곳에 와 있다는 점을 기뻐한다. 영국인은 "양키(미국인)"가, 멕시코인은 그링고*(gringos)가, 스페인인은 노르테아메리카노스**(norteamericanos)가 얼마 보이지 않는다고 좋아한다. 쿠바는 기자, 학자, 종교인을 제외한 대부분의 미국 시민들에게 제한되어 있는 곳이다. 특히 21세기에 이라크 전쟁으로 미국의 인기는 한층 추락했고, 미국에 대해 맹비난(America bashing)을 날리던 이들은 쿠바를 새로운 위안처로 삼았다. 영국의 작가 제임스 레비(James Leavy)는 다음과 같이 이야기한다.

"그래서 어땠는가?" 켄싱턴 하이(Kensington High)가(街)에 있는 바 쿠바 (Bar Cuba)에서 서빙을 하던 남자는 물었다.

나는 그에게 답했다. "쿠바는 내가 헤밍웨이의 소설과 그레이엄 그린(Graham Green)의 『아바나의 사나이(Our Man in Havana)』를 읽고 30년 동안 꿈꿔 왔던 곳이에요. 머나먼 나라에 대한 작은 기억의 파편이 몇 년 동안이나 머릿속에 자리를 잡고 있는 게 흥미롭지 않나요. 예전에는 쿠바하면 납치를 당해서나 가는 곳인지 알았어요. … 몇 년 전만 해도 쿠바 사람들은 외국인에게

---

* 역자주: 백인, 특히 미국인을 비하하여 부르는 단어.
** 역자주: 스페인어로 북미 사람을 뜻함.

말만 걸어도 잡혀갔다는데, 지금 그 사람들은 제가 여태 만나 본 사람들 중에 가장 친절하더라고요. … 또 엄청 놀랐던 건 [쿠바인들의] 교육 수준이 매우 높았다는 것, 그래서 걸인조차도 세계 어느 나라에 비할 데 없이 글을 읽고 쓸 줄 안다는 거예요. 의사들이나 치과의사들과는 베르톨트 브레히트와 칼 마르크스에 대해 논할 수 있는데다가 … **미국 관광객들이 전혀 보이지 않는다는 것**[은 말할 필요도 없죠].″(2007, 강조 추가)

반미주의와 쿠바의 장단이 잘 맞는 것을 보여 주는 사례는 더 있다. BBC 에서는 2007년 영국, 프랑스, 러시아, 인도네시아, 대한민국, 요르단, 오스트레일리아, 캐나다, 이스라엘, 브라질, 미국의 1만 1,000명의 성인을 대상으로 미국에 대한 관점과 견해에 대한 여론조사를 실시했다(British Broadcasting Corporation 2007). "미국에 대해 어떤 감정을 가지고 있는가?" 하는 질문에 대하여, 미국인을 포함한 응답자의 18%만이 긍정적인 대답(호의적, 다소 호의적, 보통 중에서)을 했다(British Broadcasting Corporation 2007).

오늘날 기자들은 잘못된 정보도 섞어 가며 비슷한 이야기를 반복한다. 다음의 인용문은 MSN 홈페이지에 게시된 것이다.

쿠바. 미국 여행자들의 금단의 열매. 자갈길 위에 펼쳐진 높은 야자수. 택시 운전사들은 구시가지를 달리고, 사랑스러운 베란다는 럼주와 콜라를 즐길 수 있는 완벽한 공간이다. 어딜 가나 달콤한 시가 향기가 나고, 메렝게(meren-gue) 음악소리가 흘러나온다. 그리고 대부분의 미국인들은 이곳에 올 수 없다 (Isenberg 2007).

"금단의 열매"라는 이미지는 주요 언론에 깊이 스며 있다. 메렝게는 쿠바보

쿠바의 경관

다는 도미니카 공화국에서 듣는 음악이다. 이 글에서는 관광경관의 주요한 시각 요소(자갈길, 야자수, 베란다)와, 이색적인 장소에서 즐기는 여가 활동(시가 흡연, 음주)을 포착하고 있다.

넷째, 쿠바는 국제정치 무대에서 매우 흥미로운 사례이다. 다윗과 골리앗의 전설로 치자면 작은 섬나라가 전 세계에서 가장 강력한 나라에 저항하고 있는 셈이다. 마리오 푸조(Mario Puzo)와 프랜시스 포드 코폴라(Francis Ford Coppola)의 1974년 헐리우드 블록버스터 영화 〈대부Ⅱ〉(전 세계적으로 10억 달러 이상을 벌어들인 삼부작 영화 중 하나)를 본 세계의 관광객들은 쿠바를 안쓰러운 눈으로 바라보게 되었다. 이 영화는 1950년대 쿠바의 문제를 잘 담아내고 있다(Maiello 2002). 다음은 사기꾼 부자(父子) 범죄단인 하이만(Hyman)과 샘 로스(Sam Roth), 그리고 어린 마피아 돈 마이클 코를레오네(don Michael Corleone, 알 파치노 분)가 상급자인 로스의 생일 파티에서 나누는 대화이다.

마이클: 오늘 내가 재미있는 걸 봤지 뭐야. 한 남자가 헌병대에 체포되었어. 아마 도시 게릴라겠지. 생포를 당하느니 죽겠다는 생각으로, 지휘차량을 몰고 가면서 외투에 있던 수류탄을 터뜨렸어.

(남자들은 말의 요지를 파악하지 못하고, 케이크를 먹고 있는 마이클을 바라 본다.)

마이클: 나한테 일어난 일이야. 경찰은 돈을 받고 싸우는 거지만, 반군은 그렇지 않아.

하이만 로스: 그래서?

마이클: 그래서, 나한테 그 일이 일어났다는 말이지.

(로스를 찍음: 로스만이 마이클이 하고자 한 말의 뜻을 이해한다.)

하이만 로스: 이 나라에는 지난 50년 동안 반란군이 있었어. 제 피를 흘리는
거지. 난 잘 알고 있어…. 내가 20대에 여기 왔으니까. 우리는 네가 갓난쟁
이일 때 아바나 밖으로 럼주를 빼돌렸지. 너희 아버지의 트럭으로 말이야
(기억을 떠올리며 부드럽게 웃는다). 우리끼리 있을 때 다시 이야기하자.

(그러고는 자기 생일 파티에서 옆으로 모여 있는 남자들을 다시 바라본다.)

하이만 로스: 사람들 앞에서 말을 할 때는 매우 조심해야 해 … 사람들은 겁쟁
이야. 언제나 이런 식이야. 대부분 사람들은 겁을 잘 먹어(Puzo and Cop-
pola 1996, 110–112).

아바나의 조직 범죄는 악명이 높다. 1950년대 카리베(Caribe), 상수시(Sans
Souci), 리비에라(Riviera), 카프리(Capri), 나시오날(Nacional)의 카바레와 도
박장들은 전 세계적으로 명성을 떨쳤다(Palero and Geldof 2004, 254). 그러나
1959년의 혁명이 일어나면서 이 모든 것들은 고삐 풀린 자본주의의 증상, 풀
헨시오 바티스타 부패 정부의 태만, 부덕과 매춘의 결과로 치부되었다. 쿠바
의 관광경관은 아바나를 "카리브 해의 사창가"로 변화시켰다(Robaina 2004).

이 글에서처럼 피델 카스트로는 미국의 대통령이 10번 바뀔 동안 수차례의
암살 위협으로부터 살아남았으며, 국제적 경제제재에도 굴하지 않았다. 존 F.
케네디는 1961년 4월에 부임하고 백 일도 채 지나지 않아 아이젠하워 때 구상
된 피그만(Bay of Pigs) 침공을 시작하지만, 카스트로는 이를 격파하며 건재했
다(Szulc 1986). 쿠바 혁명은 반세계화를 지향했고, 신자유주의 경제 정책을 거
부했으며, 대항 헤게모니 세력을 지원했다. 피델 카스트로는 거의 50년간의
혁명을 상징하는 인물이지만, 의사에서 혁명가로 거듭난 아르헨티나 출신 에
르네스토 "체" 게바라 역시 혁명을 몸소 구현해 왔다. 20세기의 가장 대표적인

쿠바의 경관

저항 문화의 아이콘은 역시 체 게바라일 것이다. 쿠바의 공공 공간과 사적 공간을 망라하고(그림 5.1), 쿠바를 벗어난 대중 소비문화에서까지도 체의 이미지에는 혁명에 대한 이상주의, 고귀함, 반제국주의의 메시지가 담겨 있다. 이

그림 5.1. 쿠바 여기저기서 볼 수 있는 체 게바라(에르네스토 게바라 데 라 세르나, Ernesto Guevara de la Serna). 1960년 3월 체 게바라의 장례식에 참석했던 알베르토 코르다(Alberto Korda)가 사진을 남긴 이래로, 혁명가 체 게바라의 얼굴은 전 세계적인 아이콘이 되었다. 좌측 상단에서부터 시계 방향으로 그림 설명.
1. 쿠바의 바라코아에 그려져 있는 길거리 벽화.
2. 산티아고 데 쿠바의 호텔 기념품 가게에 팔고 있는 티셔츠.
3.인도의 시킴에서 만난 한 십대로, 티셔츠에 그려진 얼굴이 누구인지를 몰랐으나 디자인을 마음에 들어 했다.
4. 산타 클라라의 체 게바라 동상(조각가 호세 델라라 설계). 1967년 체가 안데스 국가들에 혁명을 전파하기 위해 떠났다가 병사들에게 죽음을 당했던 볼리비아 쪽을 바라보고 있다.

로 인해 그는 전 세계의 무수한 사람들로부터 사랑을 받았다.

　마지막으로 쿠바에는 매력적인 문화요소들이 많다. 어쩌면 쿠바는 항상 다양한 매력을 발산하며 세계 각지의 사람들을 사로잡고 있었는지도 모른다. 쿠바의 패션, 거리의 유머(초테오, *choteo*), 과감한 스타일 모두가 사랑스럽다. 인종적 뒤섞임(인종혼합, miscegenation, 또는 혼혈, *mestizaje*)에서부터 시작해서 다양한 문화가 서로 뒤섞이며 만들어 내는 풍요로움에 이르기까지 쿠바와 그 경관은 감각적이며 엄청난 매력을 가진다. 허머(Hermer)와 메이(May)는 1941년의 쿠바의 패션과 스타일을 시각적으로 그려 낸다.

　　계급을 망라하고 모든 쿠바인들의 색채는 들떠 있다. 그들의 취향에 흠이 있다면, 지나치게 화려한 색채를 사용하거나, 너무 많은 색을 조합한다는 점이다. 쿠바인들은 파리 사람들만큼이나 섬세하고 다채로운 옷감을 즐기는데, 적절한 조화를 맞추는 데 실패할 때도 있다(Hermer and May 1996, 61).

　쿠바 관광경관에서 가장 사랑스러운 요소는 쿠바 사람들일 것이다.

　쿠바는 전 세계의 방문객들을 사로잡는 지리적, 문화적, 정치적 요소들을 지니고 있다. 다윗과 골리앗의 결전에서 보자면 쿠바는 전적으로 패자이다. 미국과는 이토록 가까운데도 이렇게까지나 미국인들이 접근하기 어렵다는 사실은 오히려 매력적으로 느껴진다. 570만 비(非)미국인 여행자 시장을 뒷받침하기에 정치적 반미 감정이 충분치 않다면, 독특하게 뒤섞인 아프리카 문화와 음악 역시 한번쯤은 여행자들의 발길을 붙잡는다. 빔 벤더스(Wim Wenders)와 라이 쿠더(Ry Cooder)의 1997년 음악 다큐멘터리 〈부에나 비스타 소셜 클럽(*Buena Vista Social Club*)〉은 박스오피스에서 2,300만 달러를 쓸어 담았다. 이 작품에서는 손, 과히로, 볼레로스, 단손, 맘보, 차차차 등 다양한 리

그림 5.2. 아바나 클럽 잡지 광고

듬이 쿠바 특유의 방식으로 배합되어 있다(The Numbers 2007). 쿠바 최대 럼
주 수출업체인 아바나 클럽은 식민지풍 건축물의 그림자를 뒤로 카리브 해의
달빛 아래서 춤추는 구릿빛 피부를 가진 미인의 관능적인 모습을 그려 넣었다
(그림 5.2). 쿠바는 유혹의 손짓을 보낸다.

역사

쿠바에서 관광은 오랜 기간 동안 이루어졌다(표 5.1). 19세기에 쿠바 독립 전
쟁(1868–1878, 1895–1898)이 장시간 지속되면서 스페인 왕실은 쿠바의 인프라
에 투자할 수 없었다. 마드리드에서는 쿠바에 남은 혁명의 불씨를 꺼뜨리려고
했기 때문에 가로등, 전신, 전화, 도로, 항만 인프라와 같은 현대적 기술이 확
산될 여지가 없었다. 오랫동안 투자를 받지 못했기 때문에 1898년 미국인들이

표 5.1. 쿠바 관광 정책, 역사, 목표: 관광부가 직접 쓴 글

쿠바에서 관광은 새로운 활동이 아니다. 전 세계의 다른 나라들과 마찬가지로 1950년대 정점을 이뤘다. 당시 앤틸리스의 가장 큰 나라 쿠바에서 관광산업이 발달하는 과정은 미국의 마피아와 깊게 관련되어 있었다. 미국은 주요 시장이었고, 쿠바는 도박과 매춘의 공급지였다. 도시 관광이 이러하다 보니 국내총생산에는 별 도움이 되지 않았다. 혁명이 승리하자마자 미국은 금수 조치를 내렸고, 이로써 미국과의 관광업도 종결되었다. 1959년에 시작된 경제 발전은 국가 차원에서 중요한 다른 부분들로 이루어졌고, 관광업은 주로 국내 관광객에 집중되었다. 이 때문에 세계적 유명 관광지들과 비교하면 쿠바의 숙박시설은 경쟁력이 떨어진다. 1980년대에 외국인을 대상으로 한 관광이 재개되었고, 1990년에는 관광 부문이 새롭게 주목받기 시작한다. 첫 번째 [관광객] 합작 투자가 이뤄졌고, 급속하게 관광객 수와 관광 수입이 증가한다. 1996년부터 관광객 수는 백만을 넘어섰고, 쿠바는 이제 카리브 해를 넘어 세계적인 관광지로 도약하고 있다. 쿠바의 관광 상품을 홍보할 때는 친절한 사람들, 신기한 자연의 볼거리들, 고유한 역사적 유산, 풍요로운 문화와 예술적 삶, 쿠바식 보건 제도, 정치적 안정성, 치안이 좋은 관광지임이 강조된다(원문에서 번역).

출처: Ministerio de Turismo(2007).

도착했을 때 쿠바는 낙후되어 있었고, 따라서 투기, 건설, 투자를 하기에 적합하였다(Scarpaci et al. 2002, ch. 2). 1898년 미국·스페인 전쟁에서 싸웠던 수많은 퇴역 미군들은 "앤틸리스의 진주"의 매력에 매료되었고, 전쟁이 끝나자 새로운 시장을 개척하기 위해 쿠바에 남았다. 보급 장교였던 프랭크 스타인하트(Frank Steinhart)는 20세기 초 아바나의 전차 사업에 투자해 훗날 유명한 사업가가 되었다(Aruca 1996). 그는 또한 1906년 아바나에 있는 미국 대사관에서 영사로 일하기도 했다. 그가 살던 이탈리아식 저택은 아바나 구시가지의 한 귀퉁이에 우아하게 자리 잡고 있는데, 이는 미국이 손쉽게 쿠바에 투자를 하던 나날들을 증언하고 있다.

미국과 캐나다에서 중산층이 성장하면서 여가 시간이 많아져 여행과 탐험을 할 기회가 늘어나게 되었다. 호기심 많고 부유한 여행자들에게 쿠바는 최

적의 시장이었다. 1920년대에는 미국 항구에서 쿠바로 향하는 증기선이 운항을 시작했다. 가령, 스탠더드 프루트 컴퍼니(Standard Fruit Company)는 앤틸리스의 카리브 해와 중앙아시아의 해변을 다니면서 바나나, 커피, 향신료를 실어 날랐고, 규모는 작아도 고정적인 여객편을 제공했다(Karnes 1978). 미국 동부의 항구와 유럽을 가로지르는 대서양 여객선은 가격이 저렴하지 않은데도 인기가 많았고, 북대서양 여행자들은 "계획된 평온함" 같은 것을 느꼈다(Coons and Verias 2003). 양 대전 사이 시기에 여객선 시장의 거리는 짧아지고, 가격 역시 떨어졌다. 갤버스턴, 뉴올리언스, 빌럭시, 탬파-세인트 피터스버그, 마이애미, 키웨스트, 잭슨빌, 볼티모어, 필라델피아, 뉴욕, 보스턴에서 아바나까지 저렴한 가격에 여객편이 제공되었다(Schwartz 1997). 1920년에서 1933년 사이 집행되었던 미국헌법수정조항 제18조(금주령)로 쿠바의 매력은 한층 더 커졌다. 가깝지만 먼, 친숙하지만 이국적인 나라. 슬로피 조스(Sloppy Joe's)와 같은 술집들은 근심, 걱정 없는 쿠바의 상징으로 자리 잡게 되었다(그림 5.3). 이 이미지가 얼마나 강했는지 1933년 12월 5일 미국의 금주령이 중단되는 날 플로리다의 키웨스트에서도 슬로피 조스가 문을 열었다(Sloppyjoes

그림 5.3. 아바나의 술집 슬로피 조스(Sloppy Joe's) 광고, 1938년.
출처: Havana Journal(2007)에 수록.

2007). 아바나 도시 역사 연구소의 경제 개발 부서에서는 2009년에 슬로피 조스 재개장을 계획했다.

1920년대 쿠바의 호텔, 경마장, 카지노, 그레이하운드 경기장들로 세계 각지의 관광객들이 몰려들며 관광산업은 성황을 이룬다. 찰스 A. 린드버그 대령(Colonel Charles A. Lindberg)은 1928년 초 쿠바가 유망한 관광지로 떠오르고 있음을 지적한다. 1990년 설탕 가격 폭락으로 경제가 휘청거리자 자구책으로 관광산업을 동원했지만, 1920년대에는 설탕 가격 하락에 관광산업이 타격을 입는다. 오늘날의 쿠바와 달리 마차도 대통령은 거리에서 걸인들을 내쫓고자 했지만, 관광객들은 잦은 파업과 거리 집회에 짜증을 냈다. 이러한 문제를 해결하고 관광 경제를 개선하기 위해서 아바나의 말레콘(해변 산책로) 근처 채석장에서 700만 달러의 개발 사업이 진행된다. 그 일환으로 지어진 나시오날 호텔(Hotel Nacional)은 관광산업을 "구" 도심에서 "신" 도심으로 확장시키는 닻

그림 5.4. 호텔 나시오날(두 개의 탑이 있는 중앙 좌측의 건물)은 말레콘에 위치해 있다. 아바나의 구시가지(중앙 위쪽)와 "신"시가지 베다도는 서로 대비되는 모습으로 보이는데, 1930년에 호텔 나시오날이 지어지면서 신시가지 성장의 구심점이 되었다.

의 기능을 했다(그림 5.4). 그러나 1929년 주식시장 붕괴에, 1933년 병장이었던 풀헨시오 바티스타(Fulgencio Batista)가 다른 병장, 상등병들과 함께 카를로스 마누엘 데 세스페데스 이 케사다(Carlos Manuel de Céspedes y Quesada)의 임시정부에 반발해 일으킨 폭동까지 더해지면서 경기를 재활성화시키는 데는 한계가 있었다. 바라데로 해변[Varadero Beach, 아바나에서 차로 두 시간 소요]을 미국 기업체 간부들의 놀이터로 만들려던 이레네 듀퐁(Irene Dupont)의 계획 역시 경기회복에 별다른 기여를 하지 못했다(그림 5.5).

미국에서 금주령이 종료되면서 경기회복의 마지막 희망마저 사라졌다. 로절리 슈워츠(Rosalie Schwartz)는 다음과 같이 말한다.

아바나의 경관이 바뀐 것을 제외하고 쿠바는 크게 바뀌지 않았다. 전통적인

그림 5.5. 2000년 바라데로 해변. 듀퐁의 저택이 오른쪽에 있으며, 스페인 합작 투자 호텔이 왼쪽에 있다.

쿠바 문화는 별다른 영향을 받지 않았다. 닭싸움에서 테니스로 취미를 바꾸거나, 단손[전통 춤] 대신 폭스 트롯(fox-trot)을 추는 쿠바인들은 거의 없다. 관광 책자에서 보는 것과 달리 쿠바인들은 겨울 바다는 춥다며 수영을 하지 않으려고 한다(2004, 251).

1950년대가 되어서야 쿠바의 경관이 재탄생한다.

관광객들은 세계의 수도나 주요 도시에 대한 인식을 그 나라 전체로 확대시키곤 한다. 가령, 뉴욕은 미국과는 다른 곳이라거나, 런던은 영국의 한 단편일 뿐이라거나, 베이징은 중국의 은이라는 식으로 묘사된다. 아바나의 이미지도 마찬가지이다. 옳든 그르든 간에, 아바나는 섬 전체를 묘사하는 창이 된다. 그레이엄 그린(Graham Green)의 소설과 영화 〈아바나의 사나이〉는 독자들의 머릿속에 1950년대 아바나를 그리게끔 한다.

기다란 도시는 탁 트인 대서양을 따라 펼쳐져 있다. 파도는 아베니다 데 마세오(Avenida de Maceo)[말레콘, 그림 5.6 참조]에 스러지고, 자동차 앞 유리에 물방울이 부서진다. 한때 상류층들이 살았던 지역의 분홍색, 회색, 노란색 기둥은 바위처럼 부식되었다. 얼룩지고 볼품없는 고대의 문장(coat of arms)은 노후한 호텔 출입구에 놓여 있으며, 눅눅하게 소금기를 품은 바다를 막아 보고자 나이트클럽의 문은 밝은 원색으로 칠해졌다. 서쪽에는 신시가지의 철제 건물들이 등대보다 높이 치솟아 맑은 2월의 하늘로 뻗어 있다. 아바나는 한번쯤은 꼭 다녀와 볼 만은 하지만 결코 살 만한 곳은 아니었다. …(1996, 122).

그린이 1959년에 말레콘을 묘사하며 남긴 글은 아메리카에서 가장 극적인 해안경관을 포착하고 있다.

쿠바의 경관

그림 5.6. 말레콘: 센트로 아바나에 위치한 아바나의 해변 산책로. 서쪽으로는 베다도를 향하고 있고, 오른쪽 지평선에는 1958년 아바나의 힐튼이었던, 오늘날의 아바나 리브레(Habana Libre)가 있다.

오늘날 쿠바의 환경

아바나는 쓰레기와 폐기물 처리에 어려움을 겪고 있다. 처리되지 않은 하수는 아바나 만으로 흘러들고 있으며, 이는 다시 플로리다 해협으로 유입된다. 200만 명이 넘는 아바네로스(*habaneros*, 아바나 시민들)의 세금으로 운영되는 수자원 체계는 수도관이 부서져서 담수의 절반이 새어 나간다. 수천 명 관광객들이 수로를 사용하면서 수자원 체계는 더욱 악화된다. 1893년 60만 명의 시민을 위해 만들어진 알베아르(Albear) 수송로는 이후 증축되긴 했으나 폭발적으로 증가하는 인구를 감당하기에는 부족함이 있었다(Scarpaci 2006).

지리학자 안드레아 콜란토니오(Andrea Colantonio)와 로버트 포터(Robert

Potter)는 관광산업이 아바나의 환경에 미친 영향을 연구하면서 다음과 같은 결론을 내린다.

관광산업이 아바나의 환경에 미친 영향은 … 복합적이다. 지역 상하수도 체계 개선과 같이 관광산업으로 인해 환경 여건이 개선된 사례도 있다. 하지만 이는 동시에 아바나의 서부 등지에서 홍수가 증가하는 원인이 되었다(2006b, 211).

앞으로의 쿠바의 관광산업에서는 자연관광 틈새시장이 부상할 수 있으며, 이 경우 항구 네트워크의 확장이 중요해진다(그림 5.7). 아이티와 쿠바 사이에 있는 윈드워드 해협(Windward Passage) 동쪽을 제외하면, 쿠바에는 요트를 정박하기게 좋은 선착장들이 많다. 대서양과 카리브 해변에는 12개 이상의 선착장들이 배로 하루가 넘지 않는 거리를 두고 분포하고 있으며, 이는 미국에서 출발하는 요트들을 염두에 두고 조성되었다. 개인이 소유한 수천 대의 배들이 템파-세인트 피터스버그(tampa-St. Petersburg), 포트 마이어스(Ft. Mayers), 키웨스트(Key west) 사이에 정박해 있다. 항해 제한이 폐지되면 마이애미에서 보카라톤까지 줄지어 있는 배들은 쿠바로 항해할 수 있게 된다. 사탕수수를 재배하던 농촌 지역의 실업률이 증가하면서 항구, 정박지, 리조트에서의 고용은 중요한 대안이 될 수 있을 것이다. 폴리 파툴로(Polly Pattullo)는 카리브 해의 주 산업이 농업에서 관광업으로 변화하는 것을 보면서, "바나나 농부로부터 바나나 다이키리*(daiquiri)"로의 전환이라고 부른다(1996, 52). 콘웨이(Conway 2006)는 카리브 해 관광산업에서 정박지 인력의 숙련도가 중요하다고 지적한

---

* 역자주: 칵테일 종류

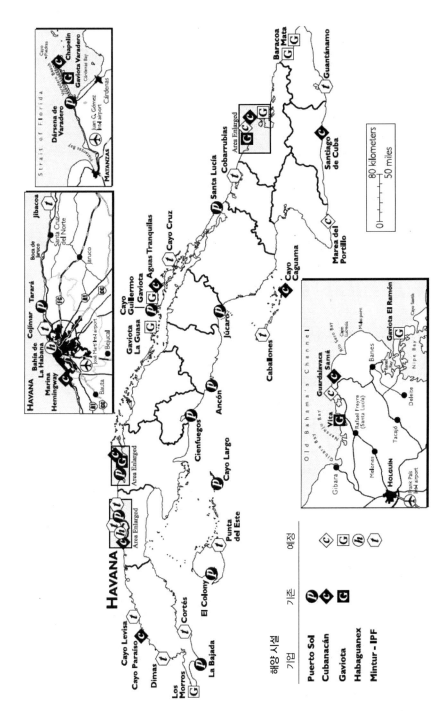

그림 5.7. 쿠바의 해양 시설

다. 하루 정도 거리에 있는 정박지 네트워크가 확장되고, 마이애미 및 포트 로더데일(Ft. Lauderdale)에서 출발하는 유람선 산업이 성장할 경우 미국을 비롯한 서반구 방문객의 비중이 현재 50%에서 급격히 증가할 것으로 예상된다(그림 5.8).

쿠바의 주요 관광지들은 섬 전역에 펼쳐져 있으며, 4장에서도 언급했듯이 독특한 경관을 지니고 있다. 관광지들의 지리적 분포(그림 5.9)를 보면, 대부분은 도시와 해변이 뒤섞인 곳에 위치하고 있다. 가령 아바나는 플라야스 델 에스테(Playas del Este, 동쪽 해변), 마리나 헤밍웨이(Marina Hemingway, 서쪽 교외 지역에 위치)를 끼고 있으며, 트리니다드는 카리브 해로부터 11km 떨어져 있다(앙콘 반도). 천혜의 경관을 지닌 에스캄브라이(Escambray)산 코얀테 봉(Topes de Collante)에서는 생태 관광을 즐길 수 있으며, 트리니다드의 문화유산, 해변, 생태 환경과 금상첨화를 이룬다. 북부의 카마구에이(Camaguey)에는 유네스코 세계문화유산 지정 도시가 있으며, 가까이에 산타 루시아(Santa Lucia) 해변이 위치해 있다. 산티아고 데 쿠바(Santiago de Cuba)는 카리브 해변을 따라 모래사장을 일부 끼고 있으며, 대부분은 도시의 환경을 갖추고 있다. 산티아고를 방문한 사람들은 보통 근방에 있는 유명한 바실리카를 보고자 엘 코브레(El Cobre)를 방문한다. 쿠바에서 가장 잘 알려진 성지 엘 코브레는 산티아고에서 차로 30분 정도 거리에 위치하고 있다. 쿠바 사람들은 이 성지에 와서 기도와 쪽지를 바치고, 다이아몬드, 루비, 에메랄드로 장식된 가운을 걸치고 있는 흑인 성모상(Black Madonna)에게 선물을 드리며, 섬의 수호성인인 구릿빛의 은총이 가득하신 마리아(La Virgen de la Caridad del Cobre)를 찬미한다.

바라데로(Varadero), 카나레오스(Canarreos), 북부 올긴(Holguín), 하르디네스 델 레이(Jardines del Rey)에서는 주요 해변과 수상 스포츠를 즐길 수 있다. 아바나에서 차로 2시간도 채 걸리지 않는 바라데로는 이카코스(Hicacos) 반도

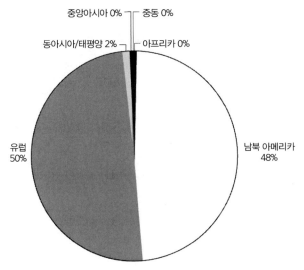

그림 5.8. 2003년 지역별 쿠바 방문객들.

출처: *Cuba Facts: Tourism in Cuba: Selected Statistics* 자료. Cuba Transition Project, Institute for Cuban and Cuban American Studies, University of Miami and USAID (Funded by USAUD under the terms of Award No. EDG-A-00-02-00007-00, Publications, CD-ROM).

그림 5.9. 쿠바의 관광지.
출처: Espino(2006).

끄트머리에 자리 잡고 있다. 한때는 화학 제국 듀퐁의 상속자 같은 부유층의 놀이터였으나, 1990년대 초반부터 대규모 호텔 개발 사업이 이뤄졌다. 1990년에 톨게이트가 생기면서 해외 방문객으로부터 수입을 거둬들이는 동시에 관광객을 노리는 장사치들을 걸러 낼 수 있게 되었다(그림 5.10). 합법적 시설에서 근무하거나 바라데로에 공적인 사업이 있는 쿠바인들만이 이곳을 통과할 수 있는데, 이는 일종의 관광 아파르트헤이트(apartheid, 즉 격리된 지역)로 볼 수 있다. 카리브해의 카나레오스 지역에는 이슬라 데 후벤투드(Isla de Ju-ventud) 특별 지구와 낚시, 스노클링, 스쿠버다이빙을 즐길 수 있는 섬들이 있다. 섬 북쪽 해안으로는 올긴이 자리 잡고 있는데, 이곳에 위치한 과르달라바카스(Guardalavacas) 리조트는 여유 있는 캐나다인과 유럽인 사이에서 소문이 자자하다.

새롭게 조성된 관광지 중 하르디네스 델 레이는 환경 쟁점과 관련해 가장 많은 비판을 받았다. 중북부 해변 인근 거대 군도의 한 가운데에 위치해 있고, 1,249종의 동식물종이 서식하고 있으며 그중 20%는 토착종이다. 1980년대만 해도 이러한 섬들은 잠재적 개발의 원천으로 여겨졌으며, 1983년 피델 카스트

그림 5.10. 이카코스 반도로 접어드는 지점인 바라데로/마탄사스 톨게이트로, 본토를 바라데로 해변과 연결시킨다.

쿠바의 경관

로는 "여기서는 앞을 내다볼 것 없이 돌을 내던져야 한다."라고 말했다(Cepero and Lawrence 2006). 이 발언을 하기 전에 이미 카요 코코(Cayo Coco) 제방(페드라플레네스, *pedraplenes*)이 건설되었는데, 얕은 습지와 맹그로브(mangrove) 서식지를 관통하며 본 섬과 도서 지역을 구분한다(그림 5.11).

세페로와 로렌스(Cepero and Lawrence 2006)는 이 공사로 페로스 만(Bahia de los Perros)이 나뉘지면서 환경에 어떤 영향을 미쳤는지를 연구했다. 연구진은 인공위성 사진의 스펙트럼 분석을 통해 제방이 축조되기 이전(1990)과 이후(2000)의 식생을 비교하고, 이를 바탕으로 수자원 순환이 감소하며 습지에

그림 5.11. 2004년 카요 코코 제방(페드라플레네스, pedraplenes)의 모습.
좌측 상단에서부터 시계 방향으로
1. 하르디네스 델 레이 "왕관" 입구에서 남쪽의 육지를 바라본 모습, 2. 제방을 따라 이동 중인 트럭, 3.서쪽에서 동쪽으로 간헐적으로 물을 흘려보내는 지하 통로 중 하나(육지에서 코코 사주 쪽으로 수도관을 통해 담수를 퍼내고 있음), 4. 제방 동쪽에 습지가 보임.

어떤 악영향을 주었는지 확인해 보았다. 이 사업으로 영양분과 식물성 플랑크톤의 양, 유기물질의 교환과 기온이 변화된 것으로 보인다. 식생이 무성하면 가시광선을 흡수하고 빈약하면 반사하는 경향에 기반해서, 연구자들은 두 개의 데이터 사이의 변화를 측정할 수 있었다. 열대 습지 생태계를 확인하는 척도로 맹그로브를 분석한 결과, 규산염(2.35마이크로몰/리터)과 암모니아(21.07마이크로몰/리터)가 증가했고, 염분이 50%에서 80% 증가한 반면, 어류 수는 감소했다. 더 충격적인 것은 대서양 섬들에 호텔이 지어지면서 650만m²의 흑색 맹그로브가 파괴되었거나, 소멸 과정에 있다는 점이다(그림 5.12).

맹그로브가 육상 식물의 주요한 서식처이자, 생태계 회복 기능이 있다는 점을 고려하면 이러한 결과는 경각심이 들게 한다. 퇴적물, 영양분, 탄소, 오염

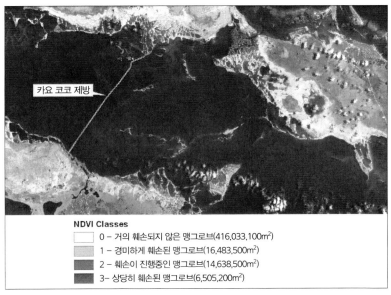

NDVI Classes
- 0 – 거의 훼손되지 않은 맹그로브(416,033,100m²)
- 1 – 경미하게 훼손된 맹그로브(16,483,500m²)
- 2 – 훼손이 진행중인 맹그로브(14,638,500m²)
- 3 – 상당히 훼손된 맹그로브(6,505,200m²)

그림 5.12. 바이아 데 로스 페로스(Bahía de los Perros)의 맹그로브의 상태를 보여 주는 지리정보시스템 중첩 이미지. 하단 중간의 섬과 육지(하단 좌측)와 카요 코코(그림 상단)를 연결하는 제방에서 "상당히 훼손된 맹그로브" 부분에 주목.
출처: Cepero and Lawrence(2006).

쿠바의 경관

물질은 계속해서 같은 위치에 축적된다. 맹그로브는 해안침식을 예방하는 역할도 한다(Alongi 2007). 현지 조사를 진행하는 데 제약이 많았기 때문에 연구의 실증이 어렵고 논쟁의 여지는 남아 있지만, 구소련, 시장자본주의국들과 마찬가지로 중앙집중식 계획, 이윤을 명목으로 정치적인 결정이 이뤄질 때 쿠바에서 환경문제가 등한시되었음을 살펴볼 수 있다(Diá-Briquets and Pérez-López 2000).

소련과 무역 블록이 붕괴되고 '평화기 특별 시기*(Special Period in a Time of Peace)'가 도래하기 이전만 해도 국제 관광산업은 쿠바에서 별다른 비중을 차지하지 않았다. 그러다 1990년대와 2000년 사이 10년간 쿠바를 방문하는 여행객들이 급격히 증가했다(그림 5.13). 1990년대 초반의 경우 부족한 인프라, 시도 때도 없이 일어나는 정전, 제한된 필수 보조 서비스 등의 문제로 관광산

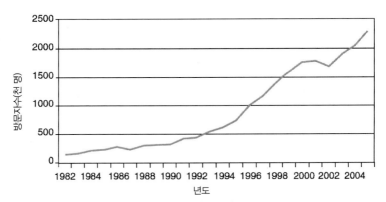

그림 5.13. 1982-2005년 사이 쿠바와 카리브 해 방문객 수.
출처: Espino(2006) 자료.

---

* 역자주: 쿠바는 1991년 소련이 무너지고 원조가 끊기면서 경제 전체가 휘청거리는 어려운 시절을 보내야 했다. 사실 쿠바는 소련이 대규모 원조를 제공하던 시기에도 사회주의 체제의 모순 때문에 경제적인 활력을 얻지 못했다. 1989년 동유럽 공산 체제가 무너지는 것을 계기로 다급해진 소련이 1만 1,000명의 군인과 기술자를 쿠바에서 철수시키면서 경제난은 더욱 심화됐다. 소련이 무너지면서 쿠바는 '특별한 시기'로 불리는 고난의 시절을 보내야 했다. 비슷한 시기 북한이 겪었던 '고난의 행군'의 쿠바 판이다(http://jmagazine.joins.com/economist/view/314490).

업이 크게 성장하지 못했다(그림 5.14). 1996년에 관광객의 수는 100만을 넘어서는데, Y2K만 아니었어도 4년 뒤 이 수치는 200만을 넘어섰을 거라 추정된다. 2001년 9월 11일 이후 2005년까지 관광객의 수는 240만에 약간 못 미치는 수준까지 증가하다가 2008년까지는 비슷한 수준으로 유지된다(Juventud Rebelde 2009).

그림 5.14에서는 관광산업이 충분히 성장하지 못했음을 살펴볼 수 있다. 2000년과 2004년 사이 호텔 객실 수가 1만 개 가까이 증가했음에도 숙박비율이 40%대 후반에서 초반으로 떨어지는데, 그 원인이 세계 경제에 있는지, 재방문 비율의 감소에서 비롯되는지, 아니면 여러 가지 요인들이 뒤섞여서 일어난 현상인지는 명확하지 않다.

20세기 후반과 21세기 초반의 시장 경기의 부침에 따라 1990년대 카리브 해

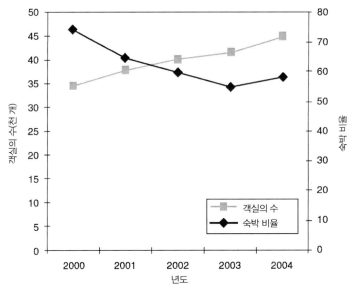

그림 5.14. 쿠바 호텔 객실과 숙박 비율, 2000-2004.
출처: Anuario Estadístico de Cuba 자료.

쿠바의 경관

시장 내 쿠바의 비중은 1990년 3%에서 2000년 10%로 증가하게 된다. 서인도 제도 관광산업에서 쿠바가 차지하는 비중은 완만한 증가세를 보인다(표 5.2). 쿠바를 처음으로 방문했던 여행자들의 만족도가 높지 않았던 것인지, 카리브 해 다른 지역에서 저렴한 가격에 비슷한 분위기를 즐길 수 있어서인지 그 원인은 확실하지 않다.

2000년과 2004년 사이 쿠바를 방문한 외국인들의 국적은 정치 및 경제 흐름과 관련되어 있다. 구매력도 뒷받침되면서 비교적 가까이 있는 캐나다인들이 상당한 부분을 차지한다. 캐나다인들은 관광을 하는 동시에 투자 기회도 모색할 수 있다. 세긴(Seguin 2007, 63)은 *Canadian Business*에서 "캐나다인들은 카스트로 이후 쿠바에서 수익을 올릴 수 있을 것이다."라고 지적한 바 있다. 유럽연합에서 오는 여행자들은 두 번째로 많은 방문자층을 형성하며 전반적으로 네 가지 특징을 보인다. 첫째, 이탈리아인들이 매년 꾸준한 방문객 수준을 유지하고 있다(대략 연간 18만 명, 그림 5.15). 둘째, 영국 관광객들은 증가한 반면, 독일 관광객들은 감소했다. 이는 영국에서 저렴한 쿠바 여행 상품들

표 5.2. 1985-2005년 사이 카리브 해 내의 쿠바 입국자 수.

년도	쿠바 입국자 수(천 명)	카리브 해 방문자 수(천 명)	쿠바 시장이 차지하는 비율
1985	238	8,000	3%
1990	327	11,400	3%
1995	742	14,025	5%
2000	1,741	17,180	10%
2001	1,736	16,902	10%
2002	1,656	26,058	10%
2003	1,895	17,198	11%
2004	2,017	18,385	11%
2005	2,297	19,028	12%

출처: Espino(2006). Maria Delores Espino 자료.

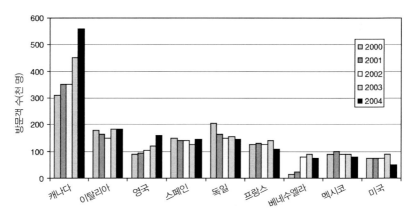

그림 5.15. 2000-2004년 주요 쿠바 방문국들

이 출시되었고, 독일인들의 여행지에 대한 선호가 변했기 때문으로 추정된다. 셋째, 우고 차베스(Hugo Chavez)와 피델 카스트로의 정치적 연대가 강화되면서, 2002년까지 미미한 비중을 차지하던 베네수엘라인들이 급격하게 증가한다. 마지막으로, 금수 조치와 여행 제한에도 불구하고, 2004년까지 매년 10만 명의 미국인이 쿠바를 방문했다. 한편 조지 W. 부시 대통령은 2004년 6월 대통령령을 발효해 대학생들의 여행과 문화적 여행(연구자, 예술가 방문)을 축소시켰다. 쿠바 관광업계 종사자들은 유럽 사람들보다 팁을 후하게 주는 미국인들이 감소했다는 것을 체감한다고 말한다.

쿠바는 도미니카 공화국과 멕시코의 코수멜(Cozumel) 및 칸쿤(Cancun) 다음가는 카리브 해의 주요 관광 거점으로 자리 잡았다. 표 5.3에서는 2005년 지역 관광객들의 순위를 보여 주고 있다. 관광이 반복되면 언제까지 이 수준이 유지될지는 지켜볼 일이며, 방문객 수가 급격히 증가하면서 문제점을 낳기도 한다. 쿠바의 문화 비평가 헤라르도 모스케라(Gerardo Mosquera)는 소비에트 무역 블록이 붕괴된 이후 해외 투자자들이 쿠바 정부와 다시 손을 잡기 시작했다고 지적한다. 이때 쿠바인들이 관광산업으로부터 얼마나 혜택을 받는지

쿠바의 경관

표 5.3. 2005년 카리브 해 방문자 수

국가	방문자 수(백만 명)	비율
도미니카 공화국(Dominican Republic)	3.69	20.3
쿠바(Cuba)	**2.32**	**12.7**
칸쿤(Cancun)	2.13	11.7
바하마(Bahamas)	1.51	8.3
자메이카(Jamaica)	1.48	8.1
푸에르토리코(Puerto Rico)	1.45	8.0
아루바(Aruba)	0.73	4.0
미국령 버진 아일랜드(U.S. Virgin Islands)	0.7	3.8
바베이도스(Barbados)	0.55	3.0
마르티니크(Martinique)	0.47	2.6
신트 마르턴(St. Maarten)	0.47	2.6
트리니다드 토바고(Trinidad and Tobago)	0.46	2.5
영국령 버진 아일랜드(British Virgin Islands)	0.34	1.9
세인트 루시아(St. Lucia)	0.32	1.8
코수멜(Cozumel)	0.28	1.5
버뮤다(Bermuda)	0.27	1.5
앤티가 바부다(Antigua and Barbuda)	0.25	1.4
벨리즈(Belize)	0.24	1.3
큐라소(Curacao)	0.22	1.2
케이맨 제도(Cayman Islands)	0.17	0.9
수리남(Suriname)	0.16	0.9
가이아나(Guyana)	0.12	0.7
그라나다(Granada)	0.1	0.5
사바(Saba)	0.1	0.5
세인트 유스타티우스(St. Eustatius)	0.1	0.5
세인트 빈센트 그레나딘(St. Vincent and Grenadines)	0.1	0.5
앵귈라(Anguilla)	0.06	0.3
보나이러(Bonaire)	0.06	0.3
몬트세랫(Monteserrat)	0.01	0.1
합계	18.86	100.7[a]

출처: Caribbean Tourism Orgiration(2006) 자료. 쿠바의 수치는 "잠정적"임. 반올림을 해서 퍼센트의 합은 100%이 되지 않음.

에 대해서 생각해 볼 수 있다. 모스케라는 다음과 같이 이야기한다.

쿠바인들은 합법적으로 비공식 경제에 참여할 수 있는 선택지조차 없이 신자유주의에 맞서 싸워야 한다. "사회주의적" 근본주의와 "신자유주의"의 의심스러운 조합을 바탕으로 부패, 만연한 절도, 주변성, 암시장, 대규모 이주, 히네테로(*jinetero*, 매춘)와 같은 수단이 생존을 위한 전략으로 등장했다(1994, 4).

카리브 해의 관광산업을 지켜보고 있자면 이러한 모순은 금방 눈에 띈다. 관광객들은 맨발로 모래사장을 거닐지만, 사실 맨발은 빈곤의 상징이었다. 하지만 쿠바인들은 세계 각지의 사람들이 왜 쿠바에 열광하는지를 알고 있다. 쿠바는 아름답고, 풍부한 역사와 풍요로운 문화를 지녔다. 그러나 모스케라(Mosquera 1994)가 지적하듯이 불법적 활동들이 증가하면 관광산업은 부정적인 영향을 받는다.

결론

해외 대중매체는 쿠바를 정신분열증적으로 묘사한다. 쿠바는 시민사회를 탄압하는 권위주의적 국가로 그려지다가도, 매년 250여 명의 관광객들이 방문하는 걸 보면 말 많고 탈 많아도 여전히 매력적인 나라인 듯하다. 2008년 초반에 라울 카스트로(Raúl Castro)는 국민들이 휴대전화를 구입할 수 있도록 하고, 비용을 지불할 경우 호텔에서 숙박할 수 있도록 하겠다고 밝혔다. 그러나 이를 통해 지도부가 시민과 개인의 자유에 대한 입장을 바꾼 것인지를 판단하기에는 아직 이른 감이 있다. 휴대폰을 사거나 관광객을 상대로 하는 호텔에

투숙할 처지가 되는 쿠바인들은 극소수이다. 그렇지만 이런저런 탈규제의 신호는 쿠바를 지켜보는 이들을 혼란스럽게 한다.

이번 장에서는 쿠바 경관을 몇 가지 충위로 나눠 살펴보았다. 1970년대 아바나의 역사적 도시경관에 관하여 경관 건축가 케빈 린치(Kevin Lynch 1972)의 이야기를 상기시켜 보는 것도 좋을 듯하다. 린치는 그의 책 *What Time Is This Place?*에서 독특한 건조 환경, 건축적 다양성, 인상적 전망과 산책로와 같은 요소가 아바나를 고유한 장소로 만든다고 지적했다. 또한 유럽과 아프리카 문화가 어떤 방식으로 혼합되고 각각의 흔적을 남겼는지에 대해 주목한다. 그는 다양한 충위의 역사와 문화를 어떤 식으로 관리하느냐에 따라 도시의 매력이 결정된다고 밝힌다. 린치는 1960년대의 "도시 위기"와 1970년대의 "생태 위기" 시기에 글을 썼으며, 아바나의 경관을 사례로 들어 도시 계획가들이 역사적으로 풍요로운 도시에 대한 인식을 가지고, 과거를 바탕으로 오늘날과 미래의 계획을 세워야 한다는 점을 강조한다(Ford 1976). 쿠바의 인류학자 페르난도 오르티스(Fernando Ortiz)는 십 년 앞서서 쿠바의 문화적 혼합, 즉 오르티스의 표현에 따르면 통문화화(transculturation)* 과정을 다음과 같이 묘사한다.

세네갈, 기니, 콩고, 앙골라와 같이 대서양 인근 아프리카 해안 지역에서 아프리카 흑인들이 흘러들어 왔다. … 유대인, 포르투갈인, 앵글로 색슨, 프랑스인… 그리고 마카오, 광동, 다른 천상의 왕국(Celestial Kingdom)에서 온 몽고 인종까지도. 이들 각각은 자신들의 뿌리로부터 떨어져 나왔다. … 통문화론은

---

* 역자주: trans라는 용어는 번역자에 따라 문화횡단, 초문화화, 문화변용, 통문화화, 트랜스문화 등으로 다양하게 표현된다.

쿠바뿐만 아니라 아메리카 역사 전반을 이해하는 데 근본적이고 필수적이다 (2004, 27).

쿠바의 관광경관과 이미지는 이 점을 보다 명확하게 한다. 쿠바 지도부조차도 관광산업이 쿠바 경제성장의 주요 동력이라는 점을 부인하지 않는다. 세계관광기구(The World Tourism Organizaion 2007)는 "관광산업은 많은 국가에서 제1산업으로 공고히 자리 잡았으며, 외화 벌이와 일자리 창출에 있어서 빠르게 성장하는 경제 분야"라고 지적하는데, 쿠바는 그 대표적인 사례라고 할 수 있다.

쿠바는 정치와 이념을 접어 두고서라도 관광 시장을 확장하고자 한다. 쿠바 관광 당국은 미국에서 여행 금지를 중단할 경우 1년 내에 100만 명의 관광객(대략 2006년 시장 규모의 절반)들이 유입될 것이라 예측한다.

미국인들은 오염되지 않은 해변을 거닐고, 어니스트 헤밍웨이가 좋아하던 술집에서 다이키리를 홀짝이고, 한때는 마피아의 놀이터였던 도시에서 빈티지 자동차를 타고 시간 여행을 하기 위해 쿠바로 밀려들 것이다(Boadle 2007).

쿠바가 국제 관광 시장에서 차지하는 비중은 여전히 작지만, 세 번째(미국)와 일곱 번째(멕시코) 관광 대국 사이에 위치해 있다. 프라이스 워터하우스(Price Waterhouse) 관광산업 분석가들은 매년 플로리다를 방문하는 4,000만 관광객 중 10%만 끌어와도, 600만 방문객들과 산더미 같은 외화가 쿠바로 유입될 것이라고 전망한다(Seguin 2007, 66). 관광 흐름을 보다 원활하게 개선하기 위해 항공, 철도, 선박 교통의 연결성을 강화시키는 것도 한 방편이 될 수 있다. 가령 디즈니월드–키웨스트–아바나–키웨스트를 연결하는 경로를 신설하거나, 판타지, 문화유산, 바닷가에 s 요소들, 즉 "태양(sun)−서핑(surf)−섹스 (sex)−상그리아(sangria)"를 더해 볼 수 있다. 현재 쿠바의 관광경관은 불투명 하지만, 다양한 시나리오를 바탕으로 미래 세계 관광 산업에서 틈새시장을 노 릴 수 있을 것이다.

플로리다 남쪽과 스페인, 멕시코에 주로 분포하는 쿠바인 디아스포라에서 는 두 번째 집이나 은퇴를 위한 곳으로 자신의 모국을 눈여겨보고 있을 것이 다. 사회보장이 줄어들고 401(k) 퇴직연금도 안전하지 못한 상황에서, 미국인 베이비붐 세대도 저비용에 높은 생활 편의 시설을 갖춘 쿠바에 주목하고 있 다. 건강보험과 장기 요양보험이 미국 국민총생산의 14%에서 2030년에 20% 까지 증가하게 될 경우, 쿠바는 건강보험, 장기 요양, 노인 의학 시장의 주요한 서비스 공급자로 부상하게 될 것이다. 사회주의 혁명이 일어나면서 쿠바에서 는 미국을 잠식한 패스트푸드 체인과 상업 지구가 성장하지는 못했다. 하지만 1945년과 1964년 사이 출생한 7,600만의 미국 베이비붐 세대와 도시에 사는 젊은 전문직 종사자들(여피족, yuppies)은 점차 "도시에 사는 은발의 노년층 전 문직 종사자들"(그럼피족, grumpies)로 나이가 들어 가고 있다. 이들은 쿠바의 관광경관을 예상하지 못한 방식으로 뒤바꿔 버릴 수도 있다. 봄 방학을 맞은 대학생들부터 퇴직자들, 호기심 많은 여행자들, 흥청망청 파티를 즐기는 이들 에 이르기까지 다양한 신분의 미국인 방문자들이 유입되고 있고, 쿠바 당국은 이를 지켜보고 있다.

Information

제6장

정보[1]

쿠바는 다른 라틴아메리카 국가들과 마찬가지로, 그 아름다움과 다양한 인간 군상, 매력적인 장소로 말미암아 사회과학이나 인문학에서 낭만적으로 그려졌다(Robinson 1989, 157). 1장에서 언급한 것처럼, 쿠바 여행자들의 상상(앤틸리스의 진주)은 언제나 과장으로 가득 차 있다. 예를 들어, 윌리엄 조셉 쇼월터(William Joseph Showalter)는 1920년 7월 내셔널 지오그래픽에 쿠바가 "설탕의 강이 흘러나가고 금맥이 흘러들어가는 곳"이라고 묘사하며 이것이야말로 쿠바를 특별하게 만든다고 보았다. 또한 설탕 플랜테이션 바깥의 야자수 길은 "거의 모든 경관에서 볼 수 있는" 것이었다(Showalter 1920, 1, 3). 공화정부 초창기 영원할 것처럼 보였던 영토합병론자들에 의해 파생된 쿠바의 과장된 자연미(예: "설탕의 강 … 금맥")는 섬의 수익 창출에 기여했다. 크리스토퍼 콜럼버스는 "여태까지 본 것 중 가장 아름다운 땅이다."라며 쿠바를 찬양했다. 본 책의 1장에서도 콜럼버스가 상륙하면서 했다는 이 말을 인용했지만, 그가 발언한 것이 사실인지는 확인되지 않았다. 그렇지만 앤틸리스 제도에서 가장 큰 섬인 쿠바의 독특한 경관이 문학, 여행기, 그리고 최근에는 사회주의 정

쿠바의 경관

부의 정치 담론에서도 널리 묘사되어 왔다는 것은 의심할 여지가 없는 사실이다.

이 장에서는 다양한 이데올로기와 정치적 메시지가 커뮤니케이션 매체를 통해 일명 "정보경관"이라 부르는 것에 어떤 사회주의적 함의를 표출하는지를 살펴보고자 한다. 정보 기술은 특히 서비스나 상품 소비를 유도하는 메시지가 거의 없는 국가에서 독특한 장소감과 경관을 만들어 낸다. 우리는 이데올로기를 반영한 글들을 이념적 서술을 사용해 장소 만들기의 수사학과 사회주의 쿠바에서의 쿠바성(*Cubanidad*)의 생성에 대해 탐구하고자 한다.

먼저 인본주의 지리학자들은 정치경관을 어떤 식으로 서술했는지 간단하게 살펴보고자 한다. 우리는 장소의 구성에 대한 이해가 인간의 상상력의 일부를 형성하고, 장소의 다양한 의미를 만들어 낸다는 점을 가정한다. 여기서는 "왜곡", "악의 제국", "범죄 시스템" 등과 같은 단어들을 포함하는 사회주의에 대한 묘사를 피하고자 한다(Juraga and Booker 2002, 2). 대신, 우리는 정치 광고판의 디자인과 보급에 사용되는 쿠바의 19세기, 20세기 역사에 대한 주요 도상 및 정치적 상징에 주목하고자 한다. 계급, 정당화, 선전(Propaganda)에 관한 간략한 논의는 우리의 주장을 뒷받침할 것이다. 이 장에서는 주로 정보 기술에 대한 접근, 정치 광고판의 해석과 재현에 대해 다루며 애국심과 사회주의, 미국 헤게모니, 보전, 사회정의, 시민 참여와 같은 내용을 포함한다. 집필진의 경험과 현장 조사를 토대로, 우리는 공산주의자 지도부에 의해 전파된 메시지가 담론에서 우세를 차지한다고 생각한다. 보전이나 생태적 광고판은 제외하고, 정치적 상징과 아이콘은 혁명의 핵심을 구현함과 동시에 섬의 경관에 뚜렷한 흔적을 남긴다. 이런 표식들은 너무 흔한 것이기 때문에 일상적인 삶의 과정에서 피하는 것은 사실상 불가능하다. 우리는 소비문화가 세계화되면서 이데올로기, 경관, 그리고 공간의 사회적 구성이 어떻게 쿠바에서 독특하게 나타났는지를 보여 줄 것이다.

인간의 상상 속에서의 "장소"의 구축

이미지는 일상의 한 부분이며 이 세상 구석구석에 존재한다. 일부 이미지는 보통 사람들에 의해, 일부는 기업에 의해, 일부는 정부에 의해 만들어진다. 상업적, 공공적, 또는 개인적으로 만들어진 것이든 간에 이런 이미지들을 목격한 사람들은 각각의 이미지에 대한 다양한 인식을 형성한다. 이러한 인식은 재현 과정을 구성하는 의미와 기호를 전달한다. 이데올로기는 개인과 이미지 간의 의사소통 과정에서 핵심 구성 요소이다(Seamon and Mugerauer 1985). 간단히 말해, 이데올로기는

> 강력한 사고체계들이다. … [그 영향]은 모든 스케일의 지리적 경관에서 나타난다. … 그 기원과 징후가 무엇이든지 간에, 모든 이데올로기는 권위를 포함하는 다양한 수준의 사회 공간적 관계의 정치 조직과 연관된다(Nemeth 2006, 241).

확실히 쿠바의 경관에서는 소비자 광고를 찾아보기 어려우며, 전 세계에서 북한 정도만이 이런 특징을 공유할 것이다. 따라서 광고판에 정치적 구호를 사용하는 것은 대다수의 국가에서 허용하는 마케팅, 광고와 같다. 이와 관련하여 사회주의 지도부에서 사용하는 역사주의(historicism)*는 카리브 해, 라틴

---

* 역자주: 모든 사상을 역사의 과정으로 분석하고, 그 가치나 진리도 역사의 과정에서 나타난다고

아메리카 및 앵글로 아메리카 국가들의 역사주의와는 차별화된다. 19세기 역사적인 독립 투쟁과, 20, 21세기 사회주의의 수사들은 오늘날 담론에서 강력한 장소 정체성을 형성한다. 카스트로 정부는 19세기의 격렬한 외침, 역사적 사건, 전장과 더불어 1950년대의 게릴라 투쟁, 정치 이데올로기를 강화할 수 있는 영웅들의 이미지에 크게 의존하고 있다(표 6.1). 이런 역사적 사건과 이미지를 활용하는 것은 미국의 남북전쟁 문화에 대한 존중, 유럽의 홀로코스트에 대한 추모 같은 것들을 넘어서고 있다. 미국과 유럽에서 보통 공원, 박물관, 기념비를 통해 이를 기린다면, 쿠바에서는 역사적 사건, 강령, 역사적 인물이나 정치적 인물을 텔레비전이나 광고판, 벽화, 라디오를 통해 언제 어디서든 보고 들을 수 있다. 현대 쿠바 경관은 무수히 많은 정치 광고와 더불어 대중 조직, 다양한 정치 예술, 시위에 활용되는 특별 공공 광장(special public square)을 통해 그 메시지를 드러낸다. 여기서 중요한 것은, 이 공공 공간에서의 시위가 오직 미국에 대항할 때에만 허용되며, 대규모 공공 집회는 국가에서 주도하는 반미 행사가 계획될 때만 허용된다는 점이다.

최근 미국 정부와 쿠바 정부 사이의 끊임없는 외교적 긴장(diplomatic exchange of cat and mouse)은 광고판의 중요성을 보여 준다. 2006년 아바나에 있는 미국 이익대표부*(U.S. Interests Section)는 건물 상층부에 전자게시판을 설치했다. 본 건물은 뉴욕 국제연합 본부 설계에 참여했던 해리슨&아브라모비츠(Harrison&Abramowitz)사가 디자인한 것이다. (실제로는 일련의 패널들이

주장하는 주의이다. 즉, 사회현상의 본질을 자연주의적 또는 초역사적인 것으로서 이해하는 것이 아니라 역사적 생성·발전·소멸의 과정을 갖는 것으로 이해하고자 하는 방법적 입장의 총칭이다 (한국사전연구사, 2002).
* 저자주: 미국은 쿠바와 완전한 외교적 관계를 맺지 못하고 있다. 대신, 스위스 정부로부터 과거 미국 대사관이었던 곳을 임대한 영사관이 있다. 이런 점에도 불구하고, 50명의 직원을 두고 있어 쿠바에서 가장 많은 외교관 직원을 보유한 곳이다.

표 6.1. 19세기 쿠바의 독립 영웅들

영웅	개요
호세 마르티 José Martí	(1853–1895). 작가, 시인, 저널리스트이자, "쿠바 독립의 사도"인 그는 뉴욕, 탬파, 스페인에서 망명 생활을 했다. 마르티는 자유 쿠바의 덕목과 조국에 위협적인 스페인과 미국이라는 악마에 대해 우려한 글을 남겼다. 그는 스페인과의 전투에서 사망했다. 마르티는 20세기에 이미 유명했던 곡조에 직접 자신의 시 "관타나메라(Guantanamera)"를 붙이지는 않았지만, 그의 방대한 저술들은 학문적으로나 대중적으로나 많은 관심을 받고 있다.
카를로스 마누엘 데 세스페데스 Carlos Manuel de Céspedes	(1819–1874). 쿠바 독립 투쟁의 시작을 알리고 10년 전쟁을 이끌었던 그리토 데 야라(Grito de Yara)를 선언한 쿠바 동부의 부유한 토지 소유자이다. 스페인 군대에 의해 전복되고 처형되기 전까지 짧은 기간 동안 쿠바의 대통령이었다.
안토니오 마세오 Antonio Maceo	(1845–1896). 구릿빛 타이탄(Bronze Titan)이라고 불렸던 그는 물라토 쿠바 독립투사이자 정치 전략가였다. 그는 쿠바 자주 독립에 관한 글뿐만 아니라 10년 전쟁에서의 활약으로도 유명했다. 호세 마르티는 그가 몸만큼이나 마음도 강한 사람이었다고 언급했다(그의 키는 약 183cm에 달했으며, 몸무게는 약 90kg이었다). 그는 스페인 사람에게 살해당했다.
칼릭스토 가르시아 Calixto Garcia	(1839–1898). 동부의 올긴 주에서 태어났다. 가르시아는 10대 시절, 5년 후 체포될 때까지 스페인과 맞서 싸웠다. 그는 1898년 주둔해 있던 미군과 함께 스페인과의 짧은 전투에 참전했으나, 전쟁이 끝난 뒤 산티아고 데 쿠바에서 있었던 항복 행사에 참석할 수는 없었다. 그는 1898년 뉴욕 외교 공관에서 폐렴으로 사망했으며, 버지니아 알링턴 국립 묘지에 영예롭게 묻혔다.
펠릭스 바렐라 신부 Father Félix Varela	(1788–1853). 아바나에서 태어났으나 플로리다의 세인트 어거스틴에서 자란 스페인 사람이다. 그는 산 카를로스 신학교에서 공부하기 위해 아바나로 돌아왔으며, 후에 철학, 종교, 물리학, 화학을 담당하는 젊고 유능한 교수가 되었다. 1821년 스페인 의회의 의원으로 선출되어 쿠바인과 스페인계 미국인의 독립을 주장했다. 이 대담한 발언으로 그에게 사형이 선고되자, 뉴욕으로 도망치기 위해 사제직에 입문했다. 그는 뉴욕의 아일랜드인 거주지에서 목사로 있으면서, El Habanero(The Havanan)라는 책을 출간하였다. 총 7회만 출간된 이 책은 쿠바에서 매우 귀중한 밀반입 서적이 되었다. 그는 뉴욕 대교구의 주교대리 법무관이 되었다. 그는 호세 마르티가 태어난 1853년 세인트 어거스틴에서 사망했다. 그의 유해는 1912년 아바나 대학으로 옮겨졌다.

지만) 이 게시판은 미국의 스포츠 스코어뿐만 아니라 쿠바 뉴스나 국제 뉴스에 대한 대안적인 해석을 제공한다. 미국은 쿠바인들이 다른 방법으로는 해당 정보에 접근할 수 없기 때문에 뉴스 기사들이 매우 중요하다고 주장한다.

이에 쿠바 정부는 게시판을 대중의 시선으로부터 차단하기 위해 "애도 깃발"이라고 불리는 검은색 깃발들을 배치하여 대응하였다(그림 6.1). 미디어 소식통들은 이 보복성 외교 행위에 대해 "전자 게시판 전투"라고 불렀다. 2006년 6월, 쿠바 정부는 게시판에 대한 항의의 의미로 건물의 전력을 차단했으나, 곧 복구되었다. 쿠바 당국에서는 건물이 위치한 베다도(Vedado) 지역의 전력망에 문제가 있었다고 주장했다(Robles and Bachelet 2006). 그러나 영사관의 마이클 팜리(Michael Parmley)는 마이애미 헤럴드 1면에서 외교 공관에 가해진 제재를 비난한 후에야 전력이 복구되었다고 주장했다. 당시 미국 이익대표부 국장을 역임했던 팜리는 워싱턴 D.C.에 있는 대사관 게시판을 설치해 알자지라(Al Jazira) 뉴스를 내보낸다면 미국 정부가 허용할 것 같은지 질문을 받았다. 그는 미국 정부가 달가워하지는 않겠지만 설치를 허용할 것이라 답했다. 또한 팜리 국장은 "[쿠바 전역에서] 선전물이 발견되고 있으며, 이는 쿠바가 섬이어서 통하기" 때문에 아바나에 게시판을 설치한 조치는 적절한 것이었다고 말했다(National Public Radio 2006). 다시 한 번 지리가 중요한 역할을 수행했던 것이다.

정부 간에 벌어진 소위 광고판 전투는 아바나와 워싱턴의 외교 상황이 악화되었음을 보여 주는 한 지표이다. 그러나 이런 상황은 전자 게시판 사건에만 국한되지 않는다. 2004년, 쿠바는 아바나 미국 공관 근처에 미군들이 이라크 어린이들에게 소총을 겨누고 있는 사진들과 아부 그라이브(Abu Graib) 교도소에서 피를 흘리고 두건을 쓰고 있는 수감자 사진을 담은 광고판들을 설치하였다. (나치의) 스와스티카(卍字)와 "파시스트"라는 단어가 적혀 있는 이 광고판은 미국 이익대표부의 75개 크리스마스 전구 디스플레이와 나란히 놓여 있었다. 각각의 크리스마스 전구는 2003년에 교도소에 수감된 75명의 민주화 운동가들(쿠바에서는 "반체제 인사"들로 불림)을 상징했다. 한편 쿠바의 고위 외교관 리카르도 알라르콘(Ricardo Alarcón)은 미국의 크리스마스 디스플레이에

그림 6.1. 저항 광장(*protestatario*)는 말레콘의 해안 도로에 위치하고 있으며, 미국 이익 대표부를 마주하고 있다. 이 광장은 쿠바 소년 엘리안 곤살레스(Elian Gonzalez)가 1999–2000년 미국 법원에서 판결을 기다리는 동안 만들어졌으며, 공개적인 저항의 장소이다. 스피커와 무대는 미국 이익대표부(스위스 정부가 미국에게 임대하였음)를 마주 보고 있다. 2006년, 미국 이익대표부는 건물 최상층에 전자 게시판을 설치했다. 위: 미국 이익대표부 건물 서편을 보면 배경에 "애도 깃발"(banderas de deluto)이 있으며, 호세 마르티의 동상(엘리안 곤살레스를 상징하는 어린 소년이 그의 팔에 안겨 있다)이 보인다. 아래: 동쪽을 보면 조명 및 음향 시스템을 위한 작업대가 있다.

쿠바의 경관

대해 "도발"이자 "쓰레기"라고 말했다. 반면 미국 국무부는 "스와스티카를 게시하는 모든 정부는 왜 그런 짓을 하는지에 대해 대답할 의무가 있다. … 우리는 크리스마스에, 감옥에 수감된 75명을 기리는 것이 전적으로 옳은 행위라고 생각한다."라고 말했다(Franc 2004). 두 나라가 완전한 외교 관계를 유지하지 못하는 지정학적 상황에서 "옥외 광고"의 활용은 정부의 정당성과 시민사회의 의미에 대한 담론을 한층 끌어올린다. 열대의 "냉전"은 아바나와 워싱턴 사이에서 여전히 일어나고 있으며, 쿠바의 정보경관은 이런 전투가 발발하는 전장이라 할 수 있다.

계급, 정당화 그리고 선전(Propaganda)

마르크스주의자의 관점에서, 이데올로기는 생산의 사회적 관계의 재생산을 수반한다. 즉, 사회가 어떻게 사회·경제구조를 한 세대에서 다음세대로 전승하는지에 관한 것이다.

이데올로기는 어떻게 기존 사회관계의 총체가 개인에게 재현되는가에 관한 것이다. 이는 사회를 영속적으로 유지하기 위해 만들어 내는 이미지이다. 이러한 표상들은 [어떤 사회에서 살아가고 있는 개인]을 강제하는 역할을 한다. … 그들은 시간이 지남에 따라 일관적인 사회적 행위를 보장할 수 있는 고정된 장소를 만들어 낸다. 이데올로기는 이미지의 조작, 재현의 과정을 통해 사물들이 원래의 상태를 유지해야 하며, 우리는 몽땅 주어진 장소에서 살아가야 한다는 점을 설득시키고자 한다(Nichols 1981, 1).

이 점에서, 위르켄 하버마스(Jürgen Habermas 1975)의 저작인 『정당성 위기(Legitimation Crisis)』는 쿠바의 정보경관을 이해하는 데 특히 유용하다. 하버마스는 사회에서 작동되는 세 개의 하부 체계(경제 체계에서 만들어 낸 노동, 사회문화 체계로서의 언어, 정치 체계로서의 지배)를 규명하였다. 이것들은 쿠바 정부가 정치 광고판을 사용하는 방식을 이해하는 데 유용한 렌즈이다. 워너(Weiner 1981, 119)에 따르면, 이러한 담론들로 인해 대중들은 "진실 주장"을 통해 정치 세력에 도전하기 어려워진다. 사회주의 국가에 의해 만들어진 정치적 표식은 여러 가지 방식으로 드러날 수 있다. 단일 정당 체제에서는 인쇄 매체나 전자 매체를 통한 경쟁 정당의 홍보가 부재하기 때문에 단일한 메시지를 대중에게 전달할 수 있으며, 담론에 대한 독점권이 보장된다. 우리는 공산주의 국가의 정치 체제를 연구하는 데 있어 정당성의 활용이 중요하다고 주장하는 쿠빅(Kubik 1994, 7)의 의견에 동의한다. 정당성이란 정부가 국민을 어느 정도 통제할 수 있다는 주장을 "인정"하는 것이므로, 곧 정권의 성공적인 지속을 의미한다. 시모어 립셋(Seymour Lipset 1960, 19)은 반세기 전에 이에 대해 "정당성은 기존의 정치 제도가 사회에 가장 적합한 것이라는 믿음을 불러일으키고 유지시키는 시스템의 능력을 필요로 한다."라고 주장했다.

광고판 형태의 정치 선전은 개인, 조직, 정부가 채택하는 수많은 "권력의 공간적 어휘" 중 하나다(Allen 2003; Von Blum 2002). 쿠바 정부는 이 외에 만화, 선언, 연설, 공개 망신(쿠바에서는 actos de repudio[2]라 함), 대중 집회, 집중 보도 프로그램(최근에는 mesas redondas라 부름), 신문, 정치적 성명서, 화보, 선전 전단, 공개 발표, 혁명 노래, 연설 등을 이용한다(Holm1991, 18). 이것들은 모두 장소에 관한 수사들을 구성한다.

장소 개념은 20세기 앵글로 아메리카 지리학에서 중요한 위치를 차지하고 있다. 이는 사람이나 물체가 차지하고 있는 지리적 공간의 일부로서 가장 중

쿠바의 경관

요한 것이다. 존 애그뉴(John Agnew 1987)는 장소가 세 가지의 속성으로 구성된다고 주장했다. 하나는 로컬의 "감정 구조"를 불러일으키는 "장소감(sense of place)"이다. 두 번째 차원은 특정한 지리적 영역에서 사람이나 물체의 위치이다. 이 용어는 고정된 지점(절대적 위치)과 그를 둘러싼 영역의 관계를 의미하는 상대적 위치 개념과 함께 한다. 세 번째 요소는 "로케일(locale)" 또는 사회적 관계가 발생하는(take place) 환경이다. 종합하여 이러한 장소의 구성 요소들은 인문지리학에서 실증주의적 연구에 대한 대안을 제공하고, 장소에 대한 지리학 연구에 있어 현상학적으로 접근할 수 있게 한다. 여기서 "현상학적"이라고 함은, 개인들이 자신의 경험을 범주화하는 선입 구조 없이 세상을 경험하는 것을 의미한다. 장소감은 개인(의 경험)에 따라 개별적이고 귀납적으로 묘사될 수 있다(Relph 1976; Seamon 1979).

그러나 20세기가 끝날 무렵, 장소 개념에 대한 관심은 원래의 인본주의적 영역을 넘어 경제, 사회, 정치지리학(Agnew 1987; Johnston 1991; Kirby 1982; 1993) 및 커뮤니케이션 연구에까지 영향을 미치게 되었다. 장소는 권력과 정치 과정을 실증적이고 관찰할 수 있게 드러내 준다. 장소에는 이러한 과정의 결과물이 드러나며, 경관에 그 흔적을 남긴다. 다양한 지리적 스케일을 다루는 연구들은 도시 스프롤(urban sprawl) 현상, 혐오시설(Locally Unwanted Land Uses, 쓰레기 처리장, 교도소, 정신병원, 교화소, 하수처리장 등)을 어디에 짓고 유지해야 하는지, 정치 선전, 광고의 활용과 같은 복잡한 현상들을 보여 준다.

캐나다 학자인 마셜 매클루언(Marshall McLuhan 1967)은 최초로 새로운 전자 매체(특히 텔레비전)가 우리 세계를 평이하고 균질한 것으로 만든다고 주장한 사람이다. 그의 연구는 "글로벌화"(정보통신기술의 발달로 시공간이 압축된다는 개념)라는 용어가 널리 알려지기 전에 이루어졌다는 점에서 주목할 만하다

(Waters 1985). 타임지는 "지구촌(Global Village)의 왕자"라고 칭한 매클루언은 "우리는 완전히 새로운 세상에 살고 있습니다. … 우리는 실시간 전자 이동이 만들어 낸 … 지구촌에 살고 있습니다. 그것은 행성만큼 넓고 동시에 마을만큼 작습니다."라고 주장했다(Time 1992). 컴퓨터가 보급되기 전에 그가 개념화한 공간에서는 로컬과 세계 사이의 구분선이 흐려진다. 그러나 아파두라이(Appadurai 1986; 1996)의 저작들에서는 로컬과 보편 세계가 다시 연결된다. 그는 "이념경관(ideascapes)" 논의에서 미디어와 이데올로기를 결합시켰다. 핵심 이데올로기는 경관에 그 흔적을 남기고, 시민과 국가권력의 관계를 재형성하며, 공공연하면서도 은밀한 정치 선전물에 노출된 시민들 사이에서 충성심을 불러일으킨다.

쿠바의 시민사회와 정보 기술

아파두라이의 용어를 빌려 말하자면, 쿠바의 "이념경관"은 혁명의 덕목을 포용하고, 국가를 위해 희생한 이들이 이룬 것을 기념하며, 쿠바를 미국 헤게모니의 희생자로 만든다. 그리고 이는 쿠바 전역에 널리 배포된다.[3] 카티(Carty)는 쿠바에서 대중매체의 역할이 다소 뒤엉켜 있다고 주장한다. "긍정적인 면"은 "[미디어가] 마르크스–레닌주의 관점에서 국내외의 사건과 추세에 대해 체계적이고 엄밀한 방식으로 해석한다는 것이고, 부정적인 측면은 매스컴 종사자들이 목표 달성에 필요한 지도자나 조직의 성패에 대한 비판을 제공하지 않는다는 점"이라고 서술하였다(1990, 134). 즉, 국영 신문에는 아무나 논평을 기고할 수 없으며 야당 기관지도 없다는 것이다. 국가 정책에 대한 비판은 간접적이고 은밀해야 하며, 오직 최고위 공무원만이 이런 비판을 제기할 수 있다. 전자 매체의 경우, 쿠바에서 민간인은 인터넷에 접근할 수 없으며, 오직 공공기관이나 합작 회사에서 선별된 직원 일부만이 웹에 접근해 전자메일 계정을 유지할 수 있다. 케이블 TV나 위성 방송 수신 안테나의 밀거래가 번성하고 있기는 하지만, (공식적으로) 호텔이나 레스토랑을 제외하면 케이블 TV는 없다(Peters and Scarpaci 1998). 당국의 승인 없이 인터넷이나 위성 TV에 무단 접속할 경우, 쿠바 법에 의해 처벌을 받게 된다. 그럼에도 불구하고 판매자, 설치기사, 횡령꾼(embezzlers)의 지하조직을 통해 불법 케이블과 인터넷 접속이 증가하고 있다.

근대 국민국가, 특히 권위주의 국가의 주요 특성으로는 미디어와의 관계를 들 수 있다. 무장 세력을 통제하는 것 외에, 정부의 정당성을 시민사회에 알리기 위한 방법으로 가장 중요한 것이 미디어 통제이다. 냉전 기간 동안, 비동맹 국가(비동맹 운동)들이 수집한 뉴스 에이전시의 정보는 AP통신, UPI, CNN, 로이터, BBC와 같은 서구권 방송사에 대한 반작용의 역할을 했다.

쿠바 정부는 오랜 기간 동안 "국제 언론의 보도나 논평의 영향을 받아 왔으나, 쿠바 정부 혹은 다른 제3세계 지도자들의 영향력은 미미했다."라고 평했다(Milner 1979, 17). 1971년 쿠바 교육·문화 회의 최종 선언에서 정부는 다음과 같이 선언한다.

교육과 마찬가지로, 문화는 정치적이고 공정하지 않으며, 그렇게 될 수도 없다. … 라디오, 텔레비전, 영화, 언론은 사상 교육과 집합 의식의 창시를 위한 강력한 도구이다. … 대중매체는 지침 없이 바뀌거나 사용될 수 없다 [Granma Weekly Review 1971; Milner(1979, 18)에서 인용].

이런 제한에도 불구하고, 쿠바에는 많은 신문사, 라디오 방송사, 텔레비전

표 6.2. 쿠바의 국영 컴퓨터 서버들(.cu)

Ceniai	Cubamar
Infocom	Cubaciencia
Cubaweb	Cubasi
Isla Grande	Portal del medio ambiente en Cuba
Infomed	Cubarte
Citmatel	

채널들이 있다. 12개의 쿠바 국영 포털 서버가 존재하지만(표 6.2), 인터넷 접속 및 사용은 엄격하게 통제된다. 연구자와 공공기관의 관료들만이 인터넷(월드 와이드 웹)에 자유롭게 접속할 수 있다. 쿠바인들은 인터넷을 사용할 수 있다면 외화라도 지불할 용의가 있다. 비용은 시간당 3달러에서 6달러 정도인데, 이는 쿠바인이 한 주 동안 버는 임금에 해당한다. 쿠바인들은 쿠바 섬 안에서 운영되는 인트라넷에는 자유롭게 접속할 수 있다. 우체국과 컴퓨터 센터에서 인트라넷을 통해 이메일을 전송할 수 있으나, 쿠바 내로 보내는 것만 가능하다. 합작 벤처를 운영하는 쿠바인들의 경우 회사에서 월드와이드 웹에 접속해 국제적으로 메일을 보내는 것이 가능하다. 정부는 관행적으로 쿠바 내외로 전송되는 메일을 검열하고 훑어본다. 팔머(Palmer)는 쿠바에서 인터넷에 접속하는 것은 "매우 비싸고 비용이 많이 들며 … 적절하지 않은 내용(쿠바 관광을 권장하지 않는 사이트로 정의됨)은 [차단]된다. 극소수의 국가 공무원만이 제한적으로 인터넷에 접속할 수 있다."라고 주장한다(2005). 쿠바 정부는 대다수의 쿠바인이 엄두도 낼 수 없는 국제통화 계좌나 전화망만 팩스에 접근할 수 있도록 제한했다. 최근 쿠바의 웹사이트를 검토한 결과, 2개의 국영 신문, 15개의 주 기관지, 26개의 잡지, 3개의 국영 TV 방송사, 10개의 국영 라디오사가 있는 것으로 나타났다. 이 모든 것은 국가 소유이며, 국가의 감독 및 검열을 받는다는 점은 의미심장하다.

공산주의 국가인 북한이나 베트남처럼, 쿠바 정부는 선별된 주제에 대해서 제한적으로만 공적 토론을 허용한다. 이런 공청회들은 매우 신중하게 조율된다. 밀너(Milner 1979, 18)는 거의 30년 전에, "공산주의 사회는 그런 위도의 시대(periods of latitude)에서조차, 논쟁의 권리를 보장하는 척도 하지 않았으며 비판을 허용하지 않는다."라고 주장했다(1979, 18). 쿠바인들은 검열이라는 단어를 순화시키기 위해 다양한 용어를 사용한다. 프랑스의 NGO인 국경 없는 기자회는 다음과 같이 말했다.

2006년, 쿠바는 중국에 이어 두 번째로 많은 언론인들을 감옥에 가두고 있다. 3년 전 쿠바 정부는 "쿠바의 경제와 국가적 독립"에 반하여 미국과 규합했다는 혐의를 제기하였으며, "언론탄압법" 또는 88법을 근거로 전례 없는 단속을 벌여 27명의 언론인을 체포함으로써 1위에 올랐다(2006).

공적 연설과 사적 연설을 구분하는 것에 대한 인식은 관변(Official circles)에서 들었던 다음의 발언에 언급되어 있다: "쿠바에는 비평 문화가 없습니다"(En Cuba no hay una cultura de crítica) 혹은 "혁명으로 뭉치면 모두가 하나가 되지만, 흩어지면 아무것도 아니게 됩니다"(dentro de la Revolución todo, fuera de la Revolución, nada). 이 개념적인 충격은 미국의 ABC 뉴스 특파원 바버라 월터스(Barbara Walters)가 1977년 피델 카스트로를 인터뷰 했을 때도 드러났다. 카스트로는 다음과 같이 말했다.

사회주의를 반대하는 정기 간행물이 이곳에서 나올지를 묻는다면, 솔직히 불가능하다고 말할 겁니다. [쿠바 공산]당도, 정부도, 국민도 그걸 용인하지 않습니다. 그런 점에서, 우리는 당신들 미국이 가지고 있는 언론의 자유가 없습니다. … 우리의 대중매체는 혁명의 한 부분으로 작동합니다[Milner(1979, 18)에서 인용].

25년이 지난 후, 월터스가 다시 카스트로를 인터뷰하였는데, 그는 쿠바 인권 정의의 척도로서 의료서비스와 교육에 대한 정부의 역할을 강조했다. 월터스는 다음과 같이 논평하였다.

카스트로에게 있어, 자유는 교육과 함께 시작된다. 만약 문해율 하나만을 기준으로 삼는다면, 쿠바는 지구상에서 가장 자유로운 나라 중 하나일 것이다. 쿠바의 문해율은 96%이다(The Agitator 2006).

확실히 피델 카스트로는 미디어에 정통하다. 1977년 월터스의 인터뷰는 10일 동안 진행되었으며, 이 시기 동안 이 미국의 유명 언론인은 쿠바 지도자의 손님으로 지프를 타고 섬 전역을 여행했다. 세계 언론들은 스카프를 하고 작업복을 입은 채 쿠바의 산과 바다를 운전하는 월터스의 이미지들을 내보냈다. 월터스의 경험은 거의 16년 동안 미국 미디어에서 악마처럼 묘사된 당시 정권의 이미지를 회복하는 데 도움을 주었다. 바티스타 대통령의 군대가 게릴라 전사를 죽인 뒤, 카스트로는 1958년 뉴욕 타임스의 허버트 매튜스(Herbert Matthews)와의 인터뷰를 시작으로, 혁명 투쟁의 초장기 동안 미디어 활용법을 배웠다. The National Review는 인터뷰에서 카스트로가 "첫 직장을 뉴욕 타임스에서 잡았다."라고 한 말을 인용했다(1961, 44).

19세기 쿠바 독립의 수사학적 구호

　현대 쿠바의 경관과 미디어가 정치적 상징주의에 젖어 있다면, 이는 분명 쿠바의 오랜 식민 역사에서 비롯된 것이다. 식민지 쿠바는 다른 중남미 식민지 국가들이 스페인 지배에서 벗어나기 위해 촉발한 독립 전쟁에 참여하지 않았다. 1830년, 스페인은 푸에르토리코와 쿠바를 제외한 모든 신세계 식민지에 대한 지배권을 상실하였다. 쿠바가 식민 모국을 위해 생산한 설탕, 당밀, 럼, 목재 같은 것들로 인해 쿠바에 대한 스페인의 통치는 강화되었다(Moreno Fraginals 1964). 아바나·니페·마탄사스 항과 산티아고는 스페인의 카디스 항으로 향하는 대서양 선박의 주요 재정비 지점이었다. 그러나 쿠바에서 태어난 크리오요(creole)들은 독립을 주장하며 1860-1878년, 1882년, 1895-1898년에 몇 차례 전쟁을 일으켰다. 쿠바 독립 전쟁이 끝날 무렵 미군이 개입해 쿠바

그림 6.2. 국가가 지원한 테러를 비난하는 정치 광고판, 아바나 시 란초 보예로스(Rancho Boyeros). 스페인어로 "살인자(Assassin, *asesinos*)"의 앞 글자, 카드 게임의 "풀 하우스"를 의미하는 에이스(Ace)를 중의적으로 표현하였다. 왼쪽에서 오른쪽으로: 아돌프 히틀러, 조지 W. 부시, 루이스 포사다스 카릴레스(Luis Posadas Carriles), 올란도 보쉬.
출처: 사진 Korine Kolivras 제공.

국민의 손에서 승리를 거두어 갔으나, 스페인에 대항한 쿠바인들의 투쟁으로 중요한 해방의 상징들이 생겨났다.

첫 번째는 마체테(machete)를 휘두르는 쿠바 군인인 맘비세스(*mambises*)로, 이들은 스페인 점령군의 현대식 복장과 대비되는 "농부의 모자"의 일종인 밀짚모자의 앞을 접은 채로 쓰고 다녔다. 겸손, 인내, 용기는 고귀한 맘비세스를 상징한다. 두 번째는 쿠바 혁명 운동의 아버지이자, 역사적 인물인 호세 마르티의 흉상이다. 대량생산된 콘크리트 흉상은 학교, 병원, 정부 청사, 공원 등 여러 장소에서 볼 수 있다. 세 번째로는 상대적으로 덜 알려진 상징으로, 19세기 전쟁 영웅들을 묘사한 일련의 시민 예술이 있다.

카를로스 마누엘 데 세스페데스(Carlos Manuel de Céspedes), 안토니오 마세오(Antonio Maceo), 칼릭스토 가르시아(Calixoto García)는 아바나와 거의 모든 주의 수도에서 볼 수 있는 조각상에 묘사된 영웅 중 일부이다. 마지막으로, 이 장의 나머지 부분에서 주목하고 있는 정치 광고판은 섬 전역에 분포되어 있다(그림 6.2).

정치 광고판

1960년대 쿠바의 문화 혁명은 시, 시민 예술, 회화, 조각과 같은 모든 형태의 예술을 대중들에게 알리기 위해 노력했다(Kapcia 2000, ch. 2; Block 2001). 문화부의 카사 데 라스 아메리카스(Casa de las Américas)는 혁명 초기에 창립되었으며 만 편 이상의 원작을 포함해 시, 서적, 단편소설, 소설을 보급하는 데 중요한 역할을 담당해 왔다. 이 작품들은 국제적인 상을 수상하기도 했으며, 이로 인해 카사 데 라스 아메리카스는 상당한 정당성을 부여받았다(Carty

1990, 155). 당연한 일이지만, 쿠바의 대중매체에 대한 외국의 소유권은 허용되지 않는다.

혁명은 거리 벽화나 옥외 광고(광고판) 같은 새로운 형태의 대중매체를 소개하기도 했다. 정치 광고판은 정치적 혹은 공공의 메시지를 전달하는 예술 작품이다. 유라가와 부커(Juraga and Booker)가 보여 준 것처럼, 사회주의 예술과 선전(Propaganda)는 부분적으로 "서구 부르주아 미학 …[과] 이데올로기의 헤게모니에 도전"하는 역할을 한다(2002, 6, 9). 포스터, 광고판, 그림, 벽화와 같은 그래픽 예술 또한 정치 교육, 사회주의 혁명의 가치 및 "새로운 헌신과 인류에 새롭게 각성된 열정"을 활용할 수 있는 기회를 촉발시켰다(Kapcia 2000, 14).

수천 개의 정치 광고판이 쿠바 곳곳에 퍼져 있다. 광고판들은 가시성을 최대화할 수 있도록 주요 도로나 고속도로에 위치해 있다. 정치 광고판은 국영사업장, 항구, 도로 및 관광 시설을 식별하는 데 사용되는 표지판을 제외하면 사실상 쿠바에서 볼 수 있는 유일한 공익광고라고 할 수 있다. 몇 개의 광고판이 관광지나 관련 시설을 홍보하고 있긴 하지만, 국제통화로 지불해야하는 숙소나 식사 시설을 감당할 수 있는 쿠바인들조차 이런 장소에 드나드는 것이 금지되어 있다(Scarpaci 1998). 이는 라울 카스트로가 권력을 잡은 2008년에 바뀌었다. 광고판에 표준 형식이 있는 것은 아니지만, 일반적으로 역사적인 인물의 인용구를 넣거나 쿠바의 사회주의의 덕목을 찬양하거나 혹은 둘 다 넣기도 한다. 쿠바의 경관에서는 보통 가로 12m, 세로 5m 크기의 광고판이 눈에 가장 잘 들어온다.

1959년 쿠바 혁명은 점진적으로 민간 영역 활동을 금지하기 시작했으며, 그로 인해 라디오와 텔레비전, 인쇄 매체 및 상업적 광고판을 포함한 상업 광고는 끝을 맞이하게 되었다. 피델 카스트로와 게릴라 전사들의 지배하에 쿠바에서의 삶은 달라질 것이라는 점을 강조하고 미디어를 장악할 새로운 메시지가 필요했다. 1961년 말까지 모든 주택, 회사, 서비스, 공장, 교통 시스템은 국가의 통제하에 놓이게 되었다. 국영화로 민간 영역의 광고는 제거되었다. 시장 경제는 불필요한 소비를 장려하며, 사회주의 사회에서는 이를 혐오한다. 대부분의 생필품은 국가에 의해 충족되었다. 식량은 배급 통장(*libreta*)을 통해 식료품점(*bodega*)에서 받을 수 있었고, 주택은 수요와 정치적 기준에 따라 국가에 의해 할당되는 국유 재산이었으며, 거의 모든 사람이 공공 부문에서 일했다.

이런 초창기의 혼란스러운 상황 속에서, 쿠바인들에게 빠르게 변화하는 정치 및 경제 상황을 알려줄 수 있는 알림망(public notice)이 필요했다. 예를 들어 봉사 수요는 국가, 주, 지역 수준에서 발표되어야 했다. 국가 수준의 생산 쿼터와 회사의 생산 쿼터에 대해서도 알려야 했다. 전자 매체(TV와 라디오)는 신문과 같은 인쇄매체와 마찬가지로 공공 정보를 전달하는 데 핵심 역할을 수행했다. 최근까지 쿠바 경제의 근간을 이루고 있는 사탕수수 수확량은 국영 농장, 시(무니시피오, *municipio*) 정부, 주 정부, 국가 수준에서 게시되었으며, 광고판이야말로 이런 작업에 이상적인 매체였다.

광고판은 몇 가지 기능을 지닌다. 첫째, 광고판은 상대적으로 저렴하다. 일단 설치되면, 페인트와 페인트를 칠할 노동력만 필요로 한다. 둘째, 광고판은 크고, 한 장소에 고정되어 있으며 오랜 기간에 걸쳐 직·간접적으로 메시지를 전달한다. 특별한 메시지를 전달해야 할 경우 손쉽게 덧칠할 수 있다. 셋째, 짧은 몇 초의 순간 읽고 해석할 수 있는 구호를 퍼뜨리기에 적합한 수단이다. 따라서, 광고판은 혼잡한 버스, 쿠바인들을 일터로 실어 나르는 트럭에서 통근자들에게 정보를 제공하는 이상적인 수단이다. 마지막으로 광고판은 국가가 현존하고 있다는 사실을 끊임없이 상기시키는 역할을 하며, 대중들에게 복지, 안전, 역사적 교훈, 사회주의 이데올로기를 고취시킨다. 우리의 주장을 뒷받

쿠바의 경관

침할 만한 경험적 증거는 없지만, 정치 광고판은 쿠바의 가장 강력한 수단이라고 생각한다.

장소, 경관 그리고 담론

이 절에서 우리는 정치 광고판에 스며들어 있는 메시지의 담론을 다섯 가지로 정의하고자 한다. 이 메시지들은 국가와 도시, 산과 계곡, 동쪽과 서쪽에 걸쳐 광범위하게 퍼져 있는 거대 담론(broader discourse)의 한 부분을 형성한다. 우리가 검토한 표본들은 애국심과 사회주의, 보전, 미국 헤게모니, 사회정의, 시민참여와 같은 것들을 포함한다. 정치 광고판을 통해 전달되는 여러 유형의 메시지를 모두 보여 줄 수는 없지만, 해당 표본들은 주요한 정치적 메시지를 살펴보는 길잡이가 될 수 있다(표 6.3).

애국심과 사회주의

망명 집단의 분노를 일으키기 위해, 사회주의 지도부에서는 사회주의 원칙과 중앙 계획 경제를 장려하는 역사적 인물상을 제시한다(Grenier and Pérez 2002). 역사적 사건을 홍보하는 수단으로 현대 정치 미사여구에는 문예가, 정치인(politicians), 정치가(statemen), 군인들만이 등장한다. 흥미로운 점은 피델[4]이나 라울 카스트로의 이미지가 걸려 있지 않다는 것인데, 이는 그들 모두 아직 살아 있기 때문이다.*[5] 과거의 역사적 이미지와 현대 사회주의 투쟁을 연

---

* 역자주: 피델 카스트로는 2016년 11월 25일 90세의 나이로 서거했다.

결시키는 것은 역사적 실마리를 제공하는데, 이는 투쟁적이고 정의로운 것으로 여겨지는 국가 정체성을 형성하는 데 중요하다. 다음의 광고판들에서는 국가를 정당화하기 위한 노력을 살펴볼 수 있다.

보전

쿠바는 제한된 자원을 지닌 작은 섬나라이다. 또한 인구는 중국의 1%에도 미치지 못한다. 쿠바인들은 상당수의 생필품이 쿠바 섬에서 생산되지 않아 대부분을 수입해야 하며 국제통화(hard currency)로 지불해야 한다는 점을 분명하게 인식하고 있다(Aranda 1968). 니켈과 기름을 제외한 자원들은 상대적으로 부족하다. 1989년 소련 붕괴 후, 쿠바는 경제적인 필요성으로 국가 소비의 15%에 불과했던 원유 생산량을 사실상 100%까지 끌어올려야 했다. 쿠바 일부 지역의 토양은 세계에서 가장 질이 좋은 담배를 생산하며, (현재는 감소하고 있으나) 사탕수수 생산을 중심으로 풍부한 농업의 역사를 자랑한다. 관개와 음용을 위해 깨끗한 물을 확보하는 것이 주된 근심거리이다. 아바나 남쪽의 두 대수층에서 수도에 공급하는 물을 끌어올리는데, 수도관의 누수로 인해 55%에 달하는 물이 낭비된다. 따라서 수자원 보전은 가장 중요한 문제이다. 사회주의 체제하에서 일어난 몇 안 되는 정치적 저항 중 하나로 1994년 8월 시위가 있는데, 이는 정전으로 아바나 비에하 지역과 센트로(Centro) 아바나 지역의 물 공급 분배에 문제가 발생하면서 발발하였다. 또 다른 보전의 실천으로는 재활용 촉진이 있다. 그러나 현재 쿠바에서는 재활용(예: 가정 픽업 등)이 이루어지지 않고 있다(Díaz-Briquets and Pérez-López 2000; Scarpaci et al. 2002).

표 6.3. 유형에 따라 분류한 쿠바의 정치 광고판과 벽화 표본

담론의 유형	광고판 또는 벽화 제목	한국어	의미	이미지
애국심과 사회주의	Bolivia: Monumento Nacional.	볼리비아: 국가 기념비	쿠나과(Cunagua) 제당소의 이름은 볼리비아 제당소로 바뀌었으며, 아르헨티나 태생 의사인 체 게바라의 이미지가 붙어 있다.	
	Señores imperialistas, no le tenemos ningún miedo.	제국주의자들: 우리는 당신들을 절대 두려워하지 않는다.	아바나 미국 이익대표부 옆에 위치. 노인의 모로 묘사된 미국 정부(Uncle Sam)가 수염난 게릴라들을 마주하고 있는 모습이 그려져 있다.	
	La caña es tradición, cultura, identidad	사탕수수는 전통이자, 문화이자, 정체성이다.	과거 경제의 대들보를 선전한다. 2000년 이래로, 156개의 제당소 중 절반가량이 문을 닫았다.	

표 6.3. 계속

Somos de la misma casa	우리는 모두 한집에서 나왔다.	모든 쿠바인들은 공통의 유산을 공유하고 있으며, 따라서 위기를 극복함에 있어 공통의 책무를 공유한다.	
체 게바라의 얼굴(텍스트 없음)		포스터, 엽서, 티셔츠 등 광범위하게 재생산되고 있는 체의 제일 유명한 이미지, 크로다 촬영. 이곳 피나르 델 리오(Pinar del Río)의 옥성 자수조에 그 이미지가 보인다.	
Los cienfuegueros son firmes, no hay duda.	시엔푸에게로스(Cienfuegueros), (시엔푸에고스 시나 주에 거주하는 사람들)이 [혁명에] 기여했다는 것은 의심할 여지가 없는 사실이다.	몬카다(Moncada) 병영 게릴라 공격 46주년 기념일에 피델이 언급한 말. 피델은 시엔푸에고스 주민이 혁명 투쟁에 헌신한 점을 칭찬했다. 혁명계에서 이는 명예 훈장과 같다. 이 광고판은 시엔푸에고스 시에 위치해 있다.	
Cuba sí! 150 aniversario del natalicio de José Martí. "Será inmortal quien merezca serlo."	Cuba yes! 호세 마르티 탄생 150 주년을 기념하여, 그의 말을 인용했다: "영원히 기억되는 사람들은 그럴 만한 가치가 있는 사람들이다."	2003년 쿠바의 "가장 위대한 순교자"인 호세 마르티(1853–1895)의 탄생 150 주년을 기념하며, 사진(왼쪽에서 오른쪽으로) 아바나에 있는 그의 탄생지, 초상화, 흉상, 또 다른 초상화, 엄모(그가 스페인 정부와의 전투에서 사망한 곳 근처인 산티아고에 위치), 책 표지, 그에게 바치는 기념비(아바나에 위치)이다.	

표 6.3. 계속

La Revolución es intocable	혁명은 범접할 수 없는 것이다.	국가가 계획한 방침이 변함없음을 알리는 것이다.	
Una Asociación de Patria o Muerte.	조국 아니면 죽음을	"조국이 아니면 죽음을(Homeland or Death)"이라는 말은 종종 "우리 극복할 것이다(venceremos)," 또는 "우리는 승리할 것이다."의 같은 문장에 이어 연설을 마칠 때 사용하는 일반적인 용어이다. 이 광고판은 퇴역 군인회의 후원을 받은 것이다.	
Ellos señalaron el camino de seguir adelante.	그들은 앞으로 나아갈 길을 제시하였다.	아바나 동부의 인구가 많은 부도심 지역에 위치해 있는 이 광고판은, 19세기와 20세기의 정치가들과 군인들을 보여 준다. 왼쪽에서 오른쪽으로: 막시모 고메스(Maximo Gomez), 마누엘 데 세스페데스(Manuel de Céspedes), 성명마상, 호세 마르티(José Martí), 호세 안토니오 에체바리아(José Antonio Echevarría), 카밀로 시엔푸에고스(Camilo Cienfuegos), 체 게바라(Che Guevara). 광고판은 19세기의 대스페인 항쟁과 20세기 대바티스타, 미국 항쟁을 연결하는 역사적 실마리를 강조한다.	

표 6.3. 계속

보전	No al despilfarlo. ¡Ahorrala!	[물을] 낭비하지 맙시다. 절약합시다!	깨끗한 물은 쿠바의 걱정거리이다. 비록 쿠바 대부분의 지역에 약 1,372mm의 비가 내리지만, 높은 증발산율과 짧은 하천 길이로 인해 물을 보전하는 것은 지금도 문젯거리이다.	
	Te presto mi mar, mis rios, y mis peces. ¡Cuídalos!	나는 당신에게 바다, 강, 생선을 빌려준 것입니다. 보살펴십시오!	생태 관광은 미래의 잠재적인 소득을 약속한다. 그러나 수도인 아바나조차 1차 하수 처리 시설을 갖추고 있지 않다. 아바나 만은 아메리카에서 가장 더러운 수역에 속한다.	
미국 헤게모니	Liberen a nuestros heroes.	우리의 영웅들을 석방하라.	플로리다 주에 거주하는 동안 미국 정부에 대한 첩보활동을 한 혐의로 5명의 쿠바인이 미국 연방교도소에 투옥되어 있다. 쿠바 정부는 정부를 수감하긴 했지만, 범죄를 저지른 것은 아니라고 주장했다. 2001년 이후 그들의 수감 문제는 1999년과 2000년에 널리 퍼졌던 엘리안 곤살레스(Elián González)의 무용담을 대체하여, 주요 쟁점으로 떠오르게 되었다.	
사회 정의	En Cuba, una vejez digna…	쿠바에선, 품위 있는 노년기를…	모든 사람들은 무료 의료 서비스뿐만 아니라 사회보장 수당을 받게 될 것이다.	

226

쿠바의 경관

표 6.3. 계속

El futuro está en átus manos.	미래는 당신 손에	광고판은 아이 그림을 보여 주고 있다. "당신 손에"라는 표현에서 "당신"이라는 말은 아이를 의미한다. 이 메시지는 아이들을 대 상으로 하며, 아이들을 위해 양질의 교육과 복지 기초를 마련하는 것이 중요하다는 점을 강조하고 있다.	
El valor de toda la tierra del hombre más rico del mundo no vale más de la vida de un ser humano.—Fidel	세계에서 가장 부유한 사람이 [소유하고 있는] 모든 땅보다 한 사람의 삶이 더 가치 있습니다. —피델	아마 눈부실 사람이 거의 없는 격언일 것이다. 이는 관광 지구에서 멀지 않은 아바나 대학 의과대학에 위치하고 있다는 점에서 주목을 끈다.	
시민 참여	CDRs: Una revolución en cada barrio. "¡Mientras existan en el hombre ansias de progreso, de su-peración de perfec-cionamiento, tendrán una tarea los CDR!"—Fidel	혁명방어위원회(Commit-tees for the Defense of the Revolution): 혁명은 도 처에 있다. "사람들이 진보, 개선, 완벽을 위해 노력하는 한, 혁명방어위원회는 항상 과업을 수행할 것이다!" —피델.	1961년 설립될 당시에는 미국 군대의 침략에 대응하는 방어 무엇으로 설립되었나, 현재에는 공동체의 (반혁명적) 행위, 주변 지역에는 감시 기능 및 쓰레기 제거, 경청 순찰, 청소년 및 노인 모니터링 같이 계획 기능이 정상적으로 이루어지고 있는지를 모니터링하는 역할을 수행한다.	
	Queremos que sean como el Che.—Fidel	(우리 어린이들은) 카서 체 게바라와 같은 사람이 됩시다. —피델.	피델은 청년들이 혁명에 헌신할 것을 권고했다.	

표 6.3. 계속

Si Uds. triunfan, habrá milicias en Cuba.— Fidel	당신들이 승리하는 순간에 쿠바 민병대가 함께할 것이다. — 피델	자발적인 지역 민병대의 노력을 칭찬하는 것이다.
No hay oxigeno para la contrarevolución.	혁명에 반하는 세력에게 줄 산소는 없다.	자발성과 충성심은 보상받을 것이다. 첫 번째 그림에서 발레를 부수는 주역은 쿠바 정부와 "배신자들"(빨레, 쿠바 망명인, 또는 gusanos)을 나타낸다.

미국 헤게모니

미국은 식민 시기 때부터 쿠바의 정치·경제·사회사에서 우위를 점하고 있었다. 1899년 쿠바인들이 식민 정부로부터 얻어 낸 정치적 승리를 가로챈 것에서 시작해 20세기 미국에 동조하는 부패 정권들을 지원한 것, 1961년 피그만 침공까지, 이러한 역사적 사실들은 사회주의 지도부에 있어 미국 제국주의와 지배를 드러내는 무수한 사례들이다. 이러한 정치적 메시지는 광고판을 지나치는 사람들에게 북쪽의 이웃 국가가 얼마나 사악한지를 상기시키며, 불과 약 146km 거리에 있는 위협적인 미국을 통해 정부에서 시선을 돌리게 한다.

사회정의

혁명이라고 했을 때 우리는 보편적 의료 서비스, 교육, 무상 주택, 은퇴 후 일정 수준의 생활 보장 등을 쉽게 떠올린다. 뉴스 미디어는 가끔씩 미국의 값비싼 의료비에 대해 언급하는데, 이는 쿠바 대중들에게 쿠바의 무료 사회 서비스를 홍보하는 데 유용하다(Feinsilver 1993). 이 사회주의 사회 안전망은 카스트로 사회주의 정부의 필수불가결한 요소라 할 수 있다(Chaffee and Prevost 1992). 미국의 노숙자, 값비싼 대학 등록금, 빈약한 공립학교, 값비싼 부동산 시장은 사회주의 쿠바의 복지국가 서비스와 대비된다. 학교, 병원, 클리닉의 상태는 기준과 매우 다르지만, 이러한 메시지들을 담은 광고판은 쿠바인들에게 중앙 계획 경제하에서 그들이 누리는 안정감을 상기시키는 역할을 한다.

시민 참여

사회주의의 기본 전제는 개인의 행동보다 집단을 우선시한다는 것이다. 사회적 연대는 사회 전반에 이익을 줄 수 있는 집단적인 사회 행동에 기초한다. 자발성은 이러한 개념의 핵심을 구성한다. 따라서 이타주의(altruism)를 개인의 물질적 보상보다 우선하는 것이 일종의 시민의 의무이다(August 1999). 1965년에서 1985년까지의 쿠바의 사회사는 사회주의 경제의 성취를 보여 주는 사례로 가득하다; 사람들의 기대 수명은 북대서양의 자본주의 산업 경제 체제하에서 살아가는 사람들과 비견될 수 있었으며, 사람들의 기본적인 욕구 또한 충족되었다. 음식은 항상 소박했지만, 1990년대까지 식량 부족은 그렇게 심각하지 않았다. 2006년 12월 라울 카스트로는 다음의 성명서를 통해 식량 부족 및 다른 구조적 문제에 대해서 솔직한 생각을 이야기한다.

이 혁명에서 우리는 수많은 변명들에 지쳤습니다. … 혁명은 거짓말을 할 수 없습니다. … 우리 중 거짓말을 해 온 동지가 있다는 뜻이 아니라, 부정확함, 엄밀하지 않은 데이터, 그리고 의식적이든 무의식적이든 가면을 쓰는 행위가 더 이상은 지속될 수 없다는 것입니다(Prima News Agency 2006).

가장 우선되는 문제로는 대중교통 문제, 주택 부족, 식량 부족, 생활 경비를 충당할 수 없는 임금 등을 들 수 있다(Snow 2006).

위의 발언이 리더로서 라울 카스트로의 새 출발을 시사하든 아니든지 간에, 국가가 최소한의 물질적 요구를 충족시키는 데 관대했기 때문에 쿠바여성연합(Cuban Federation of Women), 학생단체(student associations), 혁명방어위원회(Committees for the Defense of the Revolution) 등에서 대중 조직의 참여가 권장되었다. 그러나 오늘날에는, 물질적 보상이 과거 자발적 행동을 장려하는 도덕적 보상을 능가하고 있다. 1993년 달러 합법화와 2단계제 달러-페소 경제의 탄생이 이러한 물질적, 도덕적 분열을 심화시켰다.

그럼에도 불구하고 쿠바의 국영기업에서는 모범적 사회주의 시민으로 행동할 때 사회적, 직업적 이동성을 보장받을 수 있다. 자발적 행동은 시민 참여에서 중요한 부분을 차지하고 있으며 혁명방어위원회는 이런 풀뿌리 조직 중 가장 널리 퍼져 있는 단체이다. 이 단체의 문장(seal; 紋章)은 각 마을별로 최소한 집 이상에서 볼 수 있는데, 이는 해당 구역의 대표가 그곳에 거주한다는 것을 나타낸다. 쿠바에서는 큰 관할구역에서 로컬의 지리적인 뉘앙스를 포착할 수 없다는 이유로 국가 정치 지도를 소규모 구역들로 쪼개 두었다. 그리하여 1976년 쿠바는 기존의 6개 도를 13개로 늘렸다(Slater 1982). 이를 비판하는 사람들은 그러한 영토 개편이 계획 권한을 강화하는 것이라기보다는 사회적 통제를 부과하는 방식에 가깝다고 주장한다(Jatar-Hausman 1999).

정보경관을 넘어서

우리는 쿠바 정치 공간의 몇 가지 측면에 대해서만 설명했다. 다양하고 복잡한 표상들은 혁명의 승리를 예언하고, 제국주의에 대항하여 수많은 역사적 투쟁에서 목숨을 희생한 순교자들을 찬양하며, 환경 감수성(environmental sensitivity)을 고취시킨다. 이런 시민적, 정치적 메시지는 우리가 쿠바의 정치경관이라고 부르는 것의 핵심을 구성한다. 정치경관은 소비재, 패스트푸드 식사 등과 같은 상품의 시장경제 광고가 존재하지 않는 국가에서 두드러진다. 어떤 의미에서, 기술 수준이 낮은 공산주의판 맨해튼 타임 스퀘어 광고 같은 이 광고판들은 쿠바 고유의 장소감을 만들어 낸다. 이러한 메시지들이 어느 정도까지 시민사회를 국가에 묶어 놓는지 알 수는 없지만, 분명한 것은 이것들이 장소의 요소를 형성한다는 점이다. 우리는 권력과 사회 공간이 광고판과 그 분포를 뛰어넘는 어떤 것으로 구성되어 있다는 르페브르(Lefebvre 1991)의 현상학적 견해에 동의한다. 이러한 수단은 은근하고 조용하게 어디에나 존재하지만, 강력하다.

쿠바에서 지내며 연구를 하는 동안 한 번도 정치 광고판을 파손(반달리즘)하거나 정부에 반대하는 그래피티6 같은 것을 본 적이 없었는데, 이와 같은 정부의 권한 행사는 우리에게 매우 충격적이었다. 표면적으로, 이는 의심할 여지 없는 충성심과 구석구석까지 미치는 국가의 영향력, 규율 있는 시민사회, 반항에 대한 가혹한 대응과 이로 인한 두려움, 이 요소들이 복합적으로 나타난다는 것을 보여 준다. 실제로, 앨런(Allen)은 다음과 같이 지적한다.

유혹, 조정, 유인, 강요 모두가 복합적으로 작용해 사람들을 "경계선 안"으로 밀어 넣고 있다면, 국가의 형태든 비국가의 형태든, 정부의 총체적 힘이 권위 행사에 달려 있다는 주장에는 다소 어폐가 있다(Allen 2003, 143).

전 세계적으로, 신자유주의적 개발 전략의 압력과 이에 대항하고자 하는 대안적 시장이 눈에 띄게 대립하고 있다. 예를 들어, 폰 블룸(Von Blum 1982)은 로스앤젤레스에서 가난한 비앵글로색슨 민족들이 저항 예술을 통해 사회적, 정치적, 민족적 목소리를 낼 수 있음을 보여 준다. 이러한 예술 운동은 1920년대에서 1940년대 사이 멕시코의 벽화 르네상스, 1960년대와 1970년대 이주자의 노동 시민권 운동, 1980년대 이후의 갱들로부터 시작되었다. 흑인, 멕시코계 미국인(치카노, Chicanos), 라티노, 게이와 레즈비언, 아시아인 및 다른 문화

쿠바의 경관

적 소수자들은 "관객들이 소비에 대한 기존의 태도를 다시 생각하고, 오늘날의 정치적 논쟁들에 다시 집중하도록" 하는 저항 예술을 표현의 한 방식으로 여겼다. … 사실 광고판은 미국의 "외교 정책"을 비판할 것이 아니라 상품과 서비스를 판매하는 것인데도 말이다(Von Blum 1982, 195). 그래피티 예술가들은 "정부의 독단에 대한 대안을 제공"하고, 지배적인 규범을 타파하기 위해 게릴라 전술을 채택한 것일 수도 있다(Von Blum 1982, 195). 최근 라틴아메리카의 현대 건축물과 모더니티(modernity)에 대해 검토한 결과, 라틴아메리카의 어버니즘(Urbanism)에 관한 문헌에서 남부 캘리포니아의 공공 공간과 광고의 활용이 점점 증가하고 있음을 알 수 있었다(Scarpaci 2003). 그러나 이러한 형태의 표현 방식이나 공공 공간의 활용을 쿠바에서는 찾기 어렵다.**7**

많은 사람들은 과격한 상업주의가 지역 상인과 가구, 지역 생산자와 가정을 연결하는 전통적인 유대를 무너뜨려 전 세계의 공동체 개념이 사라지고 있다고 주장한다. 마르크스주의 이론은 "상품화의 힘을 절대화하는 경향이 있다. 따라서 자본주의의 보편화는 장소의 사회적 의미를 손상"시킨다(Agnew and Duncan 1989, 4-5). 쿠바의 경우, 이는 정확한 동시에 오해의 소지가 있다. 한편으로는 꼭 필요하지 않은 상품을 광고함으로써 중앙집권적 계획에 걸림돌이 될 수 있다. 하지만 다른 한편으로는, 쿠바에서 상품화는 존재하지 않지만 국영 언론이 대안 담론을 차단시킨다. 다시 말해 정부만이 광고를 할 수 있으며 정치 광고판은 정보 경관의 가장 일반적인 형태이다.

결론

권력은 무정형의 개념이며, 이런 점에서 우리는 "권력"이라고 볼 수 있는

"것"이 존재하지 않는다는 베버(Weber 1978)와 아렌트(Arendt 1951)의 주장에 공감한다. 이런 모호함에도 불구하고, 많은 개인과 국민국가들은 마치 권력의 실체가 존재하는 것처럼 행동한다. 공공 공간 사용을 규정하는 능력으로 인해 시장경제의 장소들을 지배하는 소비자 메시지가 쿠바에는 존재하지 않는다. 맥도날드, 버거킹, 타코벨, 갭, 올드 네이비, 코카콜라 등 자본주의를 상징하는 다국적 로고를 쿠바인들의 옷에서 볼 수 있지만, 매장 전면 디스플레이나 광고판 등에서는 찾아볼 수 없다.**8** 쿠바의 일부 조경사, 건축가, 계획가는 미국이나 유럽의 상업 광고와 마찬가지로 상당수의 광고판이 질이 낮거나 거친 디자인이며, 농촌의 자연경관을 훼손하고 있다고 지적했다. 그럼에도 불구하고, 국가 정부는 거의 반세기 동안 국가 권력을 확장시키는 역할을 하며 다양한 정치적·생태학적·시민적·역사적 메시지를 찬미하는 수천 개의 정치 광고판 설치에 엄청난 투자를 해 왔다.

쿠바의 정보경관—특히 정치 광고판—은 다양한 장소에서 국가 권력을 반영하는 최소 네 가지 유형의 담론을 드러내 주는데, 애국심과 사회주의, 보전, 미국 헤게모니, 사회정의, 시민 참여가 그것이다. 장소가 어떻게 만들어지는가에 대한 기존 연구들과 함께, 이 장에서는 사회주의 지도부가 국가에서 승인한 사회주의 덕목에 부합하는 이데올로기를 확산시키기 위해 "공간적 어휘"를 제공하면서 장소를 정의하고 정보 기술을 통제하며 정치 광고판을 활용하는 방식을 살펴보았다. 쿠바에 새겨진 정보경관은 강력하고 분명한 흔적을 남기는 공간적 표현의 일환이다.

---

* **주석**

1. 이 장의 초안에 대한 의견을 보내 주신 오레스테스 델 카스티요 주니어(Orestes del Casitillo Jr.)에게 감사드린다. 그럼에도 책에서 발생하는 모든 오류와 누락은 우리의 책임이다.

2. 쿠바의 이러한 행위를 모니터링하는 한 웹사이트에서는, 이 용어를 "나치 독일과 KKK단에 의해 고용된 사람들과 유사하게, 쿠바 정권에 의해 훈련된 폭력을 통해 의견을 표출한다는 점에서 개인과 그 가족들에 대한 공식적인 공공의 협박과 억압"이라고 정의하였다(Cuba Verdad 2006). 2006년 쿠바의 단체인 다마스 데 블랑코(Damas de Blanco, Women of White, 정부에 반대하고 미국 정부의 스파이 노릇을 했다는 이유로 수년간 감옥에 수감된 자신들의 남편들을 풀어 달라는 평화시위를 벌인 단체)가 사하로프 인권상(Sahkarov Prize for Freedom of Thought)을 수상한 것에 대해, 유럽연합은 "쿠바의 정치범들을 지지하는 행위를 인정"한다는 이유를 들었다.

3. 이 문장은 1990년부터 48차례 수행한 학술 답사(J.L.S.), 광고판과 공공 공간을 찍은 수백 장의 사진들을 기반으로 한 것이다. 이는 쿠바에 40년 가까이 거주한 경험(A.P.)에서 나온 것이기도 하다.

4. 쿠바계 미국인 망명 공동체는 피델 카스트로가 자기중심적인 사람이라고 생각하고 있지만, 쿠바 섬에 살아가고 있는 사람들은 시민 예술의 형태로 자신을 홍보할 수 있음에도 그렇지 않다는 점이 그의 겸손을 나타내는 것이라고 생각한다. 2006년 7월에 있었던 대수술 후 그의 권력을 동생 라울에게 이양한 뒤에도, 공공 전시나 애도는 없었다. 그가 죽은 뒤 호세 마르티의 묘지 근처에 있는 그의 고향 산티아고에서 장례식이 있기 전까지는 거대한 기념물이 건설될 것 같지 않다.

5. 중국, 북한, 구소련 국가들과 달리 사회주의 쿠바의 시민 예술 및 정치 광고판에는 죽은 영웅들만이 홍보된다. 예를 들어, 구소련의 지도자들, 현재 북한과 중국 지도자들의 조각상이나 광고판은 존재하지만 쿠바에는 그런 큰 조각상이나 광고판이 없다. 하지만, 그의 이미지는 종이 화폐에 그려져 있으며 TV에 자주 등장한다.

6. 드물긴 하지만, 우리는 아바나, 산타 클라라, 산티아고의 여러 버스에서 좌석 뒷부분에 작은 글씨로 "타도 피델(abajo Fidel)"이라고 새겨진 그래피티를 본 적이 있다. 또한 "살인자 피델(Fidel, Asesino)", "8A(1989년 처형되었던 오초아를 위해)", 그리고 심지어는 쿠바판 페레스트로이카(perestroika)가 펼쳐지길 기대하는 것 같은 "고르바초프 만세(Viva Gorbachov)"와 같은 스프레이 그림도 있었다.

7. 일반적인 저항적 그래피티 메시지는 "타도 피델(abajo Fidel)"이지만, 그런 메시지들은 혁명방어위원회 같은 대중조직의 회원들에 의해 지워진다. 1980년대 아바나 구시가지의 벽화들이 도발적인 메시지를 전달했으나, 그 방식은 예술적인 것이었다. "적군 선전"으로 정부 재산을 훼손하면 최고 20년 형까지 선고받을 수 있다.

8. 소비재 광고가 있는 경우도 있다. 예를 들어, 1991년 판 아메리카 게임(Pan American Games) 동안 투 콜라(Tu Cola, 청량음료) 광고가 쿠바 TV에 방영되었다. 소비재 광고판은 외국인이 있을 수 있는 공항이나 호텔 초입에서 볼 수 있다. 이런 광고판들은 휴대전화, 자동차 렌트, 주류, 심지어는 외국 브랜드(대부분은 아시아 브랜드임)를 홍보한다. 담배의 소비자 판촉 캠페인에 관한 재미있는 설명은 Corbett(2002, 134-138)을 참조하라.

★

제7장

결론:
쿠바경관은 어떻게 변했는가?

카리브 해의 섬들을 격리되어 있는 공동체로 … 간주하지 않고 연계된 공동체로 바라보고자 한다면, 이 지역이 섬들로 구성되어 있다는 현실을 외면하거나 무시함으로써 그것이 가능해지는 것이 아니며, 차라리 이 섬들이 어떻게 지역적, 지구적, 국지적 맥락에서 새롭게 구성되고 의미를 부여받고 있는지를 탐구하는 것이 적절한 방법이다.　　　　　　　- KAREN FOG OLWIG(2007, 260-270)

경관은 장소 연구와 밀접하게 연관되어 있다. 경관은 문화지리학, 생물학, 경관건축학, 예술학, 도시계획학 등 다양한 연구 분야에서 특히 중요하게 다루어지고 있다. 이 책에서는 인간 활동이, 그리고 자연의 힘이 어떻게 쿠바경관의 여러 부분들을 변화시켜 나갔는지를 다루고 있다. 우리는 쿠바 섬의 경관이 지니고 있는 매력이 단지 학계에만 국한되어 평가되고 있는 것이 아니라고 주장한다. 이러한 주장은 아주 분명하다. 쿠바는 너무나 유명한 곳이어서 할리우드 영화, 음악, 텔레비전, 대중음악, 여가 활동(여행, 시가 흡연, 럼주 마시기), 정치적 분석 등 다양한 분야에서 폭넓게 다루어져 왔다. 존 길리스(John

Gillis 2004)가 주장한 바와 같이, 쿠바는 쿠바 외부의 사람들에 의해 점령되고 지배되어 온 것이 아니라, 오히려 그들을 유혹하여 끌어당겼던 것이라고 우리는 확신한다.

이러한 주장은 1장에서 충분히 다루었다. 거기에서 우리는 여러 여행가들의 기록, 신문기사, 개인적인 서신들에서 묘사된 쿠바 섬의 아름다움에 유럽 경관화가들이 깊이 매료되었음에 주목했다. 19세기 허드슨 리버 학파(Hudson River School)의 경관 회화에 익숙해 있던 미국의 독자들은 쿠바의 비(非)사진적 재현에서도 비슷한 경향이 있음을 발견하게 된다. 미국 허드슨 리버 학파의 화가들이 근대성과 산업화에 대한 반발로 전원 풍경을 화폭에 담았다면, 쿠바의 화가들은 쿠바 사회(lo cubano)의 가장 소박하고 수수한 것들을 재현하는 방식으로 식민지의 전원 풍경을 포착했다. 그 대표적인 화가와 작품이 바로 에스테반 차르트란드(Esteban Chartrand)와 그의 1877년 작품, 〈바다 경관(Paisaje Maino)〉이고, 발렌틴 산스 카르타(Valentin Sanz Carta)와 그의 작품, 〈말랑가 나무(Las Malangas)〉이다. 유럽 엘리트들의 생활양식을 대표하는 장식들(화려한 마차, 궁전, 깔끔하게 손질된 정원 등)은 화폭에서 사라져 버렸다. 그대신에 새로운 쿠바 그림들의 중심에는 평민들의 토속 문화가 열대 섬의 햇빛을 배경으로 자리 잡게 되었다.

점점 더 많은 학자들이 "도서성(islandness)"과 관련된 포괄적인 내용들에 초점을 맞추어 논의하고 있다. 물론 도서성의 의미는 시간에 따라, 장소에 따라 다르다. 지리적인 측면에서 살펴본다면, 대륙과 섬의 전통적인 차이들은 점점 더 모호해지면서 약화되고 있으며, 특히 전자시대(electronic age)를 맞이하여 그러한 현상은 더욱 심화되고 있다. 과거에는 그러한 차이들이 세계에 대한 지리적 상상과 지도학적 실재를 구성하는 구체적인 요소들이었지만 말이다.

이러한 전자시대에는, 전 지구의 모든 곳들이 해안과 내륙을 지닌 섬들로 구성되어 있는(심지어는 대륙조차도 바다로 둘러싸여 있는) 군도(群島)로서의 특성을 지니게 되었다. … 섬이라고 하는 것은 이제 더 이상 물로 둘러싸인 작은 장소만을 의미하는 것이 아니다. 지구 행성 자체가 이제 지구 섬(Earth island)으로 인식되고 있다(Gills and Lowenthal 2007, iii).

지금 이 시대에 섬은 더 이상 후미성(後尾性)과 원거리성을 의미하지 않게 되었는데, 그 이유는 특히 부유한 국가의 사람들이 전자매체를 상용하게 되었고, 비행기 여행도 보편화되었기 때문이다. 이런 상황 속에서도 눈길을 끄는 것은 섬에 대한 다양한 반응들이 어떻게 도출되는가 하는 점이다. 즉, 섬은 위락과 피난의 장소이며, 징벌과 순례의 장소이로 묘사된다. 또한 바다(sea), 백사장(sand), 태양(sun), 섹스(sex) 등을 포함하는 대중적인 고정관념으로 점철된 장소이다. 이러한 "4S"의 낙원 같은 이미지는 쿠바 섬에 대한 "욕구(demand)"의 차원을 아우르는데(그림 7.1), 하지만 그 이상의 무언가가 분명히 존재한다. 섬이라는 특성과 환희의 느낌은, 특히 쿠바의 역사적 명소들을 재현하고자 할 때, 서로 연결되어 나란히 제시되곤 한다(그림 7.2). 우리는 쿠바 섬을 이해하기 위해 다층적인 접근이 필요하고, 이를 위해서는 예술과 과학을 반드시 결합시켜야 한다고 주장한다.

고드프리 발다키노(Godfrey Baldacchino 2007)가 주장한 바와 같이, 만약 섬을 진정한 "신천지(novelty sites)"라고 한다면, 우리는 쿠바가 어째서 그런 신천지의 틀에 맞추어진 적소(niche)로 거듭나게 되었는지를 생각해 보아야 한다. 이 책은 쿠바 섬의 표상들이 깊이가 있고 전위적이며, 환상과 열정을 내재하고 있다는 점을 보여 주고 있다. 쿠바는 유럽에 의한 500년간의 점령기 내내 "변방에" 놓여 있었다. 처음에 쿠바는 스페인 식민 제국의 변경지로서의 역

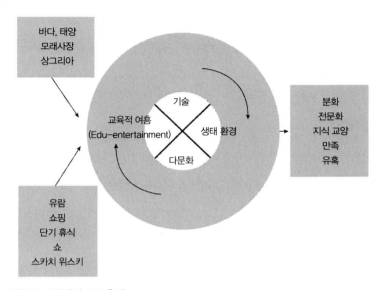

그림 7.1. 관광객의 수요 추세.
출처: Buhalis[2000, 70, Scarpaci(2006, 10)에서 재인용-].

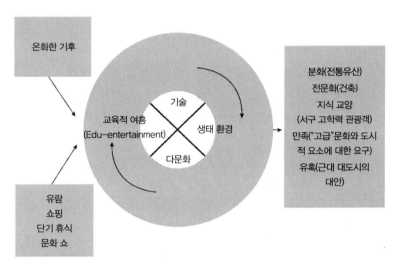

그림 7.2. 쿠바 전통유산 관광의 역동적인 특성.
출처: Buhalis[2000, 70, Scarpaci(2007, 11)에서 재인용-].

할을 수행하는 곳에 불과했지만, 이어서 곧바로 모국 스페인을 위한 부와 필수품의 핵심적 공급처로서 역할을 수행하는 곳이 되었다. 해적들과 아이티에서 추방된 프랑스계 농부들, 그리고 미국의 영토확대론자들은 이 섬을 때 묻지 않은 곳(*tabula rasa*)으로 여겨 몹시 탐을 냈다. 훔볼트는 쿠바의 노예제도에 대한 자신의 저작물에서 이러한 점에 대해 경종을 울린 바 있다(2장 참조). 이러한 쿠바 섬의 주변적 특성은 1898년 미국의 쿠바 점령 이후 곧바로 사라졌다. 이후 쿠바는 1959년 바티스타 정권이 붕괴되면서 이국적인 "순수성(novelty)"의 상태를 회복하게 되었고, 다시 세계무대에 등장하게 되었다. 쿠바 섬은 이제 독특한 쿠바성(Cubanness)을 전면에 내세워 혁신적 개념화의 장소로 주목받으며 수면 위로 떠올랐다. 향락적이면서도 공산주의 이념을 실천하고 있으며, 또한 (바다 건너) 멀리 떨어져 있는 것 같지만 오히려 근거리에 위치하여 미국에 위협이 되고 있는 곳으로 개념화되었다. 쿠바는 기업가 정신이 새롭게 발아되면서도 반대로 그 정신이 억압받고 있는 상황이 벌어지고 있는 곳이 되었다. 오히려 후자의 상황이 찬양받는 사회주의 통치의 최전선 지대가 되었다. 고등교육, 기초의료보장, 생명공학 등의 특정 분야에서는 세계가 주목할 만한 모범적인 사례가 되었다. 경관 회화에서 유네스코 세계유산들에 이르기까지 다양한 쿠바의 표상들은, 섬이기 때문에 갖게 된 특징에만 머무르지 않고 그 이상의 매우 독특한 모습을 지니고 있다. 우리는 문화적인 측면에서 쿠바가 일종의 시간적, 공간적 "사잇성(in-betweenity)"을 적절하게 활용하여 어떻게 독특한 모습을 지니게 되었는지를 살펴보았다. 즉, 아프리카, 스페인, 플로리다 남부의 특징들이 일상의 삶에 녹아들어가 있음을 확인할 수 있었다. 쿠바성(Cubanidad), 그리고 과거와 현재를 아우르는 쿠바의 수많은 경관들은 많은 실험들이 전개되어 온 장소였음이 분명하다.

쿠바성의 실체를 밝히기 위해 우리는 '신문화지리학'의 관점을 적용하였다.

신문화지리학은 경관의 변화를 해석하기 위해 사회이론과 문화이론을 동원한다. 정치적, 사회문화적 과정을 강조하는 신문화지리학은 특정 장소에서 경관이 어떻게 정치적, 사회문화적 과정을 조형해 가는지를 탐구한다. 우리는 어떤 단일한 이론적 렌즈만으로는 체계적인 경관 연구에 도달할 수 없다는 점을 강조하고자 한다. 다른 지리학자들의 업적들을 참고하여(Ducan and Ducan 1988; Price and Lewis 1993), 경관이 어떻게 문화적, 정치적, 사회적 체계에서 중심적인 요소가 되고 있는지를 밝혀 보았다.

이 책에서는 쿠바의 경관이, 이 섬의 변화의 흐름을 때로는 지체시키고 때로는 "동결시켰던" 독특한 정체(停滯)와 변화(stop-and-goes)의 매커니즘에 의해 어떻게 조형되어 왔는지를 살펴보았다. 두 번에 걸친 독립전쟁(1868-1878; 1895-1898)으로 사회기반시설의 근대화를 위한 투자는 불가능했다. 또한 사회주의 시대(1959년 이후) 동안에는 역사 유물과 유적들에 대한 보존 노력도 무시되었다. 그러나 시간이 흘러 그러한 유물, 유적들은 이제 달러 제조기로서 그 진가를 발휘하게 되었다. 이처럼 쿠바 전체를 휩쓸었던 역사적 사건들은 불규칙적으로 출렁거리면서 쿠바 섬의 건조(建造) 환경 속에 아로새겨졌다. 어머니 같은 자연(Mother Nature)은 특히 허리케인 같은 위력적인 모습으로 해안선과 크고 작은 섬들, 그리고 하천의 유로를 새롭게 만들어 갔다. 19세기 쿠바에서 확대되었던 사회적 네트워크와 사회적 유대감이, 허리케인 기간 중에도 쿠바인들에게 과연 도움이 되었는지의 여부는 차후의 연구 과제로 남아 있다. 어찌되었건 쿠바의 도서성과 자연의 위력은 쿠바 섬의 자연지리적, 정치적, 사회적 구조를 규정짓는 중요한 특성이었다.

18세기 후반부터 19세기 초반에 크게 성장했던 쿠바의 설탕 산업은 잠재적인 부를 약속해 주는 귀중한 것이었기 때문에 유럽의 엘리트들에게 큰 관심을 불러일으켰다. 그 이면에는 노예제도의 악행이 숨겨져 있었는데, 이는 알렉산더 폰 훔볼트(Alexander von Humboldt)의 상세한 관찰에 의해 외부 세계에 알려질 수 있었다. 쿠바의 "두 번째 발견자"라 일컬어지는 훔볼트는 쿠바의 일상 생활에 대해 정확하게 기술하여 "설탕과 노예의 섬"의 경제 상황을 비경제학 적인 용어로 자세히 설명하였다. 이를 통해 그는 노예제도의 악행을 고발하였 는데, 이에 영향을 받아 쿠바의 노예제도는 결국 훔볼트가 최초로 쿠바를 방 문한 지 8년 만에 종식되기에 이른다. 쿠바가 안전하면서도 이국적인 곳이라 는 생각은 쿠바의 "세 번째 발견자", 페르난도 오르티스(Fernando Ortiz)에게 도 영향을 미쳤다. 그는 특히 아프리카 문화로 수놓인 다채로운 융단 같은 쿠 바의 문화에 대해 기록했다. 이 두 명의 발견자들은 나중에 사회주의 정부가 채택하게 되는 중요한 진보적 관념을 일찍이 그 당시에 보여 주었다. 즉, 쿠바 를 살리기 위해 굳이 외부인들이 개입될 필요가 없다는 것이 그들의 주장이었 다. 쿠바는 미국적 크리오요(Creole, Criollo, 혼성문화)의 일부임이 분명하지만, 또한 그 이전 수세기 동안 스페인의 지배를 받았었고, 따라서 그 영향도 많이 남아 있다. 오늘날 크게 융성하고 있는 쿠바의 관광산업과 전통유산 산업은, 쿠바, 아프리카, 스페인, 미국, 구소련 등의 문화가 복잡하면서도 뚜렷한 방식 으로 혼합된 것이라고 할 수 있다. 수많은 쿠바의 대표적인 명소들, 쿠바를 묘 사한 문학 및 미술 작품들[가령, 열대경관들, 고운 모래사장과 연한 청록색의 바닷 물, 시가향 가득한 술집, 스페인 군사 건축물, "화끈한(fiery)" 물라토 등]은 이 섬의 관 광 경제에서 중요한 상징들이 되었고, 이러한 상징들은 쿠바가 사회주의 정치 경제로 전환된 이후에도 계속되었다. 이와 같은 장소 묘사는 그 자체가 옳은 것이건 틀린 것이건 상관없이, 독특한 모습의 쿠바경관을 깊이 경험해 보려는 국제 방문객들을 끌어모으는 데 큰 영향을 끼쳤다.

쿠바의 상징적 경관들은, 이를 수정하고 자금을 공급하는 행위 주체들의 가 치와 권력의 속성을 잘 드러내 주고 있다. 사회주의 쿠바에서 국가는 상징 가치를 창출해 내는 유일한 행위자인데, 그 의도가 대체로 정치적이라는 점은 당연한 일이다. 따라서 쿠바의 경관은 쿠바 공산당과 리더십의 이데올로기를 재현하고 있다. 6장 정보경관에 관한 논의에서 우리는, 이 시대가 글로벌화된 대규모 마케팅의 세계이지만, 쿠바에는 상품 광고나 서비스 광고가 별로 없다는 점을 확인할 수 있었다. 국가는 현대 쿠바 사회를 지배하는 특정 상징경관을 교묘히 활용하고 있으며, 이것이 가능한 이유는 국가가 시장을 대체하여 정보 유포의 핵심적 근원으로서의 역할을 하고 있기 때문이다. 4장 전통유산에 관한 내용에서 우리는, 사회주의 시대 동안에 만들어진 쿠바의 국가적 랜드마크가 뚜렷한 정치화를 바탕으로 한 것은 아니라는 점을 밝혀 보았다. 사실상, 쿠바의 전통유산 지점들은 다른 사회주의 국가들(가령, 구 소련연방, 공산주의 중국, 구 동부유럽의 소비에트 블록 국가 등)의 전통유산 지점들에 비해 상대적으로 덜 "정치화되어" 있다. 제복을 입고 학교에 오가는 학생들의 모습과 확고한 연계망을 갖추고 있는 의료보건 시설들이 오늘날 쿠바에서 볼 수 있는 가장 두드러진 일상적, 상징적 요소들이다. 이런 것들이 쿠바에만 있는 독특한 모습이라고 볼 수는 없지만, 카스트로 정부가 자신 있게 내세우는 영예로운 사회복지의 증표라고 할 수 있다.

군이 환경결정론 철학(기후, 자원, 입지 등이 국가의 운명을 결정한다고 보는 것)을 언급하지 않더라도, 쿠바의 도서성이 국가의 정치지리에 큰 역할을 해 왔다는 사실을 입증할 만한 좋은 사례가 있다. 스페인은 19세기 식민지 쿠바가 독립을 추진하지 않고 꾸물거리는 상황을 스페인 왕조에 대한 충성의 표시로 자의적으로 해석하고 싶어 했다. 하지만 스페인계 아메리카 독립운동가들에게는 해군력이 부족했으며, 따라서 쿠바와 푸에르토리코는 스페인 지배에 저항할 만한 능력이 없었던 것이다. 테네시 주 정도 크기에 불과한 쿠바가 지닌 도서성, 그 자체는 아주 독특한 것이라고 보기 어렵다. 그러나 쿠바의 다양한 경관 특성은 학자와 방문객들 모두에게 영감을 불어넣어 주기에 충분했다. (미국에 근접한) 도서성으로 인해 쿠바는 미사일 위기(Missile Crisis)에 봉착하게 된다. 이에 대한 대응으로 미국 정부는 쿠바에 대한 금수 조치를 신속하게 단행하였고, 이는 반세기 동안 지속되었다. 섬나라 쿠바는 또한 약 7,000종에 달하는 풍부한 식생을 보유하고 있는데, 그 대부분은 이 섬에만 존재하는 토착종이다. 과거 지질시대에는 이 섬이 북미와 남미 대륙에 이어져 있었고, 이때 생물학적 다양성이 형성되었다. 결국 그렇게 형성된 다양성으로 쿠바는 향후 매력적인 생태관광(ecotourism) 지역이 될 것이다. 린든(Linden 2003)의 말을 빌리자면, 쿠바의 자연환경은 신비로운 야생의 지역이며, 이것이 천연의 실체인지 혹은 인간에 의한 결과물인지는 그리 중요하지 않다. 그러한 다양한 자연환경에도 불구하고, 우리는 삼림 제거와 거대 하천댐 건설, 토양 침식 등이 어떻게 쿠바의 경관을 영구적으로 바꾸어 놓았는가에 대해 설명했다. 쿠바의 수원(水源) 중 약 1/4만이 체계적으로 관리, 조정되고 있으며, 이에 따라 광범위하게 진행되어 온 염류화는 이 섬 여러 곳의 토양 생산성을 저하시키고 있다. 만약 1960년대와 1970년대에 걸쳐 농업을 위한 경작지의 확대가 전면적으로 이루어졌다면, 아마도 되돌릴 수 없는 끔찍한 결과가 벌어졌을지도 모른다. 이처럼 도서성이 쿠바의 지정학적 운명을 독특하게 조형해 왔음은 분명한 사실이다.

2장에서 시도한 역사적 분석은 알렉산더 폰 훔볼트의 저서 *The Island of Cuba*의 내용에 의거하고 있다. 훔볼트가 기술한 아바나, 인종주의, 노예제도, 설탕생산 등은 2장에서 주목한 불평등한 사회계급 피라미드를 이해하는 데 무척 중요한 요소들이다. 쿠바의 사회주의 지도자들은 이전 시기에 국제적으로 널리 알려졌던 르네상스 남성 학자인 훔볼트를 알게 되었고, 그의 주장을 수용하여 쿠바 섬의 사회, 경제, 정치의 역사적 기초를 정당화하는 데 적극 활용하였다. 노예해방에 대한 훔볼트의 신념은 결국 1886년 노예제도의 폐지로 이어지게 된다. 훔볼트는 노예제도의 경제지리적 특성에 대해 기술하였는데, 비록 미국의 합병주의자 존 스래셔(John Thrasher)의 경우는 이를 자기 편의대로 누락시켰지만, 후대의 선각자들이 인본주의적, 경제적, 정치적 측면에서 노예제도의 문제점을 지적하고 이를 폐지시키는 데 도움을 주었다.

다른 카리브 지역의 국가들처럼, 설탕에 대한 수요 폭증은 쿠바의 경관을 저급한 모습으로 바꾸어 놓은 요인이었다. 18세기 아바나 주변의 제당공장 네트워크는, 쿠바의 독립전쟁이 끝나고 미국 자본이 이를 접수할 때까지 광범위하게 퍼져 나갔다. 훔볼트는 물론 미국의 설탕 산업에 대한 투자가 그토록 크게 확산되리라고 예상하지는 못했다. 하지만 박물학자로서의 그의 공헌과 노예제도의 부당함에 대한 아방가르드적이며 진보적인 그의 견해는 현대 쿠바에서 크게 찬양받고 있다. 카스트로 정부는 현재 고용 부진과 실업 문제를 해결하고자 노력하고 있는데, 이런 가운데 글로벌 시장에서 에탄올에 대한 수요가 증대되면서 쿠바에서 수 세기 동안 이어져 온 설탕 생산이 다시 증가하고 있는 현상이 나타나고 있다. 하지만 새 천 년이 시작된 이래로, 설탕은 쿠바 섬의 경관을 더 이상 (과거만큼) 뚜렷하게 장악하고 있지는 않으며, 설탕공장의 약 절반 정도가 최근 몇 년 사이에 문을 닫았다.

설탕 관련 경관을 간단하게 살펴보면서 쿠바 섬의 환경사에 큰 영향을 끼친, 설탕과 관련된 여러 경제적, 정치적 사건들을 확인할 수 있었다. 쿠바는 애당초 고용 가능했던 로컬 주민들의 수가 부족했기 때문에 사업 발전이 더딜 수밖에 없었다. 특히 이러한 노동력의 부족은, 세계 시장의 수요 변화에 민감하게 반응할 수밖에 없는 단일 작물의 재배와 그것을 원료로 한 상품의 생산과 관련이 있었는데, 그 작물은 다름 아닌 설탕이었다. "설탕이 없었다면 쿠바라는 국가도 없었을 것이다(Sin azúcar, no hay país)"라는 유명한 문구는 1990

년대까지 널리 통용되었다. 그런데, 1990년대가 되면서 (설탕의 생산과 관리에 있어) 국가적 비효율성이 증가하여 설탕 산업은 위축되었고, 따라서 설탕 산업을 유지하는 것보다 차라리 실업자들에게 보조금을 지불하는 것이 비용면에서 더 저렴해졌다. 즉, 쿠바에서 설탕을 직접 생산하는 것은 국제시장에서 수입하는 것보다 세 배나 더 많은 비용이 소요되었던 것이다. 그렇지만 그 어떤 경제적, 정치적, 문화적 실천도, 심지어는 1959년 쿠바 혁명조차도, 설탕 생산만큼 쿠바의 경관을 대폭 바꾸어 놓지는 못했다. 쿠바 설탕의 판매처로서 미국 시장이 열리면서 쿠바 섬의 농촌경관은 크게 바뀌게 되었고, 설탕은 다시 왕의 지위를 회복하게 되었다. 앞으로 카스트로가 물러나고 워싱턴과 아바나에서 현명한 지도자들이 양국 관계를 정상화시킨다면, 1959년 이전 양국 간 무역협정과 관세 축소로 쿠바에 양호한 조건이 조성되었던 그 당시와 같은 상황으로 돌아갈 수 있을지도 모른다. 그러한 합의에 이르게 된다면 미국의 사탕수수, 사탕무, 액상과당 등의 생산 및 무역업자들에게 큰 혜택이 돌아갈 수 있을 것이다.

정치적 발전과는 별개로 자연의 힘은 계속해서 아열대 쿠바를 심대하게 변형시켜 왔다. 1장에서 언급한 것처럼 열대 폭풍우는 특히 큰 영향을 끼쳐 왔는데, 최근에도 쿠바는 일련의 허리케인으로 큰 어려움을 겪었다. 2008년 9월 쿠바의 북동부 지역을 강타한 허리케인 아이크(Ike)는 무척이나 잔혹한 결과를 가져왔다(Grogg 2008). 여기에서는 그러한 자연의 힘이 쿠바 섬 전체에 끼친 영향력을 상술하기보다는 작은 규모의 공동체 수준에 초점을 맞추어[특히 헤수스 메넨데스(Jesús Menéndez) 시의 경우에서처럼] 그 재앙과 기회가 쿠바의 경관 형성의 역사에 어떻게 한 획을 그었는지를 살펴보고자 한다.

라스 투나스(Las Tunas) 주에 위치한 이 지역은 대부분 평지로 이루어진 농촌지역으로(그림 7.3), 20세기 초반 이래로 사탕수수 재배지로 특화되어 왔다.

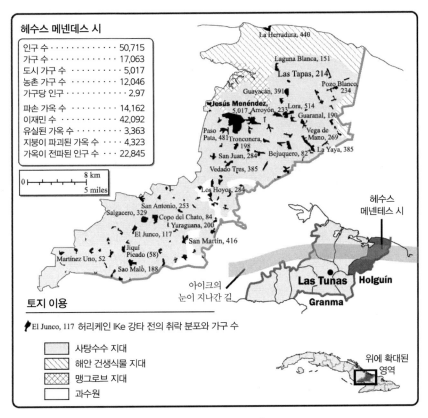

헤수스 메넨데스 시

인구 수 · · · · · · · · · · · · · · · ·	50,715
가구 수 · · · · · · · · · · · · · · ·	17,063
도시 가구 수 · · · · · · · · ·	5,017
농촌 가구 수 · · · · · · · ·	12,046
가구당 인구 · · · · · · · · · ·	2.97
파손 가옥 수 · · · · · · · ·	14,162
이재민 수 · · · · · · · · · · ·	42,092
유실된 가옥 수 · · · · · · · ·	3,363
지붕이 파괴된 가옥 수 · · · ·	4,323
가옥이 전파된 인구 수 · · ·	22,845

La Herradura, 440
Laguna Blanca, 151
Las Tapas, 214
Pozo Blanco, 234
Guayacán, 391
Jesús Menéndez, 5,017 Arroyón, 233 Lora, 514 Guaranal, 190
Vega de Mano, 269
Paso Pata, 481 Tronconera, 198
San Juan, 284 Bejuquero, 82 La Yaya, 385
Vedado Tres, 385
Los Hoyos, 284
San Antonio, 253
Salgacero, 329 Copo del Chato, 84 Yuraguana, 200
El Junco, 117 San Martín, 416
Jiquí Picado (58)
Martínez Uno, 52 Sao Maló, 188

0 ────── 8 km
0 ────── 5 miles

헤수스 메넨테스 시

아이크의 눈이 지나간 길

Las Tunas Holguín
Granma

위에 확대된 영역

토지 이용

El Junco, 117 허리케인 IKe 강타 전의 취락 분포와 가구 수

사탕수수 지대
해안 건생식물 지대
맹그로브 지대
과수원

그림 7.3. 헤수스 메넨데스 시(Jesus Menendez Municipality).
출처: Oficina National de Estdadisticas(2007) and Granm(www.granma.cu).

쿠바 아메리카 설탕회사[Cuban American Sugar Company(CASCo)]는 1899년
에서 1901년 사이에 이곳에 차파라(Chaparra)라는 이름의 공장을 처음으로 설
립하였는데, 이는 쿠바에서 가장 규모가 큰 공장 중 하나로 자리 잡게 된다. 이
공장에서의 첫 수확은 1902년에 이루어졌다. 1950년대에는 1일 680만 톤의
사탕수수를 가공할 수 있는 용량을 갖추었으며, 1952년에는 약 15톤의 설탕
을 생산하여 카스트로 이전 시대의 최고 기록을 경신하였다. 이 회사는 1960
년 국유화되어 헤수스 메넨데스(Jesús Menéndez)라는 이름으로 변경되었다.

2004년에는 1일 제당 용량이 8,500만 톤으로 확대되었으나, 그 이후로는 원료 수확량이 감소되고 수확물의 질도 저하되어 결국 모든 생산이 중단되었다. 이 공장의 같은 부지 내에는 연간 6만m^3(2,119,000ft^3; 78,477yd^3)를 생산할 수 있는 버개스 판지 공장(bagasse board factory)도 위치하고 있다. 그러나 그 생산량 역시 이 지역의 설탕 산업 침체와 함께 급격하게 감소하게 되었다(Portela 2007).

일정 부분의 주택 지역은 혁명 이후에 개량되긴 했지만, 그 질은 여전히 저급한 수준이었다. 또한 기반 시설은 열악했으며, 도로는 비포장 상태 그대로였다. 농업 취락은 넓게 산재되어 있었고, 취락의 규모는 작게는 20~30가구에서 많게는 수백 가구에 이르기까지 다양했다. 이러한 취락들은 비포장 도로와 좁은 협궤 철로에 연결된 광활한 사탕수수 플랜테이션 위에 넓게 뻗어 있었다.

허리케인 아이크(Ike)는 3등급 수준의 폭풍(category-3 storm)으로, 2008년 9월 8일 이른 아침에 이곳을 강타했다. 이 도시에서만 전체의 5분의 1에 해당하는 3,363가구가 완전히 파손되었으며, 기존의 1만 7,063가구 중 5분의 4 이상(약 83%)이 심각한 피해를 입었다. 그 여파로 개인 재산과 목재, 초가지붕이 흠뻑 젖은 채 뒤섞여 버렸으며, 강풍으로 전체의 4분의 1에 해당하는 2,323가구의 지붕이 뜯겨져 나갔다.

인명 피해는 얼마나 되었는지를 살펴보자면, 거주민의 5분의 4에 해당하는 4만 2,092명이 자신의 가옥의 전부 혹은 일부를 상실하였다. 전체의 절반 정도의 사람들은 정부가 제공하는 피난처나 친척집, 혹은 피해가 덜한 이웃 사람들의 가옥에서 피난살이를 해야만 했다. 어떤 마을의 경우에는 완전히 사라져 버리기도 했다. 440가구가 살고 있던 북부 해안가의 라 에라두라(La Herradura) 마을은 그 비극이 일어난 날 거의 대부분이 초토화되었다.

농작물 피해는 기껏해야 1년 정도(사탕수수가 자라는 데 걸리는 시간) 영향을 끼치는 것에 그칠 수도 있다. 하지만 주택의 파괴로 인한 비극은 최근의 부진한 경제 상황으로 더 오래 지속될 것으로 보인다. 국제 원조가 집중되면서 폭풍우로 황폐화된 헤수스 메넨데스 시의 상황은 부분적으로 개선될 것이라고 기대되지만, 이 도시는 결국 탈설탕(post-sugar) 경제로 변형되어갈 수밖에 없는 지경에 이르렀다. 헤수스 메넨데스 시의 피해 양상은 허리케인 아이크의 이동 경로를 따라 광범위한 지역이 황폐화되었던 상황을 잘 보여 주는 축소판이다. 쿠바 정부는 물론 이후 몇 달 동안 주민들의 식량 부족 문제를 잘 관리하여 충격을 완화시켰지만, 쿠바 전역에 있는 수만 명의 이재민 모두에게 소득이 있는 고용을 제공하는 것은 불가능한 일이었고, 그들에게 피난처만을 제공하는 것조차도 매우 버거운 일이었다. (관목과 초지를 개간하여 세운) 그 공동체는 불과 한 세기만에, 쿠바 전역의 수많은 다른 공동체들과 마찬가지로, 흥망성쇠를 모두 겪어 왔다.

사회적인 동인들은 자연적인 동인들과 혼합되기 마련이다. 우리는 문화의 글로벌화와 모더니티의 힘이 세계의 각 지역들을 얼마나 빠르게 획일화시키고 있는지를 목도해 왔다. 그러나 쿠바의 독특한 장소들은 새롭게 넘쳐 들어오고 있는 국제 관광객들에게 오히려 문화적으로 주목할 만한 것들을 보여 주고 있다. 쿠바는 그 같은 특이한 문화적 측면의 관광 요소들에다가 천혜의 해변, 산, 야생생물 보호구역 같은 자연적 측면의 관광 요소들을 결합할 수 있었다. 쿠바의 사회주의 정부는 과거의 전통유산이 현재의 경제적 자원으로 활용될 수 있다는 점을 잘 알고 있다. 쿠바에 있는 8개의 유네스코 세계문화유산과 그 외 수십 개에 달하는 국가유적들은 다음과 같은 두 가지의 목적을 수행하고 있다. 첫 번째 목적은 국가 정체성을 형성하고, 이데올로기를 발전시키며, 역사와 전통유산이 지닌 추상적 관념을 눈에 보이는 형태로 "뿌리내릴 수 있도록" 도와주는 것이다. 쿠바 정부는 시장경제인지 계획경제인지 정확히 판단하기가 어려운 방식으로 이러한 국가 전통유산과 기념물을 발굴·보호·유지하고 있다. 두 번째 목적은 이런 전통유산 경관을 통해 외화를 벌어들이는 것인데, 이는 구소련의 붕괴 이후 무역 블록 경제가 침체되고 있는 상황 속에서 매우 가치로운 자원임이 입증되고 있다. 그런데 쿠바의 전통유산 산업과 관련하여 과연 지역 주민들은 그 혜택을 얼마나 보고 있는지에 대한 의문이 제기될 수 있다. 구 아바나(Old Havana)의 국영기업인 아바나과넥스(Habana-guanex)는 수백만 달러의 돈을 벌어들여 국고를 채워 주고 있지만, 이것이 과연 지역민들의 이익과 직접적으로 연결되는 것인지에 대해서는 설명하기 어렵다(비록 어느 정도는 연결이 된다고 볼 수 있지만 말이다). 반면 트리니다드의 유네스코 세계유산 지역은 그 도시의 빈곤 지구에 위치하고 있는 주택들에만 초점을 맞추고 있다. 이러한 사례들은 전통유산 경관에 대한 관리가 어느 정도 탈중앙집권화되어 있음을 보여 준다. 대표적인 사례들은 아바나의 체 게바라나 어니스트 헤밍웨이 같은 것일 수도 있고, 아니면 트리니다드 에스캄브라이의 "도적들(bandits)"과의 전투 같은 것일 수도 있다. 이 두 가지의 전통유산 경관들은, 로웬탈(Lowental 1985)이 다른 카리브 해 지역의 상황에 대해 지적한 바와 마찬가지로, 해당 지역의 역사를 정당화하고 과거에 대한 긍정적인 이미지를 그려 낸다. 쿠바는 다른 라틴아메리카 지역을 괴롭혔던 신자유주의 경제에 대한 논쟁으로부터 벗어나 있었으며, 아직까지도 공개적인 논의가 이루어지지 않고 있다: 전통유산 경관을 활용한 외화벌이 경쟁에서 과연 누가 성공을 거두고, 누가 실패를 안게 될까?

경제적 어려움, 거시경제 관리 실패, 에너지 가격 상승, 미국의 금수 조치, 국영기업의 절도 행위 등으로 쿠바의 재활성화 프로젝트는 어려움을 겪고 있다. 위험에 처한 쿠바의 전통유산 경관으로는 예술학교(Escuelas de Arte), 농산업 관련 장소(주로 제당공장), 목조 건물, 아르누보, 아르데코, 절충주의 양식의 건물 등이 있다. 쿠바 정부는 이런 위험에 처한 장소들에 대해 인지하고 있으며 289개의 박물관을 운영하고 있다. 전통유산의 보존과 관련하여 가장 두드러진 활약을 보여 준 인물은 에우세비오 레알(Eusebio Leal) 박사이다. 그런 가운데 전통유산의 통제와 관리는 이제 새로운 세대에게로 전수되고 있는 중이다.

이와 관련하여 수면 위로 부상하게 된 긴박한 논쟁거리가 있는데, 그것은 해외로 팔려 나간 것으로 보이는 쿠바의 전통유산을 어떻게 원위치로 돌릴 것인가 하는 문제이다. 그리고 추방되어 형성된 해외 쿠바 공동체가 그러한 전통유산의 상실 혹은 대체에 과연 어떻게 대응할 것인가 하는 문제도 논쟁거리가 아닐 수 없다. 분명한 것은 혁명(적 사건)들이 일어난다 해도 연루되어 있는 제반 문제들까지 모두 손쉽게 정리되는 것은 아니라는 점이며, 쿠바 역시 예외는 아니다. 전통유산의 본래 소유주에게 배상을 해 주는 문제와 관련하여 동유럽국가들과 구소련의 경험에 비추어 보았을 때, 해외에 있는 쿠바 전통유산(혹은 심지어 쿠바 내에 있는)에 대한 보상과 반환 문제는 쉽지 않을 것으로 보인다. 이러한 논란에도 불구하고, 쿠바 관타나모에 있는 미 해군기지, 특히 캠프 엑스레이(Camp X-ray) 같은 전통유산 경관들도 쿠바 관광의 새로운 랜드마크가 될 수 있으리라 기대해 볼 만하다. 또한 카스트로 형제가 사망하게 되면, 이 혁명가들에 대한 찬사가 이어지고 추모경관이 만들어질 것으로 예상해 볼 수 있다. 물론 해외의 망명 집단은 분노하겠지만 말이다.

전통유산 분야와 밀접하게 연계되어 있는 관광산업은 쿠바에서 점점 그 비중이 증대되고 있다. 전통유산재단(Heritage Foundation)의 경제자유도 지수에 따르면, 쿠바는 정치, 경제, 사회적 자유에 있어서 낮은 수준을 보이는 국가이다. 하지만 그럼에도 불구하고 쿠바가 과연 이 새로운 관광 시장에서 성공을 거둘 수 있을까? 이 책에서 우리는 미국인들의 쿠바 관광이 금지되어 있기 때문에 쿠바가 오히려 일부 관광객들에게 매력적인 곳이 되고 있음을 살펴보았다. 대체로 쿠바 경관은, 야자나무, 푸른 바다, 라이브 음악에 대한 환상에 젖어 있는 전 세계 관광객들이 선망하고 있는, 그러나 아직 그들의 발길이 닿지 않은, 그런 곳으로 남아 있다. 그러한 환상은 지금 이 시대에 전자 및 인쇄 매체에 의해서 더욱 강화되고 있다. 비록 일부에서는 쿠바가 "카리브 해의 매춘굴"(Robaina 2004)이 되어가고 있다고 주장하기도 하지만, 낮은 인구밀도와 폭이 좁고 긴 섬의 모양은 쿠바를 꽤나 매력 있는 곳으로 만들어 준다.

4장에서 논의한 바와 같이, 쿠바에는 새로운 운송 편의 시설들이 곧 도입될 것이며, 이로 인해 세계와의 연결성은 향상될 것이다. 미국의 갤버스톤(Galveston), 뉴올리언스(New Orleans), 빌럭시(Biloxi), 탬파−세인트 피터스버그(Tampa–St. Petersburg), 마이애미(Miami), 키웨스트(Key West), 잭슨빌(Jacksonville), 볼티모어(Baltimore), 필라델피아(Philadelphia), 보스턴(Boston)에서 출발하는 크루즈 여행이 곧 다시 현실화될 수 있을 것이다. 그러나 문제는 마약, 매춘, 범죄의 함정으로부터 벗어나는 것이다. 아바나와 다른 관광지의 방문객이 2005년 현 수준인 230만 명을 초과하거나, 카리브 해 시장에서 쿠바의 비중이 10%을 넘게 될 경우, 비용이 많이 들더라도 쓰레기 및 하수 처리 시설을 현지에 반드시 구비해야만 지속가능한 관광이 될 수 있을 것이다. 쿠바에 대한 미국의 여행금지령이 폐지되면, 그 직후 1년 만에 약 100만 명(2006년 전체 관광객의 약 절반 정도)이 방문할 것으로 예상되며, 따라서 쿠바는 엄청난 영향을 받게 될 것이다. 카리브 해 관광 시장의 문제점이라 할 수 있는 미흡한 기반 시설은 관광객들의 재방문을 억제하는 결과로 이어지고 있다. 이런 상황 속에서 쿠바는 과연 대규모 관광을 억제하고 틈새시장 공략에만 주력해야 하는 것일까? 세계에서 가장 많은 관광객이 찾는 국가인 미국(3위)과 멕시코(7위)의 사이에 쿠바가 위치하고 있다는 점은 그저 우연일 뿐이다. 플로리다의 연간 관광객 수는 4,000만 명인데 이의 10%만이라도 매년 쿠바를 방문한다면, 쿠바의 관광 기반 시설은 마비가 될 것이다. 항공, 철도, 항만을 통해 (플로리다의) 디즈니월드-키웨스트-아바나-키웨스트를 잇는 경로가 개발된다면 매우 인기 있는 관광코스가 될 것이다. 이런 점에서, 빅토리아 시대의 아일랜드 작가인 앤서니 트롤럽(Anthony Trollope)이 1859년 예견했던 "아바나에는 뉴올리언스만큼 많은 미국인들이 살게 될 것이다."라는 문구를 떠올려 볼 수 있다(Trollope 1859; Pérez 1999, 1에서 재인용). 현재 진행되고 있는 글로벌화의 추세에 비추어 보건데, 위와 같은 예측은 미래의 관광 산업을 암시하는 몇 가지 시나리오일 뿐이다.

지속가능성이라는 목표는 전통유산 프로젝트 및 여타 건축 환경의 내용들과 이미 결합 중이지만, 전통유산은 자주 변하기 마련이다. 혁명 시기에 건설된 밋밋한 공공주택들이 기념물로 칭송받지 못하고, 그 기능이 향상되거나 개선될 여지가 없다고 단언할 수는 없을 것이다. 쿠바의 많은 건축가들은 쿠바 전역에 걸쳐 분포하는 단조롭고 황량한 공공 주택을 고쳐 기능을 강화하고 예쁘게 꾸미는 "프로젝트"를 진행해 오고 있다(그림 7.4). 그동안 열대성 폭풍우는 반복적으로 공공 주택에 타격을 가해 왔다. 2008년 허리케인 구스타브 (Gustav)는 아바나와 피나르 델 리오 주에서 약 9만 채의 주택을 손상시킨 바 있다(Franks 2008).

건축가 마벨 마타모로스(Mabel Matamoros)와 그 동료들에 의해 수행된 지속가능성 및 미관 개선 프로젝트는 처마, 셔터, 그늘진 출입구, 버스 정류장, 공중전화, 그 외의 소박한 조경을 추가하여 조성함으로써 공공 공간과 주거 공간의 기능 모두를 향상시키고자 했다(Matamoros, González, Rodrigues, and Claro 2006; 그림 7.5). 이런 프로젝트는 쿠바 섬 내에서 이루어지는 일이지만,

그림 7.4. 피나르 델 리오 주 최서단에 있는 과나아카비베스(Guanahacabibes) 반도의 엘 바예시토(El Ballecito) 공공 주택 지구, 2007. 여기서 보이는 GP-4(Gran Panel) 디자인은 사회주의 정부 통치 기간에 주로 사용되어 왔다. 섬 전체에 수천 개의 단지가 세워졌다. 사진(위)에는 빨랫줄, 몇 그루의 나무, 단단한 콘크리트 발코니, 담뱃잎 건조대(좌상단 발코니)가 보인다. 아래 그림에서 CAD(Computer-aided design)로 그린 설계 제안도는 시각적 혼잡성을 개선시키고 있다. 주로 새로운 발코니, 나무, 처마 등을 활용해 더 많은 그늘을 제공하고 공기 순환을 개선하는 방향으로 설계되어 있다. 목재 및 석재 건축 자재는 현지에서 공급된다.
출처: 사진과 CAD는 Mabel Matamoros Tuma 제공.

쿠바의 경관

그림 7.5. 지속가능하게 삶의 질을 향상시키는 것을 목표로 하는 공공 주택 건축 모델, 피나르 델 리오의 엘 바예시토. 이 제안에서는 창문에 처마를 추가해 미관을 개선하고 있으며, 그늘이 드리워질 수 있도록 하고 있다. 또한 보다 많은 공공 정원(그림의 오른쪽 중앙부, 즉 야구장의 오른쪽 부분)을 개발하고, 건물 정면의 물탱크를 가리기 위해 단지 주변에 나무를 심는 것을 포함하고 있다.

출처: Mabel Matamoros Tuma 제공.

이런 설계를 현실로 바꾸기 위해서는 경제성장과 재정적 자원이 필요하다.

　카스트로 이후의 쿠바 시대에 이르러 플로리다 해협 너머에 있는 여러 망명 공동체에서도 지속가능한 개발 프로젝트를 제안해 왔다. 쿠바계 미국인 건축가인 니콜라스 킨타나(Nicolás Quintana)와 플로리다 국제대학(Florida Inrternational University)의 경관 건축가인 후안 안토니오 부에노(Juan Antonio Bueno)는, 언젠가 쿠바 민중과 정부가 원한다면 수도 아바나에 독특한 흔적을 남길 수 있는 아바나 재개발 계획을 실천해 보고 싶다고 제안한 바 있다. 그들은 시장경제의 정책 입안자들과 투자자들을 위한 개발 방법을 제안했는데, 이는 전통유산, 서비스, 기능성 등을 잘 융합하여 사회주의 이후의 쿠바에 적합한 방향으로 개발하는 것을 주된 내용으로 한다.

강력한 투자 인센티브가 제공될 수 있는 정치적, 경제적 변화의 상황 속에서, 아바나는 환경을 고려하면서 도시의 뛰어난 건축물과 문화적 무결성(integrity)을 보존해야 함과 동시에, 주택과 기반시설 같이 주민들에게 긴급하게 필요한 사항에도 관심을 기울여야 하는 이중적 도전 과제에 직면하게 되었다. … [저자들은] 아바나의 독특한 도시, 농촌, 자연 경관을 고려해 향후의 성장 추이를 시뮬레이션할 수 있는 기술적 자료들을 활용하고 있다. [그러한 프로젝트]의 목적은 환경적으로 지속가능한 방식을 통해 도시의 미래 발전을 시각화하고, 역사적인 가치를 인정하면서 동시에 사회의 요구와 열망에 부응하는 것이다.(Woodrow Wilson Center 2008)

그림 7.6은 아바나 베다도(Vedado) 지구의 고밀도 제안을 보여 주고 있다. 도시활동센터(Urban Activity Center, UAC)라는 개념은, 미국에서 흔히 볼 수 있는 소위 "확장하는 교외, 반도심 개발"에 맞서 시도된 새로운 개념이다. 즉, 야외 주차장을 하루 중(예: 영업시간) 혹은 일년 중(예: 크리스마스 쇼핑) 특정 시간에만 집중적으로 사용하는 현상을 개선해 보고자 하는 개념인 것이다. 이 제안은 보행 활동을 촉진하는 동시에 고밀도의 토지 이용을 장려한다. 열대경관이 우거져 있으며 대중교통로가 통합되어 있는 도시활동센터는 비교적 작은 "흔적(footprint)"(예: 지상의 건물 둘레)을 남기게 된다. 저층부는 실내 주차장과 상업적 용도(사무실, 상점, 레스토랑, 엔터테인먼트, 서비스 시설 등)로 활용하게 하고, 주거 시설은 고층에 유치한다. 아바나가 보행자 친화적인 환경을 유지하려면, 도시활동센터 같은 요소가 도움이 될 것이며, 이는 쿠바경관의 독특한 필수 요소들을 보존하는 데에도 기여할 수 있을 것이다.

관광산업이 계속 확장될수록 여가 및 오락 시설이 쿠바 섬의 곳곳으로, "더 어두운" 구석으로 확산되어 가리라는 것은 의심의 여지가 없다. 전기 조명의

쿠바의 경관

그림 7.6. 아바나의 베다도에 제안된 도시활동센터의 건축 모형. 이 모델은 플로리다 국제대학 (Florida International Univ.)의 건축학과 학생인 호르헤 가르시가(Jorge Garciga), 길버트 아티크 (Gilbert Atick), 안드레아 로드리게스(Andrea Rodríguez), 야니나 코르베아(Yanina Corbea)가 설계 하였다.

보급(electrification)으로 인해 사람들은 오랫동안 밤하늘의 별을 관찰하는 것이 쉽지 않았다(Ekirch 2005). 지난 수십 년 동안 촬영된 카리브 해 지역의 원격 촬영 감도 이미지를 살펴보면, 근대적 기술이 과거 농촌 지역이었던 곳까지 얼마나 깊숙이 침투했는지를 알 수 있다(표 7.1). 스포르차와 스카파시(Sforza and Scarpaci 2008)는 위성 이미지의 밝고 어두운 부분의 비율을 보정해 쿠바가 최악의 상황에 처해 있던 특별 시기(Special Period)와 최근 관광산업을 적극적으로 확대한 시기 사이에 그 비율이 어떻게 변화했는지를 계산했다. 이 자료에 따르면, 새 천 년에 들어선 이후 쿠바의 저녁 공간(evening space)은 전체적으로 밝아진 모습을 보이는데, 그중에서도 특히 북쪽 지역이 두드러진 모습을 보인다. 그런데 이러한 쿠바의 저녁 공간은 이웃한 아이티 공화국에 비해서는 훨씬 밝은 것으로 나타나지만, 도미니카 공화국과 푸에르토리코와 비교해 보았을 때는 여전히 "덜 밝은 것"으로 나타났다(그림 7.7). 예를 들어, 표 7.1에서 확인할 수 있는 바와 같이 쿠바에서는 밝은 픽셀의 비율이 어두운 픽셀의 5배 이상이다. 반면, 푸에르토리코에서는 어두운 픽셀 대비 밝은 픽셀의 비율이 184에 달하며, 히스파니올라 섬(도미니카 공화국과 아이티 공화국 포함) 전체는 야간의 경우 쿠바보다 약 두 배 정도 높은 것으로 나타났다(9,491 대 5,365

표 7.1. 밝기-어둡기 비율: 쿠바, 히스파니올라 섬(아이티와 도미니카 공화국), 아이티, 도미니카 공화국, 푸에르토리코

국가	밝기-어둡기 비율
쿠바	5.365
히스파니올라	9.491
아이티	2.378
도미니카 공화국	11.914
푸에르토리코	184.745

출처: Sforza and Scarpaci(2008).

쿠바의 경관

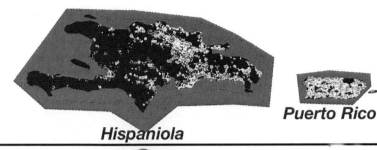

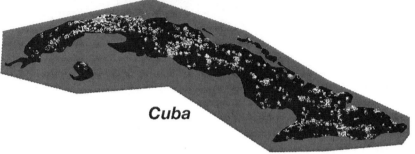

그림 7.7. 밝기-어둡기 비율(1992-1994년). 흑과 백의 척도(등급)가 다소 불분명하지만, 카리브 해 지역의 야간 위성 이미지의 광도의 차이에 있어서 히스파니올라 섬과 푸에르토리코 섬의 야간 "빛 공해(light pollution)"(위쪽)와 쿠바의 "빛 공해(light pollution)"(아래) 간에는 큰 의 차이가 있음을 보여 준다.

출처: Sforza and Scarpaci(2008).

픽셀). 쿠바가 근대화를 추진함에 따라, 지난 수년간 주민들의 생활 리듬, 의례, 노동은 물론이거니와, 가시적 경관의 모습 또한 크게 변하고 있는 것이다.

관광산업의 성장이 현실화된다면, 쿠바의 에너지 수요는 크게 증가하게 될 것이다. 쿠바는 적극적으로 대체에너지를 찾고자 노력하고 있다. 이러한 상황 하에서 다국적 에너지 및 광업 회사들이 새로운 탄화수소를 활용하는 문제와 관련하여 쿠바 정부와 협력관계를 모색하거나 구축해 가고 있다. 그림 7.8은 쿠바가 석유 탐사를 위해 구획한 구역 중 일부를 보여 준다. 이 구역들은 국제 협약으로 인정받은 쿠바의 해양자원 지역 내에 위치하고 있다. 플로리다 주 키웨스트에 있는 관광객들이 이곳의 석유 시추 기반 시설을 실제로 관찰할 일

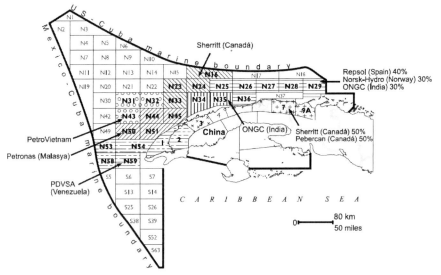

그림 7.8. 쿠바가 승인한 연근해 시추 국제 협약, 2008.

은 없을 것이나, 원유가 누출될 경우 멕시코 만류를 통해 빠른 속도로 플로리다 해안에 도달할 수 있다는 것은 자명한 사실이다. 다른 석유 탐사 지역과 마찬가지로, 만약 이곳에서 현재 작업 중인 베트남, 캐나다, 말레이시아, 스페인 회사의 시추 작업 중 만에 하나 문제가 발생한다면 인근의 동식물 생태계는 위험에 처하게 될 것이다.

6장에서는 쿠바의 정보 환경, 정치적 특성의 혼합, 이데올로기, 미디어 환경, 그리고 기호학적 특성에 대해 살펴보았다. 정보 기술, 특히 단순한 도로 광고판 형태는 대량소비 문화가 존재하지 않는 국가에서 독특한 경관을 만들어 내고 있다. 이를 규명하기 위해 우리는 여러 개의 정치 광고판 담론과 재현적 특성(애국심과 사회주의 이념, 미국의 헤게모니, 보전, 사회정의, 그리고 시민 참여 등)에 대해 탐구해 보았다. 우리는 이데올로기와 경관, 그리고 공간의 사회적 구성이 어떻게 독특한 흔적으로 새겨져 쿠바를 채색하였는지를 검토해 보

쿠바의 경관

았다. 특히 역사적 사건, 슬로건, 강령, 역사적 인물과 정치인들의 주장과 내용들이 사회주의 정부에 의해 어떻게 확산되었는지를 살펴보았다. 쿠바의 경관은 광고, 특별한 저항 광장(protest plazas), 대중조직, 정치적 예술 등을 통해 이러한 이데올로기적 메시지를 드러내 주고 있다. 이러한 정보 유포 및 차단을 잘 보여 주는 사례가 아바나 말레콘에 있는 미국 이익대표부 건물과 쿠바 정부 간에 벌어지고 있는 치열한 외교 게임이다. 쿠바 정부는 미국 이익대표부 건물의 전자 게시판을 차단하기 위해 이른바 "애도 깃발(mourning flags)"이라 불리는 검은 깃발을 사용하고 있다. 위르겐 하버마스(Jurgen Habermas 1975)는 어떤 사회가 작동되려면 세 가지의 하부 체계(경제 체계에서 형성되는 노동, 사회문화 체계로서의 언어, 정치 체계로서의 지배 권력)가 존재해야 한다고 보았는데, 이를 활용하여 쿠바의 상황을 분석해 본다면 혁명에 관한 쿠바의 "진실 주장(truth claim)"이 무엇인지 그 일부를 가늠해 볼 수 있을 것이다. 일당(一黨) 정치 체제는 담론을 독점하여 당이 주장하는 메시지를 대중에게 전달하고, 그것은 강력한 "권력의 공간적 어휘"가 되어 자리 잡게 된다. 이와 관련된 정보 경관으로는 만화, 선언문, 연설, 공개 비난, 대중 집회, 포럼 등이 있다. 이 장소들은 권력과 정치 프로세스의 가시적 부분이라 할 수 있으며, 쿠바 또한 이런 특성이 잘 드러나고 있다. 아파두라이(Appadurai 1986)의 용어를 빌리자면, 쿠바는 독특한 "이념경관(ideascape)"를 지니고 있는데, 이를 통해 쿠바 혁명은 추앙받고 있고, 순교자들은 거룩한 존재로 찬양받고 있으며, 쿠바 섬은 다윗과 골리앗의 싸움의 희생자인 것처럼 간주되고 있다. 인터넷의 접근이 매우 제한적이라는 점에서, 새로운 전자 미디어 시장의 도래로 인해 시민사회는 오히려 억압을 받고 있다고 할 수 있다. 근대 국민국가를 규정짓는 분명한 특징은 국가와 미디어 매체와의 관계라고 할 수 있다. 북한, 중국, 베트남과 마찬가지로, 쿠바 정부는 정부의 현상 유지를 위태롭게 하는 문제에 대한 공개 토론을 제한하고 있다.

쿠바의 현 지도부는 미디어 매체를 통한 정보 전달에 정통하다. 쿠바 식민지 역사에서 파생된 정치적 상징주의에 빠져 있는 것이다. 1960년대 쿠바의 문화 혁명은. 시, 시민 예술, 회화, 조각품 등을 대중에게 돌려 주었다. 새로운 정보경관에는 거리 예술과 광고판이 포함된다. 여기서 광고판이란 식기 세제, 화장용 크림, 혹은 자동차 같은 것을 광고하는 것이 아니다. 대신 이 간판들은 "새로운" 쿠바 건설에 필요한 덕목들을 보여 주는 정치적, 시민적 메시지를 전달한다. 이 광고판들은 쿠바에서 유일하게 공공 광고를 송출해 주는 매체이며, 국가 정부는 이를 통해 모든 국민에게 복지, 안전, 역사적 교훈, 사회주의 사상을 전달하고 상기시켜 주는 역할을 담당한다. 이 책에서 살펴본 정치 광고판의 메시지에는 애국심과 사회주의, 사회정의, 시민 참여, 보전이 포함된다. 이러한 정보경관은 시민권의 통치를 명확히 수행하고 있다. 간단히 말해, 시민들이 자신의 몫을 다할 수 있도록 국가정부도 그 역할을 다하는 것이다. 이런 규율과 원칙들을 종합해 볼 때, 이것이야말로 바로 쿠바가 "또 다른 미국"인 이유라고 주장할 수 있을 것이다. 국가의 완전한 정보 통제를 감안해 볼 때, 쿠바에 반정부 그래피티가 없다는 것은 그리 놀라운 일이 아니다. 생필품 이외에 소비재 및 서비스가 거의 부재한 사회에서 수천 개의 정치적 광고판이 일반 보행자, 버스 승객, 운전자를 응시하고 있다. 그들은 수동적인 존재, 즉 무의식적으로 광고 내용을 기억해 내는 존재가 되어 이 사회에서 무엇이 허용되고 무엇이 허용되지 않는지를 광고판으로부터 전달받는다. 6장에서는 어떻게 장소가 만들어지는가에 대한 기존의 연구물들을 참고하여, 사회주의 정부가 장소를 만들어 가는 방식과 정보 기술을 통제하는 방식에 어떤 규칙성과 질서가 내재되어 있는지를 살펴보았다. 그리고 정치 광고판이 국가가 승인한 이데올로기를 전파하는 "공간적 어휘"의 역할을 수행하도록 어떻게 동원되고 있는지를 살펴보았다.

정보 처리와 관련된 이슈들이 물론 중요하지만, 쿠바 섬의 지정학적 현실이 세계 무대에서 점차 중요해지고 있음이 감지되고 있다. 보수적인 지정학 컨설팅 기관에서 주장한 바에 의하면, 워싱턴 D.C.나 아바나의 입장에 근본적인 변화가 없다면 쿠바의 지리적 측면과 섬이 갖는 특성으로 인해 양국 간의 불화는 여전히 지속될 것이다.

미국의 입장에서 쿠바는 항상 지리적인 위협이 아닐 수 없다. 미시시피 강이 미국 농업의 거대한 고속도로이고 뉴올리언스가 세계를 향한 거대한 항구라면, 쿠바는 뉴올리언스가 세계로 나아가는 것을 직접적으로 차단할 수 있는 위치에 놓여 있다. 뉴올리언스에서 출항한 배가 멕시코 만을 빠져나와 대서양으로 갈 수 있는 방법은 단 두 가지뿐인데, 하나는 쿠바 서쪽 해안과 유카탄(Yucatan) 반도 사이의 쿠바─유카탄 해협을 가로지른 후 대서양으로 나아가는 방법이고, 다른 하나는 쿠바 북쪽 해안과 플로리다 사이의 플로리다 해협을 가로지른 후 대서양으로 나아가는 방법이다. 만약 이 두 경로가 봉쇄된다면 미국의 농산물 수출입이 차단될 것이며, 뉴올리언스는 물론이고 휴스턴을 비롯한 멕시코 만 연안의 모든 항구는 폐쇄될 것이다.

쿠바는 이 통로들을 폐쇄할 정도의 자체적인 힘을 갖고 있지 않다. 그러나 다른 초강대국이 쿠바에 영향을 미쳐 통제력을 발휘한다면, 그 위협은 현실이 되어 최악의 상황을 초래하게 될 것이다. 타국(스페인, 독일, 러시아 등)의 쿠바 점령은 미국에 집적적인 지정학적 위협을 가하게 될 것이다. 쿠바에서 미국으로 미사일이 발사될 가능성이 높아질 경우, 워싱턴은 미사일 발사 범위 안에 포함될 것이다. 쿠바 그 자체가 위협이라기보다는, 쿠바가 전 세계적으로 미국에 도전하는 타국 세력들과 동맹을 맺거나, 혹은 그들의 지배하게 놓이게 될 경우에는 큰 위협이 될 수밖에 없는 것이다. 따라서 쿠바가 다른 강대국들과 정치−군사적 동맹 관계에 있지 않는 한 미국인들은 누가 쿠바를 지배하는지에 대해 별로 신경 쓰지 않는다.(Friedman 2006)

쿠바성(*cubanidad*)이, 그리고 쿠바 경관의 독특한 조건[이는 일정 부분 틀에 갇혀진 도서성(insularity)의 특징을 보이는데, 올위(Olwig 2007)는 이를 "도서중심성(islecentricity)"이라 지칭했다.]이 쿠바라는 장소를 과연 어느 정도까지 정의해 주고 있는지에 관한 질문이 여전히 우리에게 남아 있다. 환경결정론을 적용하여 단순하면서 손쉽게 답을 구해 볼 수도 있겠지만, 우리는 다음과 같은 질문, 즉 소위 도서성이 쿠바의 비물질 문화를 어느 정도까지 만들어 내고 있는가에 대한 답을 깊이 있게 천착해 보아야 한다. 여기서 비물질 문화는 이와 연결된 여러 경관 및 특성들과 함께 작동하는 요소인 것이다. 필립 콘클링(Philip Conkling 2007)은 섬의 주민과 "섬의 특성(islandness)"에 관한 에세이에서 위와 같은 질문을 제기했다. 그는 조지 푸츠(George Putz 1984)가 수행한 작업을 인용했는데, 조지 푸츠는 미국 메인(Maine) 주 섬 주민과 어촌 공동체의 속성들에 관한 흥미로운 목록(표 7.2)을 작성했고, 이러한 목록은 우리가 "쿠바인의 개성(personality)"이라고도 부를 수 있을 만한 특징들과도 연결될 수 있다.

메인 주 연해에 분포하는 섬들의 앵글로 색슨계 주민들과 쿠바의 아프리카−쿠바−스페인계 주민들 간의 비교는 매우 다양하게 이루어질 수 있는데, 표 7.2는 그 특성들을 매우 정확하게 기술하고 있다. 푸츠(Putz 1984, 27)는 "어떤 섬의 주민들은 전 세계 다른 섬의 주민들과 공통의 의식을 공유한다. 전 세계의 과학자들이 정의, 논리, 통제 및 증거와 같은 것들에 대해 공통된 의식을 공유하는 것과 마찬가지의 방식이다."라고 주장한다.

우리가 마지막으로 주목하고자 하는 것은 겉으로 드러나지 않고 주택의 내

266

표 7.2. 쿠바(인)에 적용되는 메인 섬 주민의 인성과 문화적 특성

독립성—작은 어촌 마을의 사교계는 그 개성(personality)을 존속하기 위해서 독립성을 필요로 한다. [비록 쿠바의 작은 어촌 마을은 과거의 유물이지만, 쿠바인의 지략적이고 자기주장이 강한 성격은 쿠바인(lo cubano)의 특성을 정의해 준다.]

충성심—(심지어 확실한 적들에게도) 상호 원조와 관용을 베푼다. (반세기에 걸친 미국과 쿠바 사이의 적개심에도, 쿠바 디아스포라는 쿠바와의 관계를 포기하지 않았다.)

강력한 **명예의식**. (19세기, 20세기, 21세기의 전쟁에서 보여 준 민족주의 의식이 널리 자리 잡고 있다.)

다재다능한 능력, 쿠바 사람들은 이를 **솜씨좋음(handiness)**이라고 부른다. [문제해결능력에는 섬에서 발생한 문제에 직면했을 때 문제를 끝낼 수 있는(ability to resolver or solucionar) 능력이 포함된다.]

적극적인 **경쟁 의식**. (스포츠 경관은 쿠바 혁명의 특징으로 정의되며, 1,100만 명에 불과한 쿠바 주민들은 올림픽과 판 아메리카 게임에서 좋은 성적을 거두고 있다.)

현실적인 **상식**. [쿠바인들은 일상생활에서 실용적이며 현실적이다. 비현실적이고, 혹독한 상황에 무지한 사람들이라는 사회적 낙인이 존재한다(hacer el bobo).]

남성과 여성 모두 **남성성(machismo)**을 강조하는 경향. [남성의 경우에는 덧붙일 말이 별로 없음; 여성의 경우는 1968년 움베르토 솔라스(Humberto Solas)가 연출한 쿠바 영화 〈Lucía〉에 잘 묘사되어 있다. 이 영화는 1895년, 1933년, 1960년대 혁명 초창기 시기 세 여성의 삶을 보여 준다.]

무성한 소문에 약한 모습. [도시와 시골 사람들 모두 유언비어(radio bemba*)에 크게 의존한다.]

고도로 개별화된 **영성과 미신**의 혼합. [전통적으로 쿠바는 가톨릭이지만, 1992년 헌법 개혁에서 종교 자유화가 결정된 후에도 교회 출석률은 여전히 낮은 수준에 머물러 있다. 많은 쿠바인이 종교를 가지고 있지 않지만, 카톨릭과 아프리카 신앙 체계를 혼합한 산테리아(santeria)를 신봉하는 사람들이 많으며, 각 개인은 집안에 특정 신물(orisha)을 모시는 작은 십자가나 제단을 둘 수 있다.]

마지막으로, 훌륭한 **교양과 지성**. (국영 언론이 세계의 사건들을 공정하게 다루고 있는지에 대해 의문을 제기할 수 있지만, 직업과 상관없이 모든 쿠바인들은 스포츠, 세계 문화, 정치 등에 관한 정보와 식견을 갖추고 있다.)

출처: Putz(1984, 26)에서 수정.
* 역자주: 실재하지 않는 유언비어가 사람들의 입에서 입으로 퍼져 나간다는 점에 근거한 용어이다. radio macuto라고도 한다.

부에 형성되어 시야에 잡히지 않는 "경관"이다. 보통의 외국인들이 이를 관찰하는 것은 분명 쉽지 않을 것이다. 하지만 지역 주민들에게는 무척 익숙한 것이다(그림 7.9). 세상의 모든 섬 사람들이 보편적으로 지니고 있는 상식적인 접근 방식에 대해 논의를 전개한 푸츠의 사고를 바탕으로, 이용 가능한 자원이 제한적인 상황에서 쿠바인들이 새로운 거주 공간을 확장해 가는 창의성에 대

해 자세히 살펴보고자 한다. 이와 관련된 것이 바르바코아(barbacoa)라는 경관인데, 가옥 내부에 여분의 방을 만들기 위해 짓는 플랫폼이나 중간층을 말한다. 이 경관에서 나무 기둥은 골조 역할을 하며, 널빤지는 골조를 교차하여 일련의 들보 역할을 한다. 보통 도시에서, 쿠바인들은 인구과밀 문제를 해결하기 위해 필요할 때마다 이런 침실이나 아파트 다락방을 지었다. 바르바코아를 만들기 위한 재료 대부분은 다른 붕괴된 건물에서 가져온다(De Real and Scarpaci, 근간).

쿠바의 작가 호세 안토니오 폰테(José Antonio Ponte)는 그의 단편물, *Arte de Nueve Hacer Ruinas*에서 식민지 시대 일반 주택은 천장이 높았고, 이로 인해 활용 가능한 실내 공간을 수직적으로 확장할 수 있었음을 밝힌 바 있다.

그림 7.9. 바르바코아(barbacoa)의 외부. 람파리아(Lamparilla), 산 이그나시오(San Ignacio) 거리, 아바나 비에하
출처: Sergio Valdés 제공.

주택 면적을 확장해야만 하는 상황에서 더 이상 건물을 지을 빈 마당이나 정원, 심지어는 발코니조차 없는 경우, 즉 아파트 내부에 가족들과 함께 살아갈 더 넓은 방이 필요할 경우, 유일한 방법은 상층부의 공간을 활용하는 것이다. 다시 말해 주택 내부에 한 층을 더 만들 수 있을 만큼 천장이 충분히 높을 때 복층의 집을 만드는 것이다. 공간을 수직적으로 확장할 수 있음에 착안하여 내부에 주택을 하나 더 올리는 것이다.

독일 영화제작자, 플로리안 보르히마이어(Florian Borchmeyer)와 마티아스 헨트슐러(Matthias Hentschler)가 만들고 감독한 다큐멘터리 영화, ⟨*Habana: Arte Nuevo de Hacer Ruinas(Havana: The New Art of Making Ruins* 2006)⟩에서 폰테의 그러한 생각이 핵심적으로 다루어진다. 이 영화는 파멸의 도시의 쇠락해 가는 건물들 안에서 분투하고 있는 아바나 주민들의 삶을 조명하고 있다. 20세기 초 절충주의 양식으로 지어져 과거에는 우아한 모습을 지녔던 건물들은 이제 퇴락한 모습으로 변했고, 그 안에는 쿠바인들의 옹색한 삶이 펼쳐져 있다. 호세 안토니오 폰테는 일반 주민들의 개인적 내러티브들을 동원하여 아바나의 황폐화된 경관을 잘 소개하고 해석해 주었다. 그는 쿠바 일반 사람들의 일상적 내러티브에 정치적 의미를 부여하고 있다.

폰테는 폐허가 된 아바나의 도시경관 모습을 다음과 같이 날카롭게 파헤쳤다.

누군가 자신의 사유지에서 무너져 내린 건물을 다시 지을 수 없다면, 그것은 공적 영역에서도 마찬가지이다. 그 이유는 국가 통치자들이 어떤 의도를 갖고 그러한 건물의 폐허화를 방치하고 있기 때문이다. 즉, 그 통치자들은 신민(臣民)들에게 (국가의 허락 없이는) 아무것도 바꿀 수 없다는 것을 보여 주려는 것이다. 만약 누군가 자신의 주택을 개조할 수 없다면, 당연히 그 국가도 고칠 수 없다. 사적 영역에서의 실패는 곧 공적 영역에서의 실패로 이어진다. … 건물이 붕괴되도록 그냥 내버려 두라. 아무 것도 바꿀 수 없을 것이다. 그리고 내 생각에는 그것이야말로 도시에 관한 사고(urban thinking)의 획기적인 변혁이 가져다 준 가장 중요한 공헌이었다. 그 어떤 것도 복원될 수 없다는 사고 말이다. 수리조차 될 수 없었던 것이다. 따라서 국가는 개조될 수 없는 것이다. 그냥 그대로 두라.[1]

건조(建造) 환경에 대한 이러한 통찰적인, 그러나 논란의 여지가 있는 해석에 의거해서 살펴본다면, 개인들이 자신만의 경관을 만들어 간다는 것은 곧 국가 권력에 저항하는 것을 의미한다. 아바나에 대한 폰테의 기술은 혁명이 가지는 자본에 대한 불신을 강조하는데, 여기서 자본은 쿠바적인 것이 아니라 세계보편주의적(cosmopolitan)인 것으로 간주된다. 아바나의 황폐화된 상황은, 과거 국제도시로서 명성을 날렸던 이 도시에서 혁명 이전 시기에 이룩했던 (자본주의적) 성공을 징벌한 결과로 나타나게 된 것이다. 이 영화에서는 1950년대와 1960년대 초반 아바나의 모습을 흑백(footage)의 영상으로 묘사하면서 이러한 담론이 더욱 강조된다. 혁명 초기에도 남아 있던 퇴폐적인 이미지의 술집들, 아름다운 여인들, 분주한 거리의 모습은 사회주의 지도자들의 눈에는 도덕적으로 타락한 경관으로 비추어졌다. 하지만, 이 영화는 그 당시 아바나가 겪고 있던 물질적 피폐함과는 매우 대조가 되는, 사랑스러움과 부의 불평등, 자유분방한 삶을 표상하는 세계보편주의적 도시로서의 아바나를 만들어 내는 데 이러한 이미지를 사용하였다. 폰테의 주장에 따르면, 결국 그 같은 폐허화된 경관의 모습은 그 무엇도 바꿀 수 없는 무기력한 정치적 신민의 모습을 보여 주는 메타포가 되었다. 당시의 아바나는 아바나 주민들의 피폐해

쿠바의 경관

진 삶을 보여 주는 메타포일 뿐이다. 그들은 엉망이 되어 버린 상황 속에서 살아야 했기 때문에 피폐해진 것이 아니라, 그들 스스로 경관을 재건할 수가 없었기 때문에 피폐해진 것이다. 그런 상황 속에서 바르바코아(barbacoa)만이 유일한 대안이 될 수밖에 없었다.

따라서 바르바코아는, 우리가 지금까지 추적해 온 역사적 변화의 견지에서 보았을 때, 새로운 형태의 쿠바성(cubanidad)을 재현해 준다. 그것은 창조성을 지니고 있으며, 매우 광범위하게 분포하고 있다. 즉, 2004년 당시에 아바나 비에하(Vieja)에만 1만 7,000개 이상의 바르바코아가 존재했다. 우리가 주장하고 싶은 것은 이러한 다락방(lofts)이 쿠바의 새로운 개척지(frontier)를 형성했다는 점이다. 다락방은 부동산 시장이 대단히 제한적으로 작동되는 상황 속에서 그리고 가정용 건축자재물의 획득이 무척 어려운 상황 속에서, 각 가정이 그 내부에 숨겨져 있던(unclaimed) 공간을 어떻게 찾아내고 정복하게 되었는가를 잘 보여 준다. 조금이나마 자본과 노동력이 확보되면서, 이러한 높은 천장 공간은 새로운 방으로 변형되었고, 비좁은 주택 내에 더 많은 거주자들을 수용할 수 있게 되었다(그림 7.10). 폰테의 이야기에서는 주인공들이 폐허가 된 자신의 집으로 돌아가는 장면과 더불어 바르바코아가 전면적으로 조명되는데, 이는 쿠바에서 황폐화된 건물이 다시 재탄생하여 등장하는 일종의 불사조로 재현된다. 19세기 미국의 개척 정신을 설명하는 역사학자 프레더릭 잭슨 터너(Frederick Jackson Turner)의 "프런티어 이론(frontier thesis)"에 근거해, 우리는 선택의 폭이 제한되어 있는 현대 쿠바인들의 그러한 활동이야말로 창조적인 기업가 정신을 담고 있다고 확신한다. 아바나와 여타 도시들에서 볼 수 있는 내부적 도시 공간의 확대는 또 다른 가능성을 지닌 도시의 모습을 보여 준다. 즉, 이는 쿠바인들이 자신의 꿈을 실현하기 위해 열망을 담아 만들어 내는 새로운 공간의 모습인 것이다. 19세기 미국 서부의 정착자들, 아르헨티나 팜파

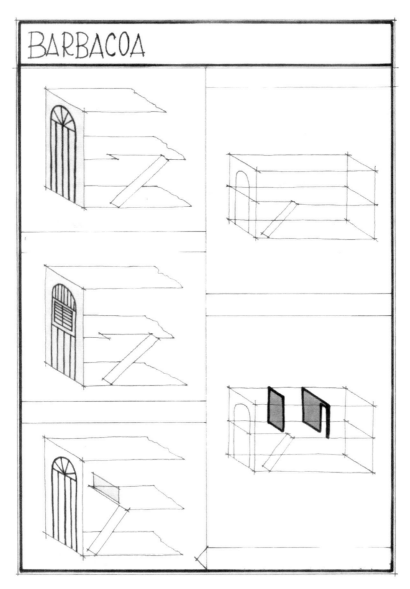

그림 7.10. 쿠바 다락방의 유형들.
출처: Luis Valdés의 허가를 받아 사용함.

스(pampas)의 개척자들, 브라질의 변방 개척 신화를 창조했던 초창기의 반데 이란치(bandeirantes) 등의 활동 결과와는 달리, 쿠바의 이러한 내부적 도시 공간은 수평적으로 확장되어 있지 않고 수직적으로 펼쳐져 있었다. 폰테의 이야기에 의하면, 건축가들(주민들)은 그들에게 주어진 유일한 확장 공간을 찾아 내부로 방향을 돌렸던 것이다.

쿠바 영토 내에서는 국가 직영, 혹은 합작 호텔과 레크레이션 회사들이 양호한 땅을 넓게 점유하여 사용하고 있었기 때문에, 개인이 그 일부를 떼어 내어 활용한다는 것은 거의 불가능한 일이었다. 사회주의 쿠바에는 공식 부동산 시장이 없었기 때문에, 주택을 맞바꾸는 방법을 통해서 집과 일터를 가능한 한 근거리에 둘 수 있도록 노력했다. 그 결과 도시 내에서 다수에게 이용 가능한 유일한 공간은 수직적 차원의 공간이었고, 이를 창의적인 방식으로 바꾸어 감으로써 철저한 개인주의를 표출하였다. 쿠바 연구가들은 쿠바인들이 아주 오랜 역사를 거쳐 오면서 일상의 문제들을 해결하기 위해 높은 수준의 창의력을 보여 왔다는 점을 소개해 왔다. 페레스(Pérez 2001b)는 19세기의 쿠바인들이 힘을 합쳐 허리케인의 피해를 적절하게 해결했음을 밝힌 바 있다. 이러한 시민들의 노력 덕분에 쿠바의 문화적, 국가적 정체성이 만들어질 수 있었고, 폭넓은 공동체 의식이 형성될 수 있었다. 즉, 시민들이 동시대의 정치적 혁명 운동에 필적할 만한 공헌을 했던 것이다. 한 세기가 지나 소비에트 연방이 무너지고, 평화의 시기(Special Period in Time of Peace)가 시작되면서, "어려운 상황에 적응하면서 근근이 살아갈 수 있도록" 새로운 형태의 쿠바식 임기응변 능력이 발휘되었다. 바르바코아는 폐쇄된 공간 내에서 새로운 쿠바의 개척지로 간주되었으며, 쿠바인들의 노력으로 합리적이고, 창조적이며, 지워지지 않는 경관으로 재현되었다.

이 책은 쿠바의 유연적인 문화 특성을 다루면서, 아울러 쿠바의 자연과 사회의 역사가 어떻게 쿠바 전역에 뚜렷한 흔적으로 남겨지게 되었는가를 밝히고자 하는 목적으로 집필되었다. 쿠바 섬의 경관은 수많은 역사적 궤적들을 가로지르는 지침서와도 같다. 쿠바의 자연경관, 역사경관, 설탕경관, 전통유산경관, 관광경관, 정보경관 등은 독특한 공간적 특성을 만들어 냈다. 이러한 특성은 오랜 시간에 걸쳐 쿠바만의 독특한 역사적 과정이 덧입혀지면서 완성되었다. 스페인 점령 시대의 식민지 통치의 맥락, 거의 3세기 동안 계속되어 온 단일작물의 설탕 재배와 수출, 확실하게 자리 잡았던 시장 자본주의를 뒤집어엎은 사회주의 정부의 정책 등이 그러한 특성에 큰 영향을 끼쳤다. 시장 자본주의가 "설득의 경관(landscape of persuasion)"을 만들어 가면서, 혼란스러운 마케팅과 광고 문화에 의해 욕망이 창출되는 그런 경관을 열어 준다면, 사람들은 가까운 장래에 음식이나 주거 같은 가장 기초적인 욕구가 손쉽게 충족된다는 희망을 갖게 됨과 동시에 이 쿠바 섬을 그토록 독특하게 만들어 낸 여러 속성들도 결코 사라지지 않을 것이라는 희망을 가질 수 있을 것이다. 쿠바는 앞으로도 계속해서 쿠바에 관심이 있는 많은 사람들의 지리적 상상력을 사로잡을 것이다. 그 배경에는 탄탄하게 엮인 경관들의 망이 계속 창출되고 있다는 사실이 깔려 있으며, 그러한 경관들이 처음 형성 단계와 현재의 과정, 그리고 미래의 변화에 이르기까지 일련의 특성들을 오롯이 보여 주고 있다는 사실이 깔려 있다.

＊ **주석**

1. 독일 영화제작자, 플로리안 보르히마이어(Florian Borchmeyer)와 마티아스 헨트슐러(Matthias Hentschler)의 2006년 영화, 〈Habana: Arte Nuevo de Hacer Ruinas〉에서 인용(영어 번역이 자막으로 제공된다).

참고문헌

Aber, J. S. 2003. Baron Friedrich W. K. H. *Alexander von Humboldt. History of Geology*. Retrieved September 29, 2003, from *academic.emporia.edu/aberjame/histgeol/ humboldt/ humboldt/html*.

Abu-Lughod, J. 1984. Culture, modes of production and the changing nature of cities in the Arab world. In J. Agnew, D. Mercer, and D. Sopher, eds., *The City in Cultural Context*. Boston: Allen & Unwin, pp.94-119.

Agitator, The. 2006. Bush Bashing. Retrieved July 1, 2006, from *www.theagitator.com/ar-chives/2003_01.php*.

Agnew, J. A. 1987. *Place and Politics: The Geographical Mediation of State and Society*. Boston: Allen & Unwin.

Agnew, J. A., and Duncan, J. S. 1989. Introduction. In J. A. Agnew and J. S. Duncan, eds., *The Power of Place: Bringing Together Geographical and Sociological Imaginations*. London: Unwin Hyman, pp.1-8.

Allen, J. 2003. *Lost Geographies of Power*. Malden, MA: Blackwell.

Alongi, T. 2007. *The Dynamics of Tropical Mangrove Forests*. New York: Springer.

American Sugar Alliance. 2008. *World Sugar Price Myth Exposed*. Retrieved June 3, 2008, from *www.sugaralliance.org/desktopdefault.aspx?page_id=139*.

Anuario Estadístico de Cuba, various years. Havana: Oficina Nacional de Estadísticas, Republic of Cuba.

Appadurai, A. 1986. *Social Life of Things: Commodities in Cultural Perspective*. New York: Cambridge University Press.

Appadurai, A. 1996. *Modernity at Large: Cultural Dimensions of Globalization*. Minneapolis: University of Minnesota Press.

Aranda, S. 1968. *La Revolución Agraria Cubana*. Mexico: Siglo XXI.

Arcia Rodriguez, M. 1989. Medio Ambiente. Influencia de la Actividad Agropecuaria.

XXIII.1.4.3. *Nuevo Atlas Nacional de Cuba*, La Habana.

Arenas, R. 1991. *El Asalto*. Miami: Ediciones Universal.

Arenas, R. 1993. *Before Night Falls*. New York: Penguin.

Arendt, H. 1951. *The Origins of Totalitarianism*. New York: Harcourt Brace.

Arnaz, D. 1976. *A Book*. New York: Morrow.

Aruca, L. 1996. The Cristóbal Colón Cemetery in Havana. *Journal of Decorative and Propaganda Arts* 22: 36-55.

Ashworth, G., and Tunbridge, J. 1990. *The Tourist-Historic City*. London: Belhaven Press.

Ashworth, G. J. 2002. Holocaust Tourism: The Experience of Krakow-Kazimierz. *International Research in Geographical Environmental Education* 11: 363-368.

Atlas de Cuba. 1978. Havana: Instituto de Geodesía y Cartografía.

August, A. 1999. *Democracy in Cuba and the 1997-98 Elections*. Havana: Editorial José Martí.

Back, D. W., Kunze, D., and Pickles, J. 1989. *Commonplaces: Essays on the Nature of Place*. New York: University Press of America.

Baker, C. 2004. *Cuba Classics: A Celebration of Vintage American Automobiles*. London: Moon Handbooks.

Baldacchino, G. 2007. Islands as Novelty Sites. *The Geographical Review* 97: 165-174.

Barba, R., and Avella, A. E. 1996. Cuba's Environmental Law. *Association for the Study of the Cuban Economy Newsletter*, Winter, pp.35-36.

Barberia, L. G. 2002. The Caribbean: Tourism as Development or Development for Tourism? *ReVista: Harvard Review of Latin America*, Winter, pp.72-75.

Barby, P. 1996. *Bright Paradise: Victorian Scientific Travelers*. Princeton, NJ: Princeton University Press.

Barredo, 2003. Cuban Coat of Arms. In L. Martínez-Fernández, D. H. Figueredo, and L. A. Pérez, eds., *Encyclopedia of Cuba* (Vol. 1). Westport, CT, and London: Greenwood Press, pp.21-22.

Block, H. 2001. *Art Cuba: The New Generation*. New York: Harry N. Abrams.

Boadle, A. 2007. *Cuba Says Not Ready for an Influx of U.S. Tourists*. Reuters. Wednesday, March 7, 4:39 p.m.

Breglia, L. 2006. *Monumental Ambivalence*: The Politics of Heritage. Austin: University of Texas Press.

British Broadcasting Corporation. 2007. *What the World Thinks about America? Poll Results.* Retrieved March 7, 2007, from *news.bbc.co.uk/2/shared/spl/hi/programmes/ wtwta/poll/ html/political/general.stm.*

Brown, C., and Lagos, A. 1991. *The Politics of Psychiatry in Revolutionary Cuba.* New York: Freedom House.

Burke, L., and Maidens, J. 2005. *Reefs at Risk in the Caribbean.* Washington D.C.: World Resources Institute.

Burtner, J. 2006. Boycotting Pleasure and Violence in the Land of Eternal Springtime. *ReVista: Harvard Review of Latin America,* Winter, pp.52-55.

Bustamante, A. S. 2001. Mensaje del Chairman of the Board, Cuba and Its Heritage/2001. *Herencia* 7(1, verano): 3-4.

Bustamante, A. S. n.d. *Art Lost: Cuban Artistic Patrimony and Its Restitution.* Retrieved July 19, 2006, from *www.futurodecuba.org/ART%20LOST.htm.*

Caribbean Tourism Organization. 2006, September 26. Latest statistics. Retrieved March 21, 2007, from *www.onecaribbean.org/information/documentview. php?rowid=4423.*

Carty, J. W. 1990. Mass Media in Cuba. In S. H. Surlin and W. C. Soderlund, eds., *Caribbean Studies:* Vol. 6. *Mass Media and the Caribbean.* New York: Gordon and Breach, pp.131-148.

Castellanos Romeu, R. J. 2001. *Evolución Histórica de la Distribución Territorial de la Producción Azucarera.* La Habana: Instituto de Planificación Física, Departamento de Investigaciones.

Central Intelligence Agency. 2007. *The World Factbook 2007.* Retrieved January 13, 2007, from *www.cia.gov/cia/publications/factbook/index.html.*

Cepero, E., and Lawrence, A. 2006. Before and after the Cayo Coco Causeway, Cuba: A Critical View from Space. In J. Pérez-López, ed., *Cuba in Transition* (Vol. 16). Washington DC: Association for the Study of the Cuban Economy, pp.212- 220.

Chaffee, W., and Prevost, G. 1992. *Cuba: A Different America.* Totowa, NJ: Rowman and Littlefield.

Colantonio, A. 2004. Tourism in Havana during the Special Period: Impacts, Residents' Perceptions and Planning Issues. *Cuba in Transition* 14: 20-43. Washington DC: Association for the Study of the Cuban Economy.

Colantonio, A. 2005. *Urban Tourism and Development in the Socialist State: The Case of Ha-*

vana in the Special Period. Doctoral dissertation, University of Reading, UK.

Colantonio, A., and Potter, R. 2006a. City Profile: Havana. *Cities* 23: 63-78.

Colantonio, A., and Potter, R. 2006b. *Urban Tourism and Development in the Socialist State: Havana during the "Special Period."* Burlington, VT: Ashgate.

Conkling, P. 2007. On Islanders and Islandness. *Geographical Review* 97: 191-201.

Consejo Nacional de Patrimonio Cultural. 2008. *Cuadro Estadístico*. Retrieved July 11, 2006, from *www.cnpc.cult.cu/cnpc/monumen/Pag005.htm*.

Conway, D. 2006, April. *Yachting and Marina Development in Trinidad: Successful Multiplier Effects for an Alternative Tourism Initiative.* Paper presented at the Association of American Geographers annual meeting, Chicago, IL.

Coons, L., and Verias, A. 2003. *Tourist Third Cabin: Steamship Travel in the Interwar Years.* New York: Palgrave Macmillan.

Corbett, B. 2002. *This Is Cuba: An Outlaw Culture Survives*. Cambridge, MA: Westview/Perseus.

Cosgrove, D. 1998. *Social Formation and Symbolic Landscape*. Madison: University of Wisconsin Press.

Cosgrove, D. 2005. [Review of the book Islands of the Mind: *How the Human Imagination Created the Atlantic World*]. *Human Geography* 87: 302-303.

Council on Hemispheric Affairs. 2006. Cuba's Oil and Ethanol Could Prosper in Havana's Hunt for Energy Supplies. Retrieved July 13, 2007, from *www.coha. org/2006/11/17/cuban-oil-and-ethanol-could-prosper-in-havana's-hunt-for-energy- supplies/*.

Creswell, T. 2004. *Place: A Short Introduction*. Oxford, UK: Blackwell.

Cuba Verdad. 2006. Acto de Repudio Newsfeed. Retrieved December 26, 2006, from *www.cubaverdad.net/themefeeds/acto_de_repudio.php*.

Dana, R. H. 1996. Preface. In J. Miller and S. Clark, *Havana: Tales of the City*. San Francisco: Chronicle Books, pp.ix-xi.

Daniels, S., and Cosgrove, D. 1988. Introduction: Iconography and Landscape. In D. Cosgrove and S. Daniels, eds. *The Iconography of Landscape*. Cambridge, UK: Cambridge University Press.

de la Fuente, A., García del Pino, C., and Iglesias Delgado, B. 1996. Havana and the Fleet System: Trade and Growth in the Periphery of the Spanish Empire, 1550-1610. *Colonial Latin American Review* 5: 1.

de León, C. 1995. *Ernesto Lecuona: El Maestro*. Havana: Editorial Musical de Cuba.

Dening, G. 2007. Sea People of the West. *Geographical Review* 97: 288-301.

De Real, P., and Scarpaci, J. (forthcoming). Barbacoas: Havana's New Inward Frontier. In E. Whitfield, ed., *Reading Havana*. New York: Duke University Press.

Díaz-Briquets, S., and Pérez-López, J. 2000. *Conquering Nature: The Legacy of Environmentalism in Socialist Cuba*. Pittsburgh: University of Pittsburgh Press.

Diccionario Geográfico de Cuba. 2000. La Habana: Comisión Nacional de Nombres Geográficos.

Doubleday, G. 2006. *World Heritage Committee to inscribe new sites on UNESCO's World Heritage List*. Retrieved July 7, 2006, from *whc.unesco.org/en/news/261*.

Duany, A., Plater-Zyberk, E., and Speck, J. 2000. *Suburban Nation: The Rise of Sprawl and the Decline of the American Dream*. New York: North Point Press.

Duncan, J., and Duncan, N. 1988. (Re)-reading the landscape. *Environment and Planning D: Society and Space* 6: 117-126.

Duncan, J., and Gregory, D. 1999. Writes of passage: Reading travel writing. In J. Duncan and D. Gregory, eds., *Writes of Passage*. London: Routledge, pp.1-13.

Dye, A. 1998. *Cuban Sugar in the Age of Mass Production: Technology and the Economics of the Sugar Central, 1899-1929*. Palo Alto, CA: Stanford University Press.

Edge, K., Woofard, H., and Scarpaci, J. 2006. Mapping and Designing Havana: Republican, Socialist, and Global Spaces. Cities: *An International Journal of Urban Policy and Planning* 23(2): 85-98.

Ekirch, R. 2005. *At Day's Close: Night in Times Past*. New York: Norton.

Espino, M. D. 2006, August 3. *International Tourism in Socialist Cuba: A Vehicle for Transition*. Paper presented at the annual meeting of the Association for the Study of the Cuban Economy, Miami, FL.

Ette, O. 2003. *Towards Global Consciousness: Alexander von Humboldt's Conception of Science and the Emerging Ethical "Weltenschauung."* Retrieved September 23, 2003, from *www.tavera.com/tavera/revista/abstracts.htm*.

European Union. 2006, April. *EU Annual Report of Human Rights: EU Common Position on Cuba: Alternatives and Recommendations. Policy Paper*. Compiled by Jakub Klepal, Prague, Czech Republic.

Feinsilver, J. 1993. *Healing the Masses: Cuban Health Politics at Home and Abroad*. Berkeley and Los Angeles: University of California Press.

Feschback, M., and Friendly, A. 1992. *Ecocide in the USSR*. New York: Basic Books.

Ford, L. 1976. Review of "What Time Is This Place? *Geographical Review* 65(1): 141-142.

Fors, A. 1956. *Maderas Cubanas*. Havana: Empresora Mundial, Ministerio de Agricultura, República de Cuba.

Franc, M. 2004, December 18. *Cuba Erects Iraq Abuse Billboards near US Mission*. Reuters and Common Dreams News Center. Copyright Reuters Ltd. Retrieved July 1, 2006, from *www.commondreams.org*.

Franks, J. 2008, September 1. *Cuba Says 90,000 Houses Damaged by Gustav*. Reuters Wire Report, 11:39 p.m. BST.

Friedman, C. 2006. *Cuba after Castro*. Stratfor: Strategic Forecasting, Inc. Retrieved May 26, 2008, from *www.stratfor.com/cuba_after_castro*.

Gillis, J. R. 2004. *Islands of the Mind: How the Human Imagination Created the Atlantic World*. New York: Palgrave Macmillan.

Gills, J. R. 2007. Island sojourns. In "Islands," Special Issue. *The Geographical Review* 97: 274-287.

Gillis, J. R., and Lowenthal, D. 2007. Introduction. *Geographical Review* 97(2): iii-vi.

Goldberger, P. 2001. The Future of Cuban Cities. *Herencia* 7(1), 24-31.

Graham, B., Ashworth, G. J., and Turnbridge, J. E. 2000. *A Geography of Heritage: Power, Culture and Economy*. London: Arnold.

Greene, G. 1996. Our Man in Havana. In J. Miller and S. Clark, eds., *Havana*. San Francisco: Chronicle Books, pp.121-132.

Grenier, G., and Pérez, L. 2002. *The Legacy of Exile: Cubans in the United States*. Boston: Allyn & Bacon.

Grenier, R., Nutley, D., and Cochran, I. 2006. *Underwater Cultural Heritage at Risk: Managing Natural and Human Impacts*. Paris: International Council on Monuments and Sites.

Grogg, P. 2008. Gustav, Ike Leave $5 Billion in Damages as Cubans Struggle to Put Food on Table. *CubaNews* 16(9).

Habermas, J. 1975. *Legitimation Crisis*. Boston: Beacon Press.

Haddock, N. 2002. The Legacy of Human Rights: Touring Chile's Past. *ReVista: Harvard Review of Latin America*, Winter, pp.58-59.

Hall, S. 1995. New Cultures for Old. In D. Massey and P. Jess, eds., *A Place in the World?: Place, Cultures and Globalization*. Oxford, UK: Open University/Oxford University Press, pp.175-214.

Hardoy, J. E. 1992. Theory and Practice of Urban Planning in Europe, 1850-1930. In R. Morse and J. E. Hardoy, eds., *Rethinking the Latin American City*. Baltimore and London: Johns Hopkins University Press, pp.20-49.

Hazard, S. 1871. *Cuba with Pen and Pencil. Hartford, CT*: Hartford Publishing.

Hazard, S. 1872. *Cuba with Pen and Pencil. Hartford, CT*: Hartford Publishing.

Heritage Foundation. *2008 Index of Economic Freedom*. Washington DC: Heritage Foundation.

Heritage Foundation. 2008. *Index of Economic Freedom*. Retrieved May 26, 2008, from *www.heritage.org/research/features/index/countries.cfm*.

Hermer, C., and May, M. 1996. What to Wear. In J. Miller and S. Clark, eds., *Chronicles Abroad: Havana*, San Francisco: Chronicle Books, pp.56-73.

Herrera, A., and Seco, R. 1986. La Agricultura y el Medio Ambiente en Cuba. *Acta Universitatis Carolinae, Geographica* #2, Praga.

Herring, H. 1960. *A History of Latin America*. New York: Knopf.

Hewison, R. 1987. *The Heritage Industry: Britain in a Climate of Decline*. London: Methuen.

Hobsbawm, E. J. 1990. *Nations and Nationalism since 1789: Programme, Myth, Reality*. Cambridge, UK: Cambridge University Press.

Holm, D. 1991. *Art and Ideology in Revolutionary China*. Oxford, UK: Clarendon Press.

Humboldt, A. von 1851. *Equinoctial Regions of America During the Years 1799-1804 (Vol. 1)*. (T. Ross, Trans.). London and New York: Routledge.

Humboldt, A. von 2001. *The Island of Cuba*. Princeton, NJ: Markus Wiener.

Humboldt, A. von, and Bonpland, A. 1849. *Personal Narrative of Travels to the Equinoctial Regions of America, During the Years 1799-1804* (T. Ross, ed. and trans.), Vol. 3). London: Henry G. Bohn

Iñiguez-Rojas, L. 1989. Paisajes. Modificación Antrópica. XII.2.2-3, *Nuevo Atlas Nacional de Cuba*, La Habana.

International Center for Tropical Agriculture. *2003*. Retrieved November 1, 2007, from *gisweb.ciat.cgiar.org/metadata/pop/population.html*.

International Commission on Monuments and Sites. 2001-2002. *Heritage at Risk: Cuba*.

Retrieved July 11, 2006, from *www.international.icomos.org/risk/2001/ cuba2001.htm*.

Isenberg, R. 2007. *The Law Says You Can't Go*. MSN Travel Articles. Retrieved March 7, 2007, from *travel.msn.com/Guides/article.aspx?cp-documentid=384862&GT1=9237*.

Iturralde-Vinent, M. A. 1998. Sinopsis de la constitución geológica de Cuba. *Acta Geológica Hispana* 33(1-4): 9-56.

Jatar-Hausman, J. 1999. *The Cuban Way: Capitalism, Communism and Confrontation*. West Hartford, CT: Kurmarian Press.

Jenks, L. H. 1928. *Our Cuban Colony: A Study in Sugar*. New York: Vanguard Press.

Johnston, R. J. 1991. *A Question of Place: Exploring the Practice of Geography*. Oxford, UK: Blackwell.

Juraga, D., and Booker, M. K., eds. 2002. *Socialist Cultures: East and West. A Post-Cold War Reassessment*. New York: Praeger.

Juventud Rebelde. 2009. Record number of visitors arrived in Cuba in 2008. *Juventud Rebelde.co.cu, The Newspaper of Cuban Youth*. Retrieved February 2, 2009, from *www. juventudrebelde.co.cu/cuba/2009-02-02/record-number-of-visitors-arrived-in- cuba-in-2008*.

Kapcia, A. 2000. *Cuba: Island of Dreams*. London: Berg.

Kapcia, A. 2005. *Havana: The Making of Cuban Culture*. London: Berg.

Karasik, G. Y. 1989. Recursos hídricos. Módulo de escurrimiento sólido. VII.1.4.10. *Nuevo Atlas Nacional de Cuba*, La Habana.

Karnes, T. 1978. *Tropical Enterprise: The Standard Fruit and Steamship Company in Latin America*. Baton Rouge: Louisiana State University Press.

Kellner, L. 1963. *Alexander von Humboldt*. London: Oxford University Press.

Kiple, K., and Ornelas, K. 2000. *The Cambridge World History of Food*. London: Cambridge University Press.

Kirby, A. 1982. *The Politics of Location: An Introduction*. London and New York: Methuen.

Kirby, A. 1993. *Power/resistance and the Chaotic State: Local Politics*. Bloomington: Indiana University Press.

Knight, F. W. 1970. *Slave Society in Cuba during the Nineteenth Century*. Madison: University of Wisconsin Press.

Kubik, J. 1994. *The Power of Symbols against the Symbols of Power: The Rise of Solidarity and the Fall of State Socialism in Poland*. University Park: Pennsylvania State University

Press.

Leavey, J. 2007. *My First Trip to Cuba*. Retrieved March 5, 2007, from *www.forces.org/writers/james/files/cuba.htm*.

Lebedeva, I. M. 1970. Escurrimiento Superficial. *Atlas Nacional de Cuba*. La Habana-Moscú.

Lefebvre, H. 1991. *The Production of Space*. Oxford, UK: Blackwell.

León Moya, A. 2001. Parque Nacional Alejandro de Humboldt, Joya Ecológica del Mundo. *Granma*, December 26, p.4.

Levi, V., and Heller, S. 2002. *Cuba Style: Graphics from the Golden Age of Design*. Princeton, NJ: Princeton Architectural Press.

Linden, E. 2003. *The Nature of Cuba*. Smithsonian, May, pp.94-106.

Lipset, S. 1960. *Political Man: The Social Bases of Politics*. Garden City, NY: Double day.

Longest List. 2006. The Longest List Conga Line. Retrieved June 3, 2007, from the *longestlistofthelongeststuffatthelongestdomainnameatlonglast.com/long25.html*.

Loomis, J. 1989. *Revolution of Forms: Cuba's Forgotten Arts Schools*. Princeton, NJ: Princeton Architectural Press.

Lowenthal, D. 1985. *The Past Is a Foreign Country*. Cambridge, UK: Cambridge University Press.

Lowenthal, D. 2007. Islands, Lovers, and Others. *Geographical Review* 97: 202-229.

Lynch, K. 1972. *What Time Is This Place?* Cambridge, MA: MIT Press.

Mahieux, V. 2002. Rio de Janeiro's Favela Tourism. *ReVista: Harvard Review of Latin America*, Winter, pp.44-45.

Maiello, M. 2002, December 19. The Godfather Returns. *Forbes.com*. Retrieved March 7, 2007, from *www.forbes.com/2002/12/19/cz_mm_1219godfather.html*.

Mañach, J. 1969. *Indagación del choteo*. Miami, FL: Mnemosyne.

Mandela, N. R. 1994. *Long Walk to Freedom: An Autobiography of Nelson Mandela*. New York: Little, Brown.

Marrero, L. 1950. *Geografía de Cuba*. Havana: Alfa.

Marrero, L. 1957. *Geografía de Cuba* (3rd ed.). Havana: Editorial Selecta.

Marrero, L. 1972. *Cuba: Sociedad y Economía*. San Juan, Puerto Rico: Editorial San Juan.

j267

Martí, J. 1968. *The America of José Martí*. New York: Funk & Wagnalls.

Martínez-Fernández, L. 2001. Introduction. The Many Lives and Times of Humboldt's Political Essay on the Island of Cuba. In A. von Humboldt, *The Island of Cuba.* Princeton, NJ: Markus Wiener, pp.3-18.

Martínez Fernández, L. 2003. Santiago de Cuba. In L. Martínez-Fernández, D. H. Figueredo, and L. A. Pérez, eds., *Encyclopedia of Cuba* (Vol. 1). Westport, CT, and London: Greenwood Press, pp.45-46.

Martínez-Fernández, L. 2004. Geography, Will It Absolve Cuba? *History Compass* 2(1). Retrieved July 12, 2007, from www.blackwell-synergy.com/toc/hico/2/1?cookieSet=1.

Matamoros, M., González, G., Rodríguez, J., and Claro, A. 2006, July 6. *Proyecto "El Vallecito": Memoria descriptiva.* Unpublished manuscript.

Matsuda, M. K. 2007. This Territory Was Not Empty: Pacific Possibilities. *Geographical Review* 97: 230-243.

Matthews, H. 1961. *The Cuba Story.* New York: Braziller.

MBA (Museo de Bellas Artes). 2001. *The National Museum of Cuba Painting.* Havana: Letras Cubanas.

McCook, S. 2002. *States of Nature: Science, Agriculture, and Environment in the Spanish Caribbean, 1760-1940.* Austin: University of Texas Press.

McLuhan, M. 1967. *The Medium is the Message: An Inventory.* London: Penguin.

Meinig, D. W., ed. 1979. *The Interpretation of Ordinary Landscapes.* New York: Oxford University Press.

Menocal, N. G. 1996. An Overriding Passion: The Quest for a National Identity in Painting. *Journal of Decorative and Propaganda Arts* 22: 186-219.

Milner, J. O. 1979. Fidel Castro and the Cuban Media. In J. Herd, ed., *Mass Media in/ on Cuba and the Caribbean Area: The Role of Television, Radio, and the Press.* Monograph 10, September. Northwestern Pennsylvania Institute of Latin American Studies, pp.16-26.

Ministerio de Turismo. 2007. *Ministerio de Turismo.* Retrieved March 6, 2007, from *www.cubagob.cu/des_eco/turismo.htm.*

Mitchell, W. J. 1994. Imperial Landscape. In W. J. T. Mitchel, ed., *Landscape and Power.* Chicago: University of Chicago Press, pp.5-34.

Montaner, C. A. 2007. Communism Has Failed Cuba. *Foreign Policy*, January/February, pp.56-58.

Moreno Fraginals, M. 1964. *El Inqenio: El Complejo Económico Social Cubano del Azúcar*, Vol. 1. 1760-1860. Havana: Comisión Nacional Cubana de la UNESCO.

Moreno Fraginals, M. 1976. *The Sugarmill: The Socioeconomic Complex of Sugar in Cuba, 1760-1860* (C. Belfrage, trans.). New York: Monthly Review Press.

Morris, A. 1981. *Latin America: Economic Development and Regional Differentiation*. Totowa, NJ: Barnes and Noble.

Mosquera, G. 1994. Hustling the Tourist in Cuba. *Poliester* (London) 3(10): 3-6.

Mosquera, G. 1999. The Infinite Island. In M. Zeitlin, ed., *Contemporary Cuban Art*. New York: Arizona State University Art Museum, pp.23-29.

Muir, R. 1999. *Approaches to Landscape*. London: Macmillan.

Mumford, L. 1986. "What Is A City." In D. L. Miller, ed., *The Lewis Mumford Reader*. New York: Pantheon Books, pp.104-107. (Original work published 1938)

Murray, D. 1980. *Odious Commerce: Britain, Spain, and the Abolition of the Cuban Slave Trade*. New York: Cambridge University Press.

Naranjo, F. 2003. *Humboldt in Cuba: Reformism and Abolition*. Retrieved September 23, 2003, from *www.tavera.com/tavera/revista/abstracts.htm*.

National Public Radio. 2006, June 15. Cuba Uses Power Play, Literally, on U.S. Station. Retrieved July 2, 2006, from *www.npr.org/templates/story/story. php?storyId=5488800*.

Nemeth, D. 2006. Ideology. In B. Ward, ed., *Encyclopedia of Human Geography*. Thousand Oaks and London: Sage, pp.241-243.

Nichols, B. 1981. *Ideology and the Image: Social Representation in the Cinema and Other Media*. Bloomington: Indiana University Press.

Nicolson, A. 2007. The Islands. *Geographical Review* 97: 153-164.

Numbers, The. 2007. Buena Vista Social Club. Retrieved March 5, 2007, from *www.thenumbers.com/movies/1999/0BVSC.php*.

Oficina Nacional de Estdadisticas. 2007. Nomenclador Nacional de Asentamientos Humanos, por Provincias. Edición 2007. Las Tunas, Municipio Jesús Menéndez.

Oficina del Historiador de la Ciudad de la Habana. 2006. *Habana Patrimonial*. Retrieved July 11, 2006, from *www.ohch.cu*.

Olwig, K. F. 2007. Islands as places of being and belonging. *Geographical Review* 97:260-273.

Ortiz, F. 1947. *Cuban Counterpoint: Tobacco and Sugar*. New York: Knopf.

Ortiz, F. 1975. *Los Negros Esclavos*. Havana: Editorial de Ciencias Sociales. (Original work published 1916)

Ortiz, F. 2004. Transculturation and Cuba. In *The Cuba Reader: History, Culture Politics*. A. Chomsky, B. Carr, and P. Smorkaloff, eds., Durham, NC: Duke University Press, pp.26-27.

Overpopulation.com. 2007. Population Density: Latin America. Retrieved March 5, 2007, from *www.overpopulation.com/faq/basic_information/population_density/ latin_america. html*.

Palero, C., and Geldof, L. 2004. Waiting tables in Havana. In A. Chomsky, B. Carr, and P. Smorkaloff, eds., *The Cuba Reader: History, Culture, Politics*. Durham, NC: Duke University Press, pp.254-258.

Palmer, K. 2005. Contrabandwidth. *Foreign Policy*, March/April. Retrieved June 6, 2007, from *www.foreignpolicy.com/story/cms.php?story-id=2187*.

Patton, D. 2006. High Sugar Prices Favor Corn-Based Sweeteners. Retrieved June 28, 2006, from *Foodnavigator.com. www.foodnavigator.com/news/ng.asp?id=67102- sugar-prices-sweeteners*.

Pattullo, P. 1996. *Last Resorts: The Cost of Tourism in the Caribbean*. London: Casell.

Pérez, L. A. 2001a. *On Becoming Cuban: Identity, Nationality and Culture*. Chapel Hill: University of North Carolina Press.

Pérez, L. A. 2001b. *Winds of Change: Hurricanes and the Transformation of Nineteenth Century Cuba*. Chapel Hill: University of North Carolina Press.

Peters, P. 2003. *Cutting Losses: Cuba Downsizes Its Sugar Industry*. Arlington, VA: Lexington Institute.

Peters, P., and Scarpaci, J. 1998. *Five Years of Small-Scale Capitalism in Cuba*. Arlington, VA: Alexis de Tocqueville Institute.

Piqueras Arenas, J. 2003. Slavery. In L. Martínez-Fernández, D. H. Fugeredo, L. A. Pérez, and L. González, eds., *Encyclopedia of Cuba: People, History, Culture* (Vol. 1). Westport, CT: Greenwood Press, p.114.

Ponte, A. J. 2002. A Knack for Making Ruins. *Tales from the Cuban Empire* (C. Franzen, trans.). San Francisco: City Lights Books.

Portela, A. 2003. Santiago de Cuba Province. In L. Martínez-Fernández, D. H. Figueredo, and L. A. Pérez, eds., *Encyclopedia of Cuba* (Vol. 1). Westport, CT, and London: Greenwood Press, pp.46-48.

Portela, A. 2007, October. Forgotten Las Tunas Is among Cuba's Least Known Provinces. *CubaNews* 15(10): 6.

Portela, A., and Aguirre, B. 2000. Environmental Degradation and Vulnerability in Cuba. *Natural Hazards Review* 1: 171-179.

Pratt, M. L. 1992. *Through Imperial Eyes: Studies in Travel Writing and Transculturation.* New York: Routledge.

Pratt, M. L. 2003. The Ultimate "Other": Post-Colonialism and Alexander von Humboldt's Ecological Relationships with Nature. *History and Theory* 42: 111-113.

Préstamo, F. 1995. *Cuba y Su Arquitectura.* Miami: Ediciones Universales.

Price, M., and Lewis, M. 1993. The reinvention of cultural geography. *Annals of the Association of American Geographers* 83: 1-17.

Prima News Agency. 2006, December 24. Raul Castro fights corruption. Retrieved July 5, 2007, *from www.idee.org/prima_cuba_no.27news.html.*

Primeras Villas. 2006. Sitio de Prensa Latina Dedicado a las Primeras Villas Fundadas por el Adelantado Diego Velázquez. Retrieved July 5, 2006, from *www.fenix. islagrande.cu/ villa/Vttesoro.htm.*

Putz, G. 1984. On islanders. *Island Journal* 1: 26-29.

Puzo, M., and Coppola, F. 1996. The Godfather II. In J. Miller and S. Clark, eds., *Chronicles Abroad: Havana.* San Francisco: Chronicle Books, pp.98-113.

Raby, P. 1996. *Bright Paradise: Victorian Scientific Travelers.* Princeton, NJ: University of Princeton Press.

Ramonet, I. 2007. Cuba's Future Is Now. *Foreign Policy,* January/February, pp.58-59.

Ramos, J. M. 2003. *Alejandro de Humboldt: Un Naturalista Antiesclavista.* Retrieved September 29, 2003, from *wekker.seagull.net/bolivar/a_de_humboldt.html.*

Relph, E. 1976. *Place and Placelessness.* London: Pion.

Reporters without Borders. 2006. *Updated Information on Imprisoned Cuban Journalists.* Retrieved December 26, 2006, from www.rsf.org/rubrique.php3?id_rubrique=367.

Richardson, B. 1992. *The Caribbean in the Wider World, 1492-1992: A Regional Geography.* Cambridge, UK: Cambridge University Press.

Rippy, J. F. 1958. *Latin America: A Modern History.* Ann Arbor: University of Michigan Press.

Robaina, T. F. 2004. The Brothel of the Caribbean. In A. Chomsky, B. Carr, and P. Smork-aloff, eds., *The Cuba Reader: History, Culture Politics*. Durham, NC: Duke University Press, pp.257-259.

Robinson, D. J. 1989. The Language and Significance of Place in Latin America. In J. A. Agnew and J. S. Duncan, eds., *The Power of Place: Bringing Together Geographical and Sociological Imaginations*. London: Unwin Hyman, pp.157-184.

Robles, F., and Bachelet, P. 2006, June 14. Electricity Restored to U.S. Interests Section. *Miami Herald*, p.9A.

Rogozinski, J. 1999. *A Brief History of the Caribbean: From the Arawak and Carib to the Present*. New York: Facts on File.

Rose, G. 1992. Geography as a Science of Observation: The Landscape, the Gaze and Mas-culinity. In F. Driver and G. Rose, eds., *Nature and Science: Essays in the History of Geographical Knowledge*. London: Institute of British Geographers, pp.8-18.

Rössler, M. 2004a. Tongariro: First Cultural Landscape on the World Heritage List. *World Heritage Newsletter* 4: 15.

Rössler, M. 2004b. *World Heritage—Linking Cultural and Biological Diversity*. Paper presented at the US/ICOMOS Symposium: Learning from World Heritage, Paris.

Santamaría García, A. 2003. Sugar Industry. In L. Martínez-Fernández, D. H. Figueredo, L. A. Pérez, and L. González, eds., *Encyclopedia of Cuba: People, History, Culture* (Vol. 1). Westport, CT: Greenwood Press, p.304.

Sauer, C. O. 1963. The morphology of landscape. In J. Leighley, ed., *Land and Life: Selections for the Writings of Carl Ortwin Sauer*. Berkeley: University of California Press, 315-350.

Scarpaci, J. L. 1998. Tourism Planning during Cuba's "Special Period." In F. Costa, R. Kent, A. Dutt, and A. Noble, eds., *Regional Planning and Development Practices and Policies*. Aldershot, UK: Ashgate Publishing, pp.225-244.

Scarpaci, J. L. 2000. Reshaping *Habana Vieja*: Revitalization, Historic Preservation, and Restructuring in the Socialist City. *Urban Geography* 21: 724-744.

Scarpaci, J. L. 2003. Architecture, Design, and Planning: Recent Scholarship on Modernity and Public Spaces in Latin America. *Latin American Research Review* 38: 236-250.

Scarpaci, J. L. 2005. *Plazas and Barrios: Heritage Tourism and Globalization in the Latin American Centro Histórico*. Tucson: University of Arizona Press.

Scarpaci, J. L. 2006. Environmental Planning and Heritage Tourism in Cuba during the Special Period: Challenges and Opportunities. In J. Pugh and J. Momsen, eds., *Environmental Planning in the Caribbean*. Burlington, VT: Ashgate, pp.73-92.

Scarpaci, J. L., and Frazier, L. J. 1993. State terror: Ideology, Protest, and the Gender- ing of Landscapes. *Progress in Human Geography* 17: 1-21.

Scarpaci, J. L., and Portela, A. H. 2005. The Historical Geography of Cuba's Sugar Landscape. In J. F. Pérez-Lopez and J. Alvarez, eds., *Reinventing the Cuban Sugar Agroindustry*. Greenwood, CT: Greenwood Press, pp.11-25.

Scarpaci, J. L., Segre, R., and Coyula, M. 2002. *Havana: Two Faces of the Antillean Metropolis*. Chapel Hill, NC, and London: University of North Carolina Press.

Schein, R. H. 1997. Representing Urban America: 19th-Century Views of Landscape, Space, and Power. *Annals of the Association of American Geographers* 87: 660-680.

Schlüter, R. G. 2000. The Immigrants' Heritage in South America: Food and Culture as a New Sustainable Tourism Product. *ReVista: Harvard Review of Latin America*, Winter, pp.46-48.

Schwartz, R. 1989. *Lawless Liberators: Political Banditry and Cuban Independence*. Durham, NC: Duke University Press.

Schwartz, R. 1997. *Pleasure Island: Tourism and Temptation in Cuba*. Lincoln, NE, and London: University of Nebraska Press.

Schwartz, R. 2004. The Invasion of the Tourists. In A. Chomsky, B. Carr, and P. Smorkaloff, eds., *The Cuba Reader: History, Culture, Politics*. Durham, NC: Duke University Press, pp.244-252.

Schweid, R. 2004. *Che's Chevrolet, Fidel's Oldsmobile: On the Road in Cuba*. Chapel Hill, NC, and London: University of North Carolina Press.

Seamon, D. 1979. *A Geography of the Life-World*. London: Croom Helm.

Seamon, D., and Mugerauer, R. 1985. *Dwelling, Place and Environment: Towards a Phenomenology of Person and World*. Dordrecht, The Netherlands: Martinus Nijhoff.

Segre, R., Coyula, M., and Scarpaci, J. L. 1997. *Havana: Two Faces of the Antillean Metropolis*. Chichester, UK: Wiley.

Seguin, D. 2007, February 12. Viva la Revolución. *Canadian Business*, pp.63-67.

Sforza, P., and Scarpaci, J. 2008. *Brightness-Darkness Ratio Changes over Time in the Greater Antilles*. Unpublished manuscript.

Shanks, C. 2002. Nine Quandaries of Tourism: Artificial Authenticity and Beyond. *ReVista: Harvard Review of Latin America*, Winter, pp.16-19.

Silva, S. 1997. *Tropical Mariculture*. New York: Academic Press.

Slater, D. 1982. State and Territory in Post-Revolutionary Cuba: Some Critical Reflections on the Development of Spatial Policy. *International Journal of Urban and Regional Research* 6: 1-33.

Sloppyjoes, 2007. *Sloppy Joes Bar*. Retrieved March 5, 2007, from *www.sloppyjoesonthe-beach.com/history.htm*.

Snow, A. 2006. Raul Castro Speaks about Cuba Food Woes. Associated Press. December 23, 2:34 p.m. ET.

Soja, E. 1996. *Thirdspace: Journey to Los Angeles and Other Real-and-Imagined Places*. Cambridge, MA: Blackwell.

Soroa, P., and Merencio, J. L. 2003. Parque Nacional Alejandro de Humboldt. Retrieved September 29, 2003, from *www.cubasolar.cu/Biblioteca/Reportajes/humboldt.htm*.

Sunday Times, The. 2006, May 14. Thank You My Foolish Friends in the West. Retrieved June 5, 2006, from *www.timesonline.co.uk/tol/news/article717720.ece*.

Szulc, T. 1986. *Fidel: A Critical Portrait*. New York: Morrow.

Tannenbaum, F. 1992. *Slave and Citizen in the Americas*. Boston: Beacon Press. (Original work published 1946)

Thomas, M. Z. 1960. *Alexander von Humboldt: Scientist, Explorer, Adventurer*. London: Constable.

Time. 1992, January 6. Prince of the Global Village. Retrieved July 15, 2007, from *www.time.com/time/magazine/article/0,9171,974617,00.html?promoid=googlep*.

Trollope, A. 1859. *The West Indies and the Spanish Main*. London: Chapman.

Tung, A. 2001. *Preserving the World's Great Cities: The Destruction and Renewal of the Historic Metropolis*. New York: Potter.

United Nations Educational, Scientific and Cultural Organization. 1999. Final Report of the Convention Concerning the Protection of the World Cultural and Natural Heritage, World Heritage Committee. Twenty-third session, Marrakesh, Morocco, November 29-December 4.

United Nations Educational, Scientific and Cultural Organization. World Heritage Sites. 2006a. Retrieved July 7, 2006, from *whc.unesco.org/en/criteria*.

United Nations Educational, Scientific and Cultural Organization. World Heritage Sites. 2006b. Retrieved July 15, 2006, from *whc.unesco.org/en/decisions/&id_deci- sion=518*.

United Nations Educational, Scientific and Cultural Organization. World Heritage. 2006c. Cultural Landscapes. Retrieved July 13, 2006, from *whc.unesco.org/exhibits/ cultland/ landscape.htm*.

United Nations Educational, Scientific and Cultural Organization. World Heritage. 2007. Retrieved July 14, 2007, from *whc.unesco.org/en/list*.

United Nations Educational, Scientific and Cultural Organization. 2008. Alejandro de Humboldt National Park. Retrieved May 28, 2008, from *www.worldheritagesite. org/ sites/humboldt.html*.

Urban Design and Planning in Havana, Cuba. 2002. DVD Produced and directed by J. L. Scarpaci. New York: Insight Media.

Urry, J. 2002. *The Tourist Gaze*. Thousand Oaks, CA: Sage.

Valladares A. 1986. *Against All Hope: The Prison Memoirs of Armando Valladares*. New York: Ballantine Books.

Vargas Llosa, M. 2005. *Liberty for Latin America: How to Undo Five Hundred Years of State Oppression*. New York: Farrar, Straus and Giroux.

Vázquez, R. 1994. Prólogo. In R. Vázquez, ed., *Bipolaridad de la Cultura Cubana*. Stock-holm: Olof Palme International Center, pp.7-18.

Village at Tom's Creek, The. 2006. The Village at Tom's Creek: What's Different? Retrieved July 5, 2006, from *www.villageattomscreek.com/whatsdif.htm*.

Von Blum, P. 1982. *The Critical Vision: A History of Social and Political Art in the U.S.* Boston: South End Press.

Von Blum, P. 2002. Resistance Art in Los Angeles. In D. M. Sawhney, ed., *Unmasking L.A.: Third Worlds and the City*. New York: Palgrave, pp.181-198.

Waters, R. 1985. *Globalisation*. London: Rowman and Littlefield.

Weber, M. 1978. *Economy and Society*. (Vols. 1 and 2). (G. Roth and C. Wittich, eds.). New York: Bedminster Press.

Weiner, R. R. 1981. *Cultural Marxism and Political Sociology*. (Sage Library of Social Research, Vol. 125). Beverly Hills and London: Sage.

West, R., and Augelli, J. 1966. *Middle America: Its Lands and Peoples*. New York: Prentice-Hall.

Woodrow Wilson Center. 2008. *Havana and Its Landscapes: A Vision for Future Reconstruction in Cuba*. Retrieved May 29, 2008, from *www.wilsoncenter.org/index. cfm?topic_ id=1410&fuseaction=topics.event_ summary&event_id=400004*.

Woolf, S., 1996. *Nationalism in Europe, 1815 to the Present: A Reader*. London: Routledge.

World Resources Institute. 2007. Table A3. Population of the Wider Caribbean. Retrieved March 5, 2007, from *www.wri.org/biodiv/pubs_content_text. cfm?cid=3073*.

World Tourism Organization. 2007. *World's Top Destinations* (Absolute Numbers). Retrieved March 5, 2007, from *www.unwto.org/facts/eng/pdf/indicators/ITA_top25. pdf*.

Zanetti, O., and García, A. 1998. *Sugar and Railroads, A Cuban History, 1837-1959*. Chapel Hill: University of North Carolina Press.

Zelinsky, W. 1973. *The Cultural Geography of the United States*. Englewood Cliffs, NJ: Prentice-Hall.

Zimbalist, A., and Brundenius, C. 1989. *The Cuban Economy: Measurement and Analysis of Socialist Performance*. Baltimore: Johns Hopkins University Press.

■ 찾아보기